本书受2017年度湖南省教育厅科学研究项目（项目编号：1

机械加工工艺与技术研究

李红梅 刘红华 ◎ 著

云南大学出版社
YUNNAN UNIVERSITY PRESS

图书在版编目（CIP）数据

机械加工工艺与技术研究 / 李红梅，刘红华著 . -- 昆明：云南大学出版社，2019
ISBN 978-7-5482-3612-2

Ⅰ. ①机… Ⅱ. ①李… ②刘… Ⅲ. ①机械加工－工艺学 Ⅳ. ① TG506

中国版本图书馆 CIP 数据核字 (2019) 第 008931 号

策划编辑：王翌洋
责任编辑：王翌洋
封面设计：黄伟娟

机械加工工艺与技术研究

李红梅　刘红华　著

出版发行：云南大学出版社
印　　装：昆明瑆煌印务有限公司
开　　本：787mm×1092mm　　1/16
印　　张：15.5
字　　数：277 千字
版　　次：2020 年 1 月第 1 版
印　　次：2020 年 1 月第 1 次印刷
书　　号：ISBN 978-7-5482-3612-2
定　　价：56.00 元
社　　址：昆明市一二一大街 182 号
　　　　　（云南大学东陆校区英华园内）
邮　　编：650091
电　　话：（0871）65033244　65031071
E-mail：market@ynup.com

若发现本书有印装质量问题，请与印厂联系调换，联系电话：0871-64167045。

前　言

新时代，我国的制造业取得了飞速的发展与长足的进步，我国已经成为世界制造业大国，然而想要从制造业大国转变成制造业强国，需要培养大批卓越的工程师。在此背景下，我们撰写了这本《机械加工工艺与技术研究》，旨在为培养具有深厚的科学理论基础和一定的工程实践能力和创新能力的优秀复合型人才提供较为全面的文献资料。

本书受2017年度湖南省教育厅科学研究项目（项目编号：17C092）资助，项目名称："基于solidworks的机床高速主轴系统开发与研究"。湖南涉外经济学院的龚京忠教授、秦国军教授审阅了书稿。

本书的内容共有八章，第一章为总论，从机械加工工艺与技术发展、机械加工工艺过程、工艺系统、各种生产类型加工工艺的特征及工艺流程与经济效益的关系等方面对机械加工工艺进行了系统的分析；第二章为机械加工工艺的基础理论研究，阐述了机械加工工艺的重要性及工艺理论，并对现代机械加工方法及工艺方案进行了探究；第三章为机械加工工艺规程设计的相关内容，阐明了工艺路线的制订并对数控加工工艺以及成组加工工艺进行了深入探讨；第四章为机器装配工艺过程，以整台机器为研究对象，分析研究了保证机器的装配精度的方法，重点对机器装配的自动化及虚拟装配进行了研究；第五章探讨了机械加工工艺验证的具体程序、工艺文件的审查等内容；第六章探究了现代机械加工工艺技术及技术革新，重点阐释了先进制造模式、智能制造技术、微机械及微细加工、人工神经元网络的应用、数值模拟的应用等先进的机械加工工艺技术；第七章研究了现代机械加工方法；第八章对新型的刀具材料和现代机械加工设备进行了系统的阐释。

本书由浅入深，从基础理论入手，对机械加工工艺进行了系统的研究，并对机械加工技术的新进展进行了论述。尽管本书的研究具有前沿性，相关研究也会逐步深入，但是由于机械制造工艺十分复杂，且实践性很强，影响因素很多，因此，机械加工工艺与技术也是在不断地完善和发展的。

在写作过程中，我们参考了许多文献与资料，在此向文献资料的作者致以诚挚的谢意。由于机械加工工艺与技术专业性极强，且有很强的实践性，加之时间仓促，因此，尽管想极力完善本书的体系与内容，但是书中还难免有不妥和错误之处，在此恳请广大的专家学者批评指正。

作　者
2018年4月

目录

第一章 总 论 ·· 001
第一节 机械加工工艺与技术发展概述 ··· 001
第二节 机械加工工艺过程概述 ··· 002
第三节 机械加工工艺系统概述 ··· 006
第四节 各种生产类型加工工艺的特征 ··· 010
第五节 机械加工工艺流程与经济效益的关系 ·································· 012

第二章 机械加工工艺的基础理论研究 ·· 016
第一节 机械加工工艺的重要性 ··· 016
第二节 机械加工的工艺理论 ·· 017
第三节 现代机械加工的工艺方法 ·· 022
第四节 机械加工工艺方案的确定 ·· 057

第三章 机械加工工艺规程设计研究 ··· 060
第一节 机械加工工艺规程概述 ··· 060
第二节 机械加工工艺路线的制定 ·· 066
第三节 数控加工工艺设计解析 ··· 082
第四节 成组加工工艺设计解析 ··· 096

第四章 机器装配工艺过程研究……103

第一节 机器装配概述……103
第二节 装配工艺规程制定概述……106
第三节 机器结构的装配工艺性探索……109
第四节 保证装配精度的装配方法……113
第五节 机器装配的自动化研究……122
第六节 机器的虚拟装配研究……124

第五章 机械加工工艺验证的研究……131

第一节 工艺验证概述……131
第二节 工艺验证的具体程序……132
第三节 工艺文件的标准化审查及修改……133

第六章 现代机械加工工艺技术以及技术革新研究……136

第一节 制造单元和制造系统概述……136
第二节 先进制造模式研究……146
第三节 智能制造技术研究……167
第四节 微机械及微细加工技术概述……177
第五节 人工神经元网络在切削加工技术中的应用及实践……181
第六节 数值模拟在切削加工技术中的应用及实践……184
第七节 灰色系统理论在机械中的应用……188

第七章 现代机械加工方法研究……191

第一节 机械加工中改进表层金属力学物理性能的方法研究……191
第二节 机械加工中金属热处理方法研究……204
第三节 现代机械加工中的特种技术和方法……212
第四节 快速原型制造和成形制造方法……222
第五节 高速加工和超高速加工方法……225

第八章 新型刀具材料以及现代机械加工设备研究 ………………229
第一节 刀具材料的发展趋势研究 ………………229
第二节 高速钢以及硬质合金刀具材料的发展 ………………230
第三节 金属陶瓷以及陶瓷刀具材料的发展 ………………232
第四节 超硬刀具材料的发展研究 ………………233
第五节 现代机械加工设备概览 ………………234
第六节 现代机械加工设备的发展趋势研究 ………………235

参考文献 ………………239

第一章
总 论

本章内容为全书的总论，主要阐述了机械加工工艺的相关概念，从机械加工工艺与技术的发展着眼，依次研究了机械加工工艺的过程、系统、各种生产类型加工工艺的特征，以及机械加工工艺流程与经济效益的关系。

第一节 机械加工工艺与技术发展概述

20世纪初，德国非常重视工艺，出版了不少工作手册。到了20世纪50年代，苏联的许多学者在德国学者研究的基础上，出版了《机械制造工艺学》《机械制造工艺原理》等著作，并在大学里开设了机械制造专业，将制造工艺作为一门学问来对待，即将工艺提高到理论高度。20世纪70年代又形成了机械制造系统和机械制造工艺系统，至此工艺技术成为一门科学。

近年来，制造工艺理论和技术上的发展比较迅速，除了传统的制造方法外，由于精度和表面质量的提高，以及许多新材料的出现，特别是出现了不少新型产品的制造生产，如计算机、集成电路（芯片）、印制电路板等，与传统制造方法有很大的不同，从而开辟了许多制造工艺的新领域和新方法。这些发展主要分为工艺理论、加工方法、制造模式、制造技术和系统等几个方面。

第二节　机械加工工艺过程概述

一、机械加工工艺过程的基本概念

机械加工工艺过程是机械产品生产过程的一部分，是直接生产过程，是指采用金属切削刀具或磨具来加工工件，使之达到所要求的形状、尺寸、表面粗糙度和力学物理性能并成为合格零件的生产过程。随着制造技术的不断发展，现在所说的加工方法除切削和磨削外，还包括其他加工方法，如电加工、超声加工、电子束加工、离子束加工、激光束加工以及化学加工等。

二、机械加工工艺过程组成

机械加工工艺过程由若干个工序组成。机械加工中的每一个工序又可依次细分为安装、工位、工步和行程。

（一）工　序

机械加工工艺过程中的工序是指一个（或一组）工人在同一个工作地点对一个（或同时对几个）工件连续完成的那一部分工艺过程。根据这一定义，只要工人、工作地点、工作对象（工件）之一发生变化或不是连续完成，则应成为另一个工序。因此，同一个零件、同样的加工内容可以有不同的工序安排。例如，图1-1所示阶梯轴零件的加工内容包括：加工小端面，对小端面钻中心孔；加工大端面，对大端面钻中心孔；车大端面外圆，对大端外圆倒角；车小端面外圆，对小端外圆倒角；铣键槽；去毛刺。这些加工内容可以安排在两个工序中完成（见表1-1），也可以安排在四个工序中完成（见表1-2），还可以有其他安排。工序安排和工序数目的确定与零件的技术要求、零件的数量和现有工艺条件等有关。工件在四个工序中完成时，精度和生产率均较高。

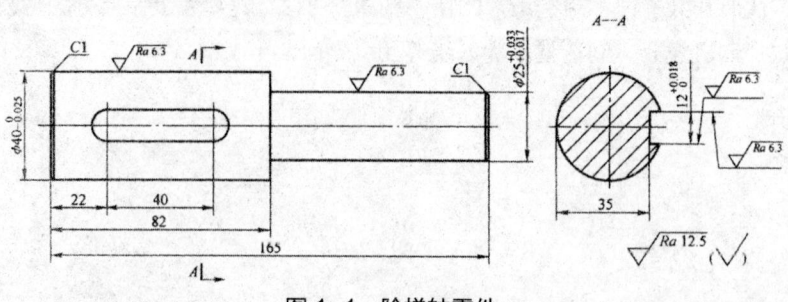

图1-1　阶梯轴零件

表1-1 阶梯轴第一种工序安排方案

工序号	工序内容	设备
1	车小端面,对小端面钻中心孔;粗车小端外圆,对小端外圆倒角;车大端面,对大端面钻中心孔;粗车大端面外圆,对大端外圆倒角;精车外圆	车床
2	铣键槽,手工去毛刺	铣床

表1-2 阶梯轴第二种工序安排方案

工序号	工序内容	设备
1	车小端面,对小端面钻中心孔;粗车小端外圆,对小端外圆倒角	车床
2	车大端面,对大端面钻中心孔;粗车大端外圆,对大端外圆倒角	车床
3	精车外圆	车床
4	铣键槽,手工去毛刺	铣床

(二) 安 装

如果在一个工序中需要对工件进行几次装夹,则每次装夹下完成的那部分工序内容称为一个安装。例如,表1-1中的工序1,在一次装夹后尚需有三次调头装夹,才能完成全部工序内容,因此该工序共有四个安装;表1-1中工序2是在一次装夹下完成全部工序内容,故该工序只有一个安装(见表1-3)。

表1-3 工序和安装

工序号	装号	工序内容	设备
1	1	车小端面,钻小端中心孔;粗车小端外圆,对小端外圆倒角	车床
	2	车大端面,钻大端面中心孔;粗车大端外圆,对大端外圆倒角	
	3	精车大端外圆	
	4	精车小端外圆	
2	1	铣键槽,手工去毛刺	铣床

(三) 工 位

在工件的一次安装中,通过分度(或移位)装置,使工件相对于机床床身变换加工位置，则把每一个加工位置上的安装内容称为工位。在一个安装中，可能只有一个工位，也可能需要有几个工位。

图1-2所示为通过立式回转工作台使工件变换加工位置的例子，即多工位加工。在该例中，共有四个工位，依次为装卸工件、钻孔、扩孔和铰孔，实现了在一次装夹中同时进行钻孔、扩孔和铰孔加工。

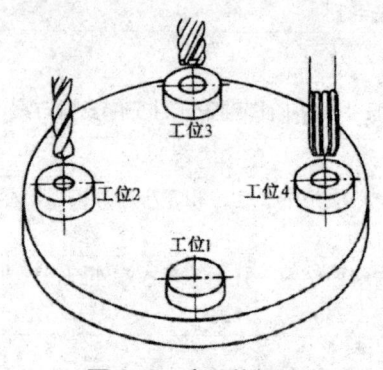

图1-2 多工位加工

综合以上分析可以看出，如果一个工序只有一个安装，并且该安装中只有一个工位，则工序内容就是安装内容，同时也是工位内容。

（四）工　步

在加工表面、切削刀具、切削速度和进给量都不变的情况下所完成的工位内容，称为一个工步。按照以上定义，带回转刀架的机床（转塔车床、加工中心），其回转刀架的一次转位所完成的工位内容应属一个工步，此时若有几把刀具同时参与切削，则该工步称为复合工步。图1-3所示为立轴转塔车床回转刀架示意图，图1-4所示为用该刀架加工齿轮内孔及外圆的一个复合工步。

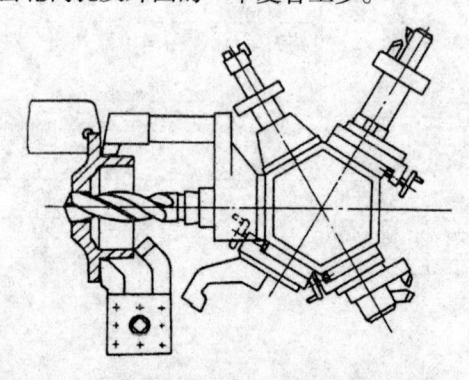

图1-3 立轴转塔车床回转刀架示意图

第一章 总 论

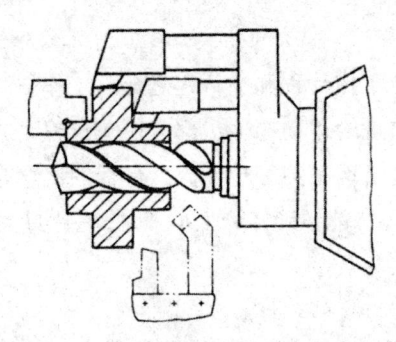

图1-4 立轴转塔车床的一个复合工步

在加工过程中，复合工步已有广泛应用。例如，图1-5所示为在龙门刨床上，通过多刀刀架将四把刨刀安装在不同高度上进行刨削加工；图1-6所示为在钻床上用复合钻头进行钻孔和扩孔加工；图1-7所示为在铣床上通过铣刀的组合，同时完成几个平面的铣削加工等。综上所述可以得出以下结论，应用复合工步主要是为了提高工作效率。

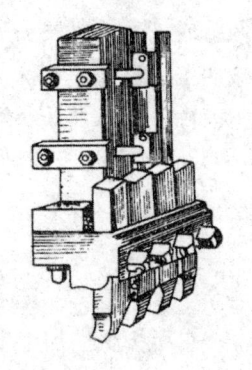

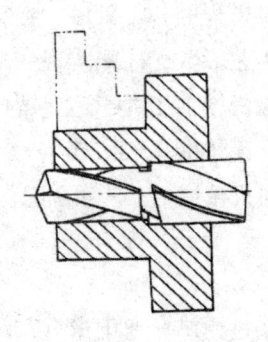

图1-5 刨平面复合工步　　　图1-6 钻孔、扩孔复合工步

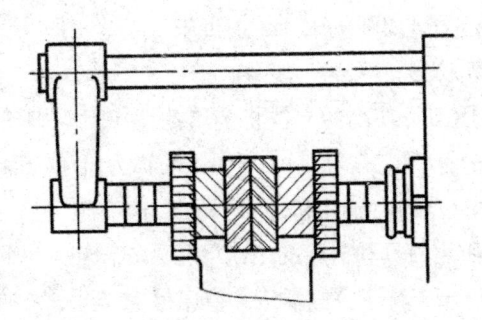

图1-7 组合铣刀铣平面复合工步

(五)行　程

行程(进给次数)有工作行程和空行程之分。工作行程是指刀具以加工进给速度相对工件所完成的一次进给运动的工步部分；空行程是指刀具以非加工进给速度相对工件所完成的一次进给运动的工步部分。行程的概念是为了反映工步中的进给次数和工序卡片中相吻合，并能精确计算工步工时，它比过去引用的走刀概念更科学。

第三节　机械加工工艺系统概述

用系统的概念分析传统工艺过程，就产生了工艺系统。例如，工艺过程中的一个工序，由工作地点上的机床和机床上的工艺装备(夹具、辅具、刀具、量具等)、工件，还有技术工人等元素组成，只有协调各相关元素的工艺要求，才能实现一个工序的最佳化目标。因此，工序就是一个简单的工艺系统。

如果以一个零件的机械加工工艺过程作为高一级的工艺系统，那么该系统的元素就是组成工艺过程的各个工序，必须全面协调组成该零件机械加工工艺过程的各个工序的有关工艺参数，才能实现一个零件机械加工的最佳化目标。对于一个机械制造厂来说，除机械加工外，还有铸造、锻压、焊接、热处理和装配等工艺，各种工艺都可以形成各自的工艺系统。

下面主要对机械加工工艺系统的各个组成部分进行简要分析。

一、机　床

机床是现代机械制造业中最重要的加工设备，它所担负的加工工作量，占机械制造总工作量的40%~60%，机床的技术性能直接影响机械产品的性能、质量和经济性。因此，机床工业的发展和机床技术水平的提高，必然对国民经济的发展起着重大推动作用。这里主要分析金属切削机床和数控机床。

(一)金属切削机床

金属切削机床是用刀具切削的方法将金属毛坯加工成机器零件的机器，它是制造机器的机器，所以又称为"工作母机"，习惯上简称为机床。机床有很多型号和用途，根据不同的分类方式可以归纳为不同的种类。

按照加工性质、所用刀具和机床的用途可分为：车床、钻床、镗床、磨床、齿轮加工机床、螺纹加工机床、铣床、刨插床、拉床等12类。

按照机床的通用性程度可分为：①通用机床即万能机床：加工范围广，通用性强，适用于单件小批生产，如卧式机床、摇臂钻床、万能外圆磨床等。②专门化机床：工艺范围比通用机床窄，但比专用机床宽。专门化机床的设计是为了满足加工某一类零件或者工序，而专门设计和制造的，如丝杠铣床、铲齿车床等。③专用机床：工艺范围最窄。顾名思义，专用机床就是为了满足某种特定零件的特定工序的加工要求而设计的，例如大量生产的汽车零件所用的各种组合机床。

按照重量和尺寸可分为仪表机床、中型机床（一般机床）、大型机床（质量大于 10t）、重型机床（质量在 30t 以上）和超重型机床（质量在 100t 以上）。

按主要工作部件数口可分为单轴、多轴、单刀、多刀机床。

（二）数控机床

数控机床是指采用数字形式控制的机床。

数控机床是综合应用了电子技术、计算技术、自动控制、精密测量和机床设计等领域的先进技术成就而发展起来的一种新型自动化机床，具有广泛的通用性和较大的灵活性。数控机床有很多型号和用途，根据不同的分类方式可以归纳为不同的种类。

按工艺用途来划分，有普通数控机床和数控加工中心机床。

按机床类型来划分，有数控车床、数控铣床、数控钻镗床、数控磨床等。

按运动轨迹来划分，有点位控制数控机床、直线控制数控机床与轮廓（连续）控制数控机床。

按伺服系统控制方式来划分，有开环控制数控机床、闭环控制数控机床和半闭环控制数控机床。

与普通机床相比，数控机床有以下优点：具有充分的柔性，只需更换零件程序就能加工不同零件；加工精度高，产品质量稳定；生产率高，生产周期较短；可以加工复杂形状的零件；大大减轻工人劳动强度。

数控机床也存在以下问题（缺点）：成本比普通机床高；需要专门的维护人员；需要熟练的零件编程技术人员。

二、刀 具

金属切削刀具的种类很多，其切削部分的形状和几何参数都不尽相同，但它们都可由外圆车刀切削部演变而来。外圆车刀是最基本、最典型的切削刀具。

在实际的切削加工中，由于刀具安装位置和进给运动的影响，上述标注角度会发生一定的变化。角度变化的根本原因是切削平面、基面和正交平面位置的改变。以切削过程中实际的切削平面 PS、基面 PR 和主剖面 PO 为参考平面所确定的刀具角度称为刀具的工作角度，又称实际角度。

现将刀具安装位置对角度的影响做如下说明：

（1）刀柄中心线与进给方向不垂直时对主、副偏角的影响。以车刀车外圆为例，若不考虑进给运动，当刀尖安装得高于或低于工件轴线时，将引起工作前角和工作后角的变化。

（2）切削刀安装高于或低于工件中心时，对前角、后角的影响。当车刀刀杆的纵向轴线与进给方向不垂直时，将会引起工作主偏角和工作副偏角的变化。

三、夹　具

（一）概　述

机床夹具是机床上用以装夹工件（和引导刀具）的一种装置。其作用是将工件定位，以使工件获得相对于机床和刀具的正确位置，并把工件可靠地夹紧。机床夹具根据不同的分类方式可以分为不同的类型。

根据其使用范围，分为通用夹具、专用夹具、组合夹具、通用可调夹具和成组夹具等类型。

根据其所使用的机床和产生加紧力的动力源可分为铣床夹具、钻床夹具（钻模）、镗床夹具（镗模）、磨床夹具和齿轮机床夹具等。

根据产生加紧力的动力源可将夹具分为手动控制方式的夹具、气动控制方式的夹具、液压控制方式的夹具、电动控制方式的夹具等。

在机械加工工艺系统中，机床夹具是重要组成部分。为保证工件某工序的加工要求，必须使工件在机床上相对刀具的切削或成形运动处于准确的相对位置。当用夹具装夹加工一批工件时，是通过夹具来实现这一要求的。而要实现这一要求，又必须符合以下三个与位置相关的条件：

（1）工件和夹具的位置：确定的一批工件必须放在夹具中确定的位置。

（2）夹具和机床的位置：确定的夹具必须装夹在机床上确定的位置。

（3）刀具和夹具的位置：刀具相对夹具的位置必须准确。

从这三个位置的确定，我们不难发现这里涉及三层关系：夹具对机床、工件对夹具、刀具对夹具。三层关系环环相扣，只有每一层关系都唯一准确地确定了，才能保证这个加工工艺得以完善。刀具、工件、夹具、机床是一组整体，它们有着相对确定的位置关系，只有位置确定了，才能加工出满足实际尺寸要求的工件。同时，在加工时还必须注意，当工件定位以后，还需要用特定的装置产生夹紧力以便加固工件。因为在加工工件的时候，有可能会受到惯性力、切削力等的作用，会使得工件的位置发生移动，破坏了原来已经精准定位的位置，同样会导致加工的失败。

（二）工件在夹具中的定位

1. 六点定位原理

任何未定位的工件在空间直角坐标系中都具有六个自由度。工件定位的任务是根据加工要求限制工件的全部或部分自由度。该原理是指用六个支撑点来分别限制工件的六个自由度，从而使工件在空间得到准确定位的方法。

2. 完全定位与不完全定位

工件的六个自由度完全被限制的定位称为完全定位。按加工要求，允许有一个或几个自由度不被限制的定位称为不完全定位。

3. 欠定位与过定位

工件加工时，都必须准确定位，即必须限制工件的自由度。自由度过高的定位称为欠定位。这是由于工件某些自由度未予限制或者限制力度不够造成的。如果工件定位方案已被确定，欠定位是绝对不允许发生的。工件的同一自由度被多个支撑点重复限制的定位方式，称为过定位。应尽量避免出现过定位。

消除过定位及其干涉一般有两个途径：①改变定位元件的结构，以消除被重复限制的自由度；②提高工件定位基面之间及夹具定位元件工作表面之间的位置精度，以减少或消除过定位引起的干涉。

四、电力屏柜机柜的结构设计简介

电力屏柜是指由各种电气设备按照所提供的主电路、辅助电路、控制电路以及信号照明电路要求装配并进行电气连接面动作的组件。屏柜包含骨架和电气设备两部分。骨架是屏柜的躯壳，是电气设备赖以安装集成的载体，因此屏柜骨架的设计质量直接决定其所安装的电气设备能否正常工作。

电力机车屏柜主要有供电柜、电源柜、信号柜、高压电气柜、低压电气柜、变流器柜、牵引风机柜、冷却器柜、风源柜（空气压缩机的载体）等。这些屏柜可以分为载有电动机的屏柜和没有装载电动机的屏柜两大类，其中，供电柜、电源柜、信号柜、高压电气柜、低压电气柜、变流器柜等为没有装载电动机的屏柜；牵引风机柜、冷却器柜、风源柜等为载有电动机的屏柜。

屏柜骨架一般由薄板和梁通过焊接、铆接或螺栓连接组合而成。屏柜整体结构及组装结构件应有足够的机械强度和刚度；屏柜整体结构和电气设备布置应遵循重量平衡的原则，以保证屏柜均衡稳定；所有电气设备均应牢固地固定在屏柜整体结构、组装结构件、面板或支撑件上；屏柜整体结构可选用屏、柜、箱等形式；屏柜应能承受特定要求的振动和冲击。因此,屏柜结构设计的基本要求是如何使屏柜满足强度、刚度和抗振性能方面的要求。

电气柜一般都是薄板与梁的组合结构。大面积薄板的轴向变形刚度远小于梁的轴向变形刚度,当应力不满足强度要求时,要尽量避免梁与薄板直接相交焊接,遇到这样的情况时可在梁与板的相交处另外用梁把板分割成两部分,把梁与板的相交转化为梁与梁的相交,这样可以改善结构的刚度分布,减缓应力集中状况,使结构的应力状况得到改善。

第四节 各种生产类型加工工艺的特征

生产类型不同,零件和产品的制造工艺、所用设备及工艺装备、对工人的技术要求、采取的技术措施和达到的技术经济效益也会不同。各种生产类型的工艺特征归纳在表1-4中,在制定零件机械加工工艺规程时,先确定生产类型,再参考表1-4确定该生产类型下的工艺特征,从而使所制定的工艺规程正确合理。表1-4中一些项目的结论都是在传统的生产条件下归纳的。由于大批大量生产采用专用高效设备及工艺装备,因而产品成本低,但往往不能适应多品种生产的要求;而单件小批生产由于采用通用设备及工艺装备,因而容易适应品种的变化,但产品成本高,有时还跟不上市场的需求。因此,目前各种生产类型的企业既要适应多品种生产的要求,又要提高经济效益,它们的发展趋势是既要朝着生产过程柔性化的方向发展,又要上规模、扩大批量,以提高经济效益。成组技术和数控技术为这种发展趋势提供了重要的基础,各种现代制造技术都是在这种条件下应运而生的。

表 1-4 各种生产类型的工艺特征

工艺特征	生产类型		
	单件小批	中批	大批大量
零件的互换性	用修配法，钳工修配，缺乏互换性	大部分具有互换性。装配精度要求高时，灵活应用分组装配法和调整法，同时还保留某些修配法	具有广泛的互换性。少数装配精度较高处，采用分组装配法和调整法
毛坯的制造方法与加工余量	木模手工造型或自由锻造。毛坯精度低，加工余量大	部分采用金属模铸造或模锻。毛坯精度和加工余量中等	广泛采用金属模机器造型、模锻或其他高效方法。毛坯精度高，加工余量小
机床设备及其布置形式	通用机床。按机床类别采用机群式布置	部分通用机床和高效机床。按工件类别分工段、排列设备	广泛采用高效专用机床及自动机床。按流水线和自动线排列设备
工艺装备	大多采用通用夹具、标准附件、通用刀具和万能量具。靠划线和试切法达到精度要求	广泛采用夹具，部分靠找正装夹达到精度要求。较多采用专用刀具和量具	广泛采用专用高效夹具、复合刀具、专用量具或自动检验装置。靠调整法达到精度要求
对工人的技术要求	需技术水平较高的工人	需一定技术水平的工人	对调整工人的技术水平要求高，对操作工人的技术水平要求较低
工艺文件	工艺过程卡，关键工序要有工序卡	有工艺过程卡，关键零件要有工序卡	有工艺过程卡和工序卡，关键工序要有调整卡和检验卡
成本	较高	中等	较低

第五节　机械加工工艺流程与经济效益的关系

一个企业经济效益的好坏，取决于该企业管理决策水平的高低、产品是否适销对路及设计的性能是否优秀、结构是否合理及适于制作、生产制作质量的好坏以及生产效率的高低等因素。

工艺流程决定了产品的加工路线、零件的加工方法，进而决定了采用什么样的设备及工装。良好的、合理的工艺流程，是保证和提高产品质量的重要环节。工艺流程必须将质量摆在首位，否则，该工艺流程生产的件数再多也是无用的，也就是说，没有质量就没有数量。如果生产零件的质量提高了，它的性能、耐用度好了，废品率降低了，实际上也相当于增加了产量，这说明质量可以转化为产量。另外，零件的质量必须通过一定的数量来体现，因为任何质量都表现为一定的数量，没有数量也就没有质量。若工艺流程导致产量极低，即使质量很高，仍是不能完成生产任务的。由此可见，质量和产量是各以对方的存在为条件，并且它们之间又有相互对立的一面。例如，某一正常的工艺流程，若在生产条件（如设备工艺装备、人的操作水平等）不变的情况下，要求产量提高一倍，这就势必使工人劳动强度加大，导致零件的废品率增加，质量下降，同样，如果在生产条件不变的情况下，提高质量要求，也势必使生产效率下降而废品率上升。在产品结构设计先进合理的条件下，工艺流程的编制必须要较好地解决好产量和质量的关系，才能使企业的生产得到发展，经济效益得到提高。先进合理的工艺流程可以使企业处于较好的运转过程，并充分利用企业的资源（人力资源、设备及其他物质条件）来提高劳动生产率，创造满意的经济效益。

机械加工企业通过不断实践、不断改革工艺流程提高劳动生产率的方法有以下几种：①提高切削用量，如采用高速切削，高速磨削和重磨削，减少工序作业时间。②改进工艺流程，变更工艺方法。例如，利用锻压设备制作毛坯件减少切削量或直接锻成零件无切削。③提高自动化程序，实现高度自动化。例如，采用数控机床，加工中心和计算机集成控制系统实现自动生产线作业等。

先进合理的工艺流程可以使企业节省和合理选择原材料，研究新材料，合理使用和改进现有设备，研制新的高效设备等。由此可以降低企业制造过程的能耗，降低生产成本，从而提高产品的市场竞争力。

例如，风机用的法兰圈，可以根据内外径的大小确定材料由三段或四段圆弧组合成，这样废去的材料很少，板材的利用率高；若利用扁钢在卷弯机上直接制成法兰，则材料几乎无耗损。又如一些薄壁结构件，尽量采用冲压、折弯成型，既节约材料，又提高效率。

一、零件的工艺流程与经济效益的关系

一个设计好的机械零件，工艺流程设计要更好、更快地满足该零件的设计要求，还必须根据该零件的结构、性能的需要和批量的大小，以及企业设备能力情况综合考虑。

若该批零件处于试制阶段或全年的生产量较少，则采用现有的加工设备（车、铣、钳、冲或线切割、焊接）加工，一般先考虑选用的原材料的规格、工序顺序和加工余量等。若该批零件已经正式投入大批量的生产，并且形状较复杂，那么应该使用模具制作（包括注塑模、冷冲模、热锻模、车卡和铣卡、钻具等），在提高生产效率的同时也会节约原材料。因为用模具制作的零件尺寸较一致，生产效率和合格率高。

例一：见图1-8，该零件所属的产品年产量在100套左右，而每套只用1个。因此，此件不必采用热锻模制作毛坯，因制作1个热锻模要5000元左右。另外，此件有几个连接头，车床加工很困难，要整体加工必须先制作车床模具。因此，采用分三段件加工（如虚线所示分开），这样一个单段就可以用棒料直接加工车床，然后将其银焊组成一个整体，既缩短了该件的生产周期，又节约了成本。

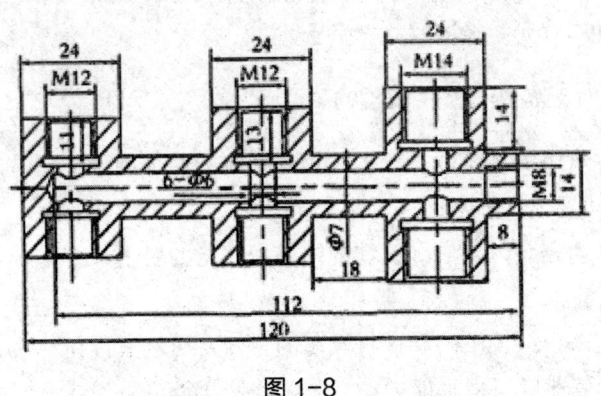

图 1-8

例二：见图1-9，年产量7000件，可采用两种工艺流程。

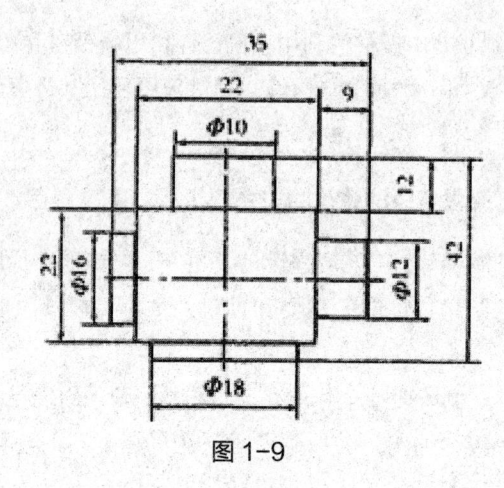

图 1-9

一种工艺是用棒料 50mm 车削一个圆柱 50mm×45mm，然后在铣床上铣 4 次作为车床加工的毛坯，最后在车床上加工。铣出的 4 个头方而短，不能直接在车床上夹住，必须用偏心车夹，而且加工余量大，车床每加工 1 头时，必须 2 次车削才能达到尺寸，既耗材料，又费工时。

另一种工艺是采用热锻模制作毛坯，制作一个只是外圆和四方加大 1~2 的热锻件，在车床上不用模具就能较容易地加工成合格的零件。这两种方案比较下来，第 2 种方案每件节约材料 6.3 元，节约的工时的价值 0.8 元，总成本节约 7.1 元，年产量 7000 件可节约 49700 元。经济效益显而易见。

二、班组的工艺流程与经济效益的关系

要提高一个班组的经济效益，工艺流程影响的两个因素仍然是产品的质量和生产效率。

在安排工艺流程时，要根据该件的结构和性能的要求，配备好合适的操作工人和适当的生产设备。

就冲压班组来说，较小的和板材较薄的零件要尽量安排在冲裁力足够的小冲床上加工，这样不仅速度快而且能耗小。车床和铣床等也是如此。能用较小的机床加工的，就不用大机床加工。

一个班组整体的月生产计划下达以后，安排工艺流程时要通盘考虑，工序较多，加工时间较长的要首先安排加工；单工序而加工时间较长的零件，则多安排几台设备同时加工。能分工序安排成流水作业的，要尽量安排成流水作业。要将全部的机械设备充分地利用起来，保质保量地按时完成或提前完成月生产计划。

三、车间的工艺流程和经济效益的关系

一个车间有多个班组，例如，机械加工车间可能有下料、冲压、车削、铣削、磨削、焊接、钳工、喷漆等各个班组，因零件的工艺要求不同，在生产同一产品的不同零件时，各个班组的工艺流程是相互关联的，那么在安排工艺流程时要考虑工艺流程长的先安排加工，同时，要考虑各个班组生产的均衡性，尽可能使生产班组之间相互紧密衔接，不要造成某一班组一段时间要加班加点生产，一段时间又无事可做从而影响产品质量，同时也影响产品数量，导致经济效益降低的局面。

四、企业的工艺流程和经济效益的关系

一个企业有很多的职能部门和生产车间，同时生产多种产品。每一个产品的工艺流程不同，涉及的部门也不一样，从产品的设计，原材料及配件采购，零件的加工到装配出厂，必须要制定好整个产品生产过程的工艺流程。各个部门要充分配合，当多个产品同时在进行生产时，要根据销售合同的需要，将每个产品工艺流程的情况落实到各个部门。并尽可能地使各生产车间均衡生产，充分发挥各部门的作用，才能保质保量地生产出优质产品。

总之，一个生产实体要具有良好的工艺流程，才能创造出更好的经济效益。

第二章
机械加工工艺的基础理论研究

通过第一章的概述，对机械加工工艺有了基础的认识后，本章将对机械加工工艺的基础理论进行研究，如机械加工的意义、工艺理论、工艺方法和工艺方案等。

第一节 机械加工工艺的重要性

一、工艺是制造技术的灵魂

现代制造工艺技术是先进制造技术的重要组成部分，也是最有活力的部分。产品从设计变为现实必须通过加工才能实现，工艺是设计和制造的桥梁，设计的可行性往往会受到工艺的制约，工艺（包括检测）往往会成为"瓶颈"，因此，工艺方法和水平是至关重要的。不是所有设计的产品都能加工出来，也不是所有设计的产品通过加工都能达到预定的技术性能要求。"设计"和"工艺"是相辅相成的，二者是不可能对立和割裂开的，应该用广义制造的概念统一起来。当前人们往往看重产品设计师的作用，而未能正确评价工艺师的作用，这是当前影响制造技术发展的一个关键问题。

在用金刚石车刀进行超精密切削时，其刃口钝圆半径的大小与切削性能的关系十分密切，它影响了极薄切削的切削厚度，反映了在超精密切削技术方面的水平。通常，刃口是在专用的金刚石研磨机上研磨出来的，国外加工出的刃口钝圆半径可达 2nm，而我国现在还达不到这个水平。这个例子生动地说明了有些制造技术问题的关键不在设计上，而是在工艺上。

二、工艺是生产中最为活跃的因素

同样的设计可以通过不同的工艺方法来实现。工艺不同，所用的加工设备、工艺装备也就不同，其质量和生产率也会有差别。工艺是生产中最活跃的因素，有了某种工艺方法才有相应的工具和设备出现，反过来，这些工具和设备的发展又提高了该工艺方法的技术性能和水平，扩大了其应用范围。

加工技术的发展往往是从工艺突破的。20世纪40年代，苏联科学家拉查连科发明了电加工方法，此后就出现了电火花线切割加工、电火花成形加工、电火花高速打孔加工等方法，发展了一系列的相应设备，形成了一个新兴行业，对模具的发展产生了重大影响。当科学家们发现激光、超声波可以用来加工时，出现了激光打孔、激光焊接、激光干涉测量、超声波打孔、超声波探伤等方法，相应地发展了一批加工和检测设备，从而与其他非切削加工手段在一起，形成了特种加工技术，即非传统加工技术。这在加工技术领域，形成了异军突起的局面。工艺技术上的突破和丰富多彩，使得设计也扩大了"眼界"，以前有些不敢涉及设计，变成现在敢于设计了。例如，利用电火花磨削方法可以加工直径为0.1mm以下的探针；利用电子束、离子束和激光束可以加工直径为0.1mm以下的微孔，而纳米加工技术的出现更是扩大了设计的广度和深度。

世界上制造技术比较强的国家如德国、日本、美国、英国、意大利等，它们制造工艺比较发达，因此其产品质量上乘，受到普遍欢迎。产品质量是一个综合性问题，与设计、工艺技术、管理和人员素质等多个因素有关，但与工艺技术的关系最为密切。

第二节　机械加工的工艺理论

制造工艺理论包括加工成形机理、精度原理、相似性原理和成组技术、工艺决策原理和优化原理等方面。

一、加工成形机理

（一）分层加工与内加工

1. 分层加工

零件的成形方法有分离（去除）加工、结合（堆积、分层）加工、变形（流动）加工等。在加工成形机理上已经从分离加工扩展到结合加工，形成了分层加工方法。

分层加工和分离加工的原理正好相反，它是将零件在某一方向按一定层厚分为若干薄层，逐一加工这些薄层，并在加工的同时将这些薄层依次堆积起来，即可成形。按分层的形式又可分为平面分层和曲面分层。另外，也可以将零件沿某方向按一定层厚展开成一条成形带子（通常为带材），将其加工（通常用数控剪切机）出来后，再卷绕成形。

2. 内加工

分离加工是将毛坯通过去除余量而总体成形为零件。材料的去除加工方式可分为外切削方式和内加工方式。内加工方法的意义在于可发展成为一种原型制造方法。例如，要加工一个齿轮零件，可以用内加工方式先加工出齿轮，再将被加工材料切开，就可得到上、下模原型，经用其他材料翻制，便可得到齿轮的上、下模模具，从而可以制造齿轮零件。

（二）能源的加工与扫描探针显微加工

1. 各种内源的加工

零件成形所使用的能源有力、电、声、化学、电子、离子、激光等，十分丰富，从而发展了电火花加工、超声波加工、化学加工、电子束加工、离子束加工、激光束加工等。由于加工所使用的能源不同，其加工机理也就各不相同。

2. 扫描探针显微加工

扫描探针显微加工包括扫描隧道显微加工和原子力显微加工等，例如，原子搬迁和排列重组、原子去除与增添、雕刻加工等。

（三）纳米生物加工

1. 生物去除成形加工

利用细菌生理特性进行生物加工，例如，用氧化亚铁硫杆菌去除纯铁、纯铜和铜镍合金等加工出微型齿轮。

2. 生物约束成形加工

控制微生物生长过程，用化学镀进行约束成形，制备出金属化微生物细胞，用于构造微结构。

二、精度原理

1. 机械加工原则

机械加工遵循的原则可分为继承性原则和创造性原则等。

继承性原则又称为"母性"原则、循序渐进原则或"蜕化"原则，它主要指加工用的机床（工作母机）精度一般应高于所加工工件的精度，这是很自然的，也是通常的选择，因为它能保证加工质量和效率。

创造性原则又称为"进化"原则，可分为直接创造性原则和间接创造性原则。直接创造性原则是利用精度低于工件精度的机床，借助于工艺手段和特殊工具，直接加工出精度高于"工作母机"的工件。如"以粗干精"加工方法就是所用机床的精度可低于加工工件的精度，通过一些工艺措施来保证加工精度，如研磨、抛光等加工；"以小干大"原则是指加工的工件比机床要大，采用工件不动，靠机床移动来进行加工，即所谓"蚂蚁啃骨头"的办法。这种方法主要用于大型零件、重型零件的加工。间接创造性原则是用较低精度的机床和工具，制造出加工精度能满足工件要求的高精度机床和工具，再用这些机床和工具去加工所欲加工的工件，它是先用直接创造性原则，再用继承性原则。如滚齿机工作台中的分度涡轮是影响齿轮加工精度的关键零件，因为购买现成的加工分度涡轮的机床是很昂贵的，而且可能买不到合适的，这时多采用自行研制的方法。

2. 定位原理

定位原理提出了定位与基准的概念和六点定位原理，其中包括完全定位、不完全定位、欠定位、过定位的判定、定位元件和各种基准的设计。

3. 尺寸链原理

尺寸链原理论述了尺寸链的产生和分类，建立了尺寸链的数学模型，针对线性尺寸链和角度尺寸链、工艺尺寸链和装配尺寸链，提出了求解方法，并进行了计算机辅助建立和求解尺寸链的研究。

4. 质量统计分析原理

质量统计分析原理针对加工精度等质量问题，应用数理统计学提出了分布曲线法和精度曲线法等统计分析方法来分析和控制加工质量，取得了显著成效。

三、相似性原理和成组技术

从相似性发展到相似性工程，我国学者在这方面有颇多建树。相似性是成组技术的理论基础，成组工艺是成组技术的核心，零件的分类成组方法是成组技术的关键问题，其中常用的方法为建立零件分类编码系统。

在形状相似性的基础上提出了派生相似性的概念，即工艺相似性、装配相似性和测量相似性等，这是对相似性的发展。针对从工艺相似性来进行零件的分类成组，提出了生产流程分析法，其中有关键机床法、顺序分枝法、聚类分析法、编码分类法和势函数法等。

四、工艺决策原理

针对工艺问题的决策，提出了数学模型决策（数学模型的建立和求解）、逻辑推理决策（决策树、决策表）和智能思维决策等方法，使工艺问题的决策从主观、经验的判定走向客观、科学的判断，这是一个很大的进步，同时和计算机技术相结合，提高了判断的正确性和效率。

数学模型决策是以建立数学模型并求解作为主要的决策方式。数学模型泛指公式、方程式和由公式系列构成的算法等，可分为系统性数学模型、随机性数学模型和模糊性数学模型三类。

逻辑推理决策是采用确定性的逻辑推理来决策，常用的形式有决策树和决策表两种。决策树是用树状结构来描述和处理"条件"和"动作"之间的关系和方法；决策表是用表格结构来描述和处理"条件"和"动作"之间的关系和方法。

智能思维决策是依赖工艺技术人员的经验和智能思维能力来决策，即要应用人工智能。智能是运用知识来解决问题的能力，学习、推理和联想是智能的三大重要因素。智能思维决策的主要方法有专家系统、模糊逻辑、人工神经网络和遗传算法等。

表 2-1 归纳了机械制造工艺设计中常用的决策方式。

表 2-1 机械制造工艺设计中常用的决策方式

制造工艺设计项目		决策方式		
		数学模型	逻辑推理	智能思维
加工工艺	结构工艺性检查		○	
	定位基准选择			○
	工艺路线设计		○	
	工艺方法确定		○	
	余量及工序间尺寸计算	○		
工艺装备	通用机床、刀具、夹具、量具选择		○	
	专用机床、刀具、夹具、量具、辅具设计			○
时间定额	工时分析研究	○		
	工时定额计算	○		
工厂、车间设计	工厂布局设计车间			○
	工段设计			○
	工作地设计		○	

续表

制造工艺设计项目		决策方式		
		数学模型	逻辑推理	智能思维
供应计划	材料供应计划		○	
	生产设备供应计划		○	
	工艺装备供应计划		○	
	劳动力需求计划		○	
生产周期	生产周期设计	○		
	节拍（时间）设计		○	
生产成本	材料成本计算	○		
	设备成本计算	○		
	加工维持费用计算	○		
	劳动工资计算	○		

五、优化原理

将已有的优化方法应用到工艺问题的优化上，进行了单目标和多目标、单工序和多工序的工艺方案优化选择，对提高工艺方案的可行性和有效性、降低工艺成本、缩短生产周期有重要意义。这项技术也是与计算机技术密切结合的结果。

机械加工优化通常是要在保证质量的前提下，达到最高生产率、最低成本或最大利润率。机械加工优化方法的实现首先要确定目标函数，然后选定控制参数，将选定控制参数引入目标函数的数学模型中，再进行求解，即可得到优化的控制参数值。图 2-1 表示单件加工成本与切削速度的关系；图 2-2 表示单件加工成本与切削速度和进给的关系，它是多参数的优化问题。

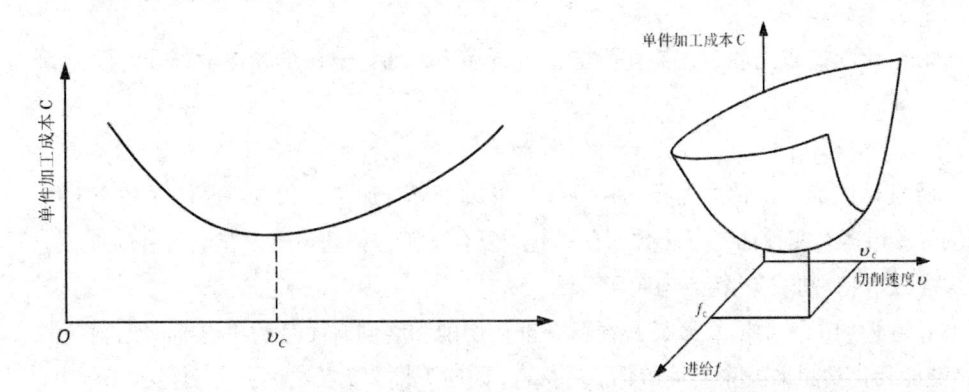

图 2-1　单件加工成本与切削速度的关系　　图 2-2　单件加工成本与切削速度和进给的关系

第三节 现代机械加工的工艺方法

一、特种加工技术概述

(一) 特种加工的应用领域

特种加工是相对于常规加工而言的。由于早在第二次世界大战后期就发明了电火花加工，因此出现了电加工的名称，以后又出现了电解加工、超声波加工、激光加工等方法，由此提出了特种加工的名称，在欧美称之为非传统性加工。特种加工的概念应该是相对的，其内容将随着加工技术的发展而变化。

(二) 特种加工方法的种类阐述

特种加工方法的种类很多，根据加工机理和所采用的能源，可以分为以下几类。

1. 机械加工

应用机械能来进行加工，如超声波加工、喷射加工、喷水加工等。

2. 电物理加工

利用电能转化为热能、机械能或光能等进行加工，如电火花成形加工、电火花线切割加工、电子束加工、离子束加工等。

3. 电化学加工

利用电能转化为化学能进行加工，如电解加工、电镀、刷镀、镀膜和电铸加工等。

4. 激光加工

利用激光光能转化为热能进行加工，如激光束加工。

5. 化学加工

利用化学能或光能转化为化学能来进行加工，如化学铣削和化学刻蚀（即光刻加工）等。

6. 复合加工

将机械加工和特种加工叠加在一起就形成了复合加工，如电解磨削、超声电解磨削等。最多有四种加工方法叠加在一起的复合加工，如超声电火花电解磨削等。

(三) 特种加工的特点与应用范围

1. 特种加工不是依靠刀具和磨料来进行切削和磨削，而是利用电能、光能、声能、热能和化学能来去除金属和非金属材料，因此工件和工具之间并无明显的切削力，只有微小的作用力，在机理上与传统加工有很大不同。

2. 特种加工的内容包括去除和结合等加工。去除加工即分离加工，如电火花成形加工等是从工件上去除一部分材料。结合加工又可分为附着、注入和结合。附着加工是使工件被加工表面覆盖一层材料，如镀膜等；注入加工是将某些元素离子注入到工件表层，以改变工件表层的材料结构，达到所要求的物理力学性能，如离子束注入、化学镀、氧化等；结合加工是使两个工件或两种材料结合在一起，如激光焊接、化学粘接等。

3. 在特种加工中，工具的硬度和强度可以低于工件的硬度和强度，因为它不是靠机械力来切削，同时工具的损耗很小，甚至无损耗，如激光加工、电子束加工、离子束加工等，故适于加工脆性材料、高硬材料、精密微细零件、薄壁零件、弹性零件等易变形的零件。

4. 加工中的能量易于转化和控制。工件一次装夹可实现粗、精加工，有利于保证加工质量，提高生产率。

二、特种加工方法

（一）电火花加工

1. 电火花加工基本原理

电火花加工是利用工具电极与工件电极之间脉冲性的火花放电，产生瞬时高温将金属蚀除。这种加工又称为放电加工、电蚀加工、电脉冲加工。

图 2-3 所示为电火花加工原理图。图中采用正极性接法，即工件接阳极，工具接阴极，由直流脉冲电源提供直流脉冲。工作时，工具电极和工件电极均浸泡在工作液中，工具电极缓缓下降与工件电极保持一定的放电间隙。电火花加工是电力、热力、磁力和流体力等综合作用的过程，一般可以分成四个连续的加工阶段：①介质电离、击穿、形成放电通道；②火花放电产生熔化、气化、热膨胀；③抛出蚀除物；④间隙介质消电离。

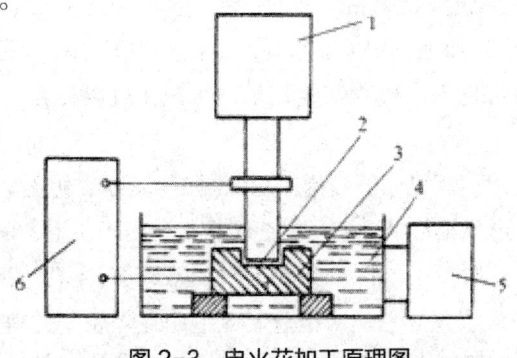

图 2-3 电火花加工原理图

由于电火花加工是脉冲放电，其加工表面由无数个脉冲放电小凹坑所组成，工具的轮廓和截面形状就在工件上形成。

2. 电火花加工的基本工艺影响电火花加工的因素

（1）极性效应。单位时间蚀除工件金属材料的体积或重量，称之为蚀除量或蚀除速度。由于正负极性的接法不同而蚀除量不一样，称之为极性效应。将工件接阳极称之为正极性加工，将工件接阴极称之为负极性加工。

在脉冲放电的初期，由于电子质量轻、惯性小，很快就能获得高速度而轰击阳极，因此阳极的蚀除量大于阴极。随着放电时间的增加，离子获得较高的速度，由于离子的质量大，轰击阴极的动能较大，因此阴极的蚀除量大于阳极。控制脉冲宽度就可以控制两极蚀除量的大小。短脉宽时，选正极性加工，适合于精加工；长脉宽时，选负极性加工，适合于粗加工和半精加工。

（2）工作液。工作液应能压缩放电通道的区域，提高放电的能量密度，并能加剧放电时流体动力过程，加速蚀除物的排出。工作液还应加速极间介质的冷却和消电离过程，防止电弧放电。常用的工作液有煤油、去离子水、乳化液等。

（3）电极材料。它必须是导电材料，要求在加工过程中损耗小，稳定，机械加工性好。常用的电极材料有纯铜、石墨、铸铁、钢、黄铜等。蚀除量与工具电极和工件材料的热学性能有关，如熔点、沸点、热导率和比热容等。熔点、沸点越高，热导率越大，则蚀除量越小；比热容越大，耐蚀性越高。

3. 电火花加工的类型

电火花加工的类型主要有电火花成形加工、电火花线切割加工、电火花回转加工、电火花表面强化和电火花刻字等。

（1）电火花成形加工。它主要指穿孔加工、型腔加工等。穿孔加工主要是加工冲模、型孔和小孔（一般为0.05~2mm）。冲模是指凹模。型腔加工主要是加工型腔模和型腔零件，相当于加工成形盲孔。

（2）电火花线切割加工。用连续移动的电极丝（工具）作阴极，工件为阳极，两极通以直流高频脉冲电源。电火花线切割加工机床可以分为两大类，即高速走丝和低速走丝。

高速走丝电火花线切割机床的结构原理如图2-4所示，电极丝3绕在卷丝筒2上，并通过两个导丝轮7形成锯弓状。卷丝筒2装在走丝溜板1上，电动机带动卷丝筒2做周期正、反转，走丝溜板1相应于卷丝筒2的正、反转在卷丝筒2轴向与卷丝筒2一起做往复移动，使电极丝3总能对准丝架4上的导丝轮，并得到周期往复移动。同时丝架可绕两水平轴分别做小角度摆动，其中绕轴的摆动是通过丝架的摆动而得

第二章 机械加工工艺的基础理论研究

到，而丝架绕轴的摆动是通过丝架上、下丝臂在方向的相对移动得到，这样可以切割各种带斜面的平面二次曲线型体。电极丝多用钼丝，走丝速度一般为 2.5~10m/s。电极丝使用一段时间后要更换新丝，以免因损耗断丝而影响工作。

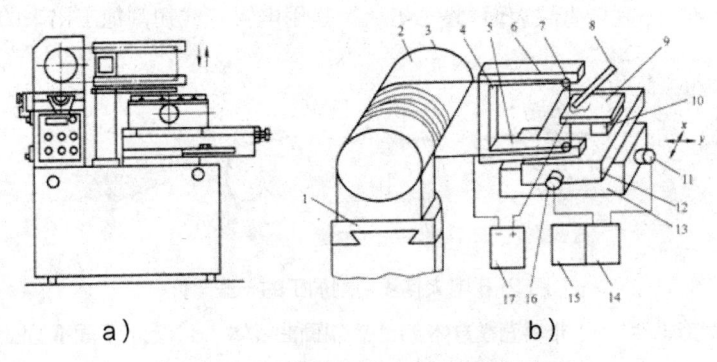

图 2-4 高速走丝电火花线切割机床

a）机床外形 b）机床结构原理图

1. 走丝溜板；2. 卷丝筒；3. 电极丝；4. 丝架；5. 下丝臂；6. 上丝臂；7. 导丝轮；8. 工作液喷嘴；9. 工件；10. 绝缘垫块；11、16. 伺服电动机；12. 工作台；13. 溜板；14. 伺服电动机电源；15. 数控装置；17. 脉冲电源

低速走丝电火花线切割机床的结构原理如图 2-5 所示。它是以成卷筒丝作为电极丝，经旋紧机构和导丝轮、导向装置形成锯弓状，走丝做单方向运动，多用铜丝，为一次性使用，走丝速度一般低于 0.2m/min，但其导向、旋紧机构比较复杂。低速走丝电火花线切割机床由于电极丝走丝平稳、无振动、损耗小，因此加工精度高，表面粗糙度值小，同时断丝可自动停机报警，并有气动自动穿丝装置，使用方便，现已成为主流产品和发展方向。

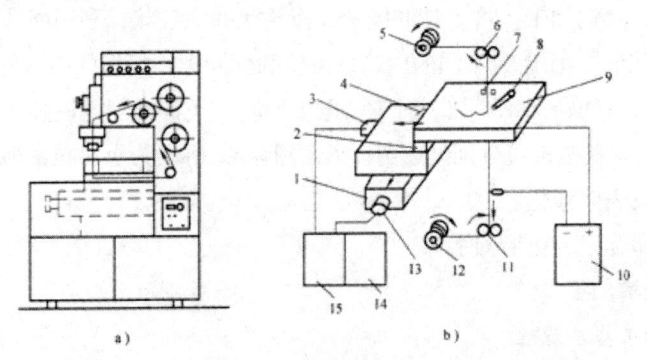

图 2-5 低速走丝电火花线切割机床的结构原理图

a）机床外形 b）机床结构原理图

目前，电火花线切割机床已经数控化。数控电火花线切割机床具有多维切割、重复切割、丝径补偿、图形缩放、移位、偏转、镜像、显示和加工跟踪、仿真等功能。

无论是高速走丝还是低速走丝电火花线切割机床都具有四坐标数控功能，因此可加工各种锥面、复杂直纹表面。图2-6所示是用电火花线切割加工出来的一些零件。

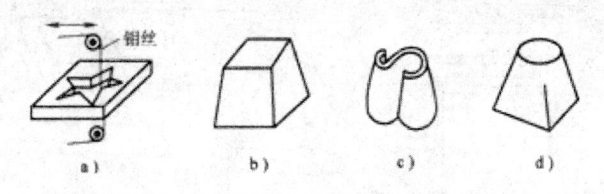

图2-6 电火花线切割加工的一些零件
a）二维图形零件　b）带斜面立方体　c）带斜面曲线体　d）上、下面不同图形曲线体

4. 电火花加工的特点及其应用

不论其材料的硬度、脆性、熔点如何，电火花可加工任何导电材料，并且现已研究出加工非导体材料和半导体材料。由于加工时工件不受力，适于加工精密、微细、刚性差的工件，如小孔、薄壁、窄槽、复杂型孔、型面、型腔等零件。加工时，加工参数调整方便，可在一次装夹下同时进行粗、精加工。电火花加工机床结构简单，现已几乎全部能够使用数控化加工。

电火花加工的应用范围非常广泛，是特种加工中应用最为广泛的一种方法。

（1）穿孔加工。可加工型孔、曲线孔（弯孔、螺旋孔）、小孔等。

（2）型腔加工。可加工锻模、压铸模、塑料模、叶片、整体叶轮等零件。

（3）线电极切割。可进行切断、开槽、窄缝、型孔、冲模等加工。

（4）回转共轭加工。将工具电极做成齿轮状和螺纹状，利用回转共轭原理，可分别加工模数相同，而齿数不同的内、外齿轮和相同螺距齿形的内、外螺纹。

（5）电火花回转加工。加工时工具电极回转，类似钻削、铣削和磨削，可提高加工精度。这时工具电极可分别做成圆柱形和圆盘形，称之为电火花钻削、铣削和磨削。

（6）金属表面强化。

（7）打印标记、仿形刻字等。

（二）电解加工

1. 电解加工基本原理

电解加工是在工具和工件之间接上直流电源，工件接阳极，工具接阴极。工具极一般用铜或不锈钢等材料制成。两极间外加直流电压6~24V，极间间隙保持

0.1~1mm，在间隙处通以 6~60m/s 的高速流动电解液，形成极间导电通路，产生电流。加工时工件阳极表面的材料不断溶解，其溶解物被高速流动的电解液及时冲走，工具阴极则不断进给，保持极间间隙，其加工原理如图 2-7 所示，可见其基本原理是阳极溶解，是电化学反应过程。它包括电解质在水中的电离及其放电反应、电极材料的放电反应和电极间的放电反应。

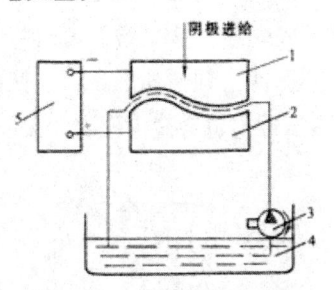

图 2-7 电解加工原理图

2. 电解加工的特点

电解加工的一些特点与电火花加工类似，不同之处有以下几点：

（1）加工型面、型腔生产率高，比电火花加工高 5~10 倍。

（2）阴极在加工中损耗极小，但加工精度不及电火花加工，棱角、小圆角（<0.2mm）很难加工出来。

（3）加工表面质量好，表面无飞边、残余应力和变形层。

（4）加工设备要求防腐蚀、防污染，并应配置废水处理系统。因为电解液大多采用中性电解液（如 NaCl、$NaNO_3$ 等）、酸性电解液（如 HCl、HNO_3、H_2SO_4 等），对机床和环境有腐蚀和污染作用，应进行一些处理。

3. 电解加工方法及其应用

除上述基本方法外，尚有充气电解加工、振动进给脉冲电流电解加工以及电解磨削等复合加工。图 2-8 所示为中间电极法电解加工。中间电极对工件起电解作用，普通砂轮起磨削和刮削阳极薄膜作用。

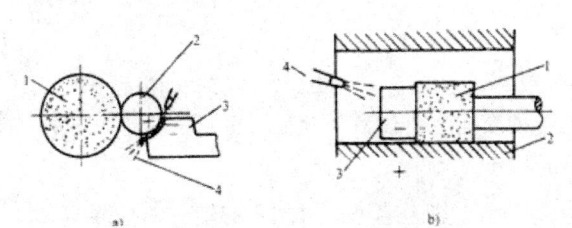

图 2-8 中间电极法电解加工
a）外圆加工 b）内圆加工

（三）超声波加工

1. 超声波加工基本原理

超声波加工是利用工具作超声振动，通过工件与工具之间的磨料悬浮液而进行加工，图2-9所示为其加工原理图。加工时，工具以一定的力压在工件上，由于工具的超声振动，使悬浮磨粒以很大的速度、加速度和超声频打击工件，工件表面受击处产生破碎、裂纹，脱离而成颗粒，这是磨粒撞击和抛磨作用。磨料悬浮液受工具端部的超声振动作用产生液压冲击和空化现象，促使液体渗入被加工材料的裂纹处，加强了机械破坏作用，液压冲击也会使工件表面损坏而蚀除，这是空化作用。

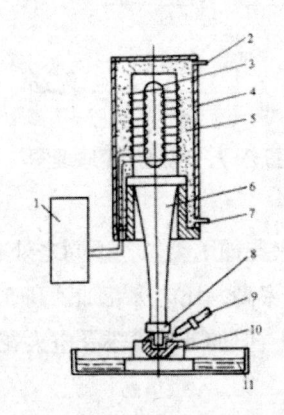

图2-9 超声波加工原理图

2. 超声波加工的设备

超声波加工的设备主要由超声波发生器、超声频振动系统、磨料悬浮液系统和机床本体等组成。超声波发生器是将50Hz的工频交流电转变为具有一定功率的超声频振荡，一般为16000~25000Hz。超声频振动系统主要由换能器、变幅杆和工具所组成。换能器的作用是把超声频电振荡转换成机械振动，一般用磁致伸缩效应（见图2-9）或压电效应来实现。由于振幅太小，要通过变幅杆放大，工具是变幅杆的负载，其形状为欲加工的形状。

3. 超声波加工的特点

（1）适于加工各种硬脆金属材料和非金属材料，如硬质合金、淬火钢、金刚石、石英、石墨、陶瓷等。

（2）加工过程受力小、热影响小，可加工薄壁、薄片等易变形零件。

（3）被加工表面无残余应力，无破坏层，加工精度较高，表面粗糙度值较小。

（4）可加工各种复杂形状的型孔、型腔和型面，还可进行套料、切割和雕刻。

（5）生产率较低。

4. 超声波加工的应用

超声波加工的应用范围十分广泛。除一般加工外，还可进行超声波旋转加工。这时用烧结金刚石材料制成的工具绕其本身轴线作高速旋转，因此除超声撞击作用外，尚有工具回转的切削作用。这种加工方法已成功地用于加工小深孔、小槽等，且加工精度大大提高，生产率较高。此外尚有超声波机械复合加工、超声波焊接和涂敷、超声清洗等。

（四）电子束加工

1. 电子束加工基本原理

如图 2-10 所示，在真空条件下，利用电流加热阴极发射电子束，经控制栅极初步聚焦后，由加速阳极加速，并通过电磁透镜聚焦装置进一步聚焦，使能量密度集中在直径为 5~10μm 的斑点内。高速而能量密集的电子束冲击到工件上，使被冲击部分的材料温度在几分之一微秒内升高到几千摄氏度以上，这时热量还来不及向周围扩散就可以把局部区域的材料瞬时熔化、气化，甚至蒸发而去除。

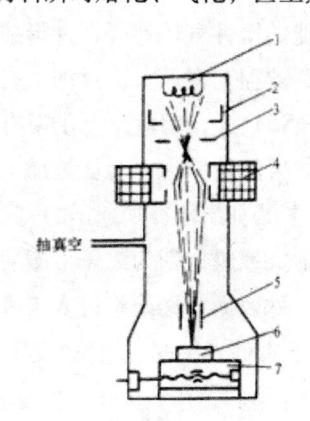

图 2-10　电子束加工原理图

1. 发射电子阴极；2. 控制栅极；3. 加速阳极；4. 聚焦装置；5. 偏转装置；6. 工件；7. 工作台位移装置

2. 电子束加工的设备

电子束加工的设备主要由电子枪系统、真空系统、控制系统和电源系统等组成。电子枪由电子发射阴极、控制栅极和加速阳极组成，用来发射高速电子流，进行初步聚焦，并使电子加速。真空系统的作用是造成真空工作环境，因为在真空中电子才能高速运动，发射阴极不会在高温下氧化，同时也能防止加工表面被金属蒸气氧化。

控制系统由聚焦装置、偏转装置和工作台位移装置等组成，控制电子束的束径大小和方向，按照加工要求控制工作台在水平面上的两坐标位移。电源系统用于提供稳压电源、各种控制电压和加速电压。

3.电子束加工的应用

电子束可用来在不锈钢、耐热钢、合金钢、陶瓷、玻璃和宝石等材料上打圆孔、异形孔和槽。最小孔径或缝宽可达 0.02~0.03mm。电子束还可用来焊接难熔金属、化学性能活泼的金属，以及碳钢、不锈钢、铝合金、钛合金等。此外，电子束还用于微细加工中的光刻。

电子束加工时，高能量的电子会渗入工件材料表层达几微米甚至几十微米，并以热的形式扩大传输的区域，因此将它作为超精密加工方法时要注意其热影响，但作为特种加工方法是有效的。

（五）离子束加工

1.离子束溅射加工基本原理

在真空条件下，将氩（Ar）、氪（Kr）、氙（Xe）等惰性气体，通过离子源电离形成带有 10keV 数量级动能的惰性气体离子，并形成离子束，在电场中加速，经集束、聚焦后，以其动能射到被加工表面上，对加工表面进行轰击，这种方法称之为"溅射"。由于离子本身质量较大，因此比电子束有更大的能量，当冲击工件材料时，有三种情况，其一是如果能量较大，会从被加工表面分离出原子和分子，这就是离子束溅射去除加工；其二是如果用被加速了的离子从靶材上打出原子或分子，并将它们附着到工件表面上形成镀膜，则为离子束溅射镀膜加工；其三是用数十万电子伏特的高能量离子轰击工件表面，离子将打入工件表层内，其电荷被中和，成为置换原子或晶格间原子，留于工件表层内，从而改变了工件表层的材料成分和性能，这就是离子束溅射注入加工。

离子束加工与电子束加工不同。离子束加工时，离子质量比电子质量大千倍甚至万倍，但速度较低，因此主要通过力效应进行加工；而电子束加工时，由于电子质量小，速度高，其动能几乎全部转化为热能，使工件材料局部熔化、气化，因此主要是通过热效应进行加工。

2.离子束加工的设备

离子束加工的设备由离子源系统、真空系统、控制系统和电源组成。离子源又称为离子枪，其工作原理是将气态原子注入离子室，经高频放电、电弧放电、等离子体放电或电子轰击等方法被电离成等离子体，并在电场作用下使离子从离子源出口孔引出而成为离子束。首先将氩、氪或氙等惰性气体充入低真空（1.3Pa）的离子室中，利用阴极与阳极之间的低气压直流电弧放电，被电离成为等离子体。中间电极的电位一般比阳极低些，两者都由软铁制成，与电磁线圈形成很强的轴向磁场，所以以中间电极为界，在阴极和中间电极、中间电极和阳极之间形成两个等离子体区。前者的等离子体密度较低，后者在非均匀强磁场的压缩下，在阳极小孔附近形成了高密度、强聚焦的等离子体。经过控制电极和引出电极，只将正离子引出，使其呈束状并加速，从阳极小孔进入高真空区（1.3×10^{-6} Pa），再通过静电透镜所构成的聚焦装置形成高密度细束离子束，轰击工件表面。工件装夹在工作台上，工作台可作双坐标移动及绕立轴转动。

3. 离子束加工的应用

离子束加工被认为是最有前途的超精密加工和微细加工方法，其应用范围很广，可根据加工要求选择离子束直径和功率密度。如做去除加工时，离子束直径较小而功率密度较大；做注入加工时，离子束直径较大而功率密度较小。离子束去除加工可用于非球面透镜的成形、金刚石刀具和压头的刃磨、集成电路芯片图形的曝光和刻蚀。离子束镀膜加工是一种干式镀，比蒸镀有较高的附着力，效率也高。离子束注入加工可用于半导体材料掺杂、高速钢或硬质合金刀具材料切削刃表面的改性等。

（六）激光加工

1. 激光加工基本原理

激光是一种通过受激辐射而得到的放大的光。原子由原子核和电子组成。电子绕核转动，具有动能；电子又被核吸引，而具有势能。两种能量总称为原子的内能。原子因内能大小而有低能级、高能级之分。高能级的原子不稳定，总是力图回到低能级去，称之为跃迁；原子从低能级到高能级的过程，称为激发。在原子集团中，低能级的原子占多数。氦、氖、氩原子，钕离子和二氧化碳分子等在外来能量的激发下，有可能使处于高能级的原子数大于低能级的原子数，这种状态称为粒子数的反转。这时，在外来光子的刺激下，导致原子跃迁，将能量差以光的形式辐射出来，产生原子发光，此称为受激辐射发光。这些光子通过共振腔的作用产生共振，受激辐射越来越强，光束密度不断放大，形成了激光。由于激光是以受激辐射为主的，故具有不同于普通光的一些基本特性：

（1）强度高、亮度大。

（2）单色性好，波长和频率确定。

（3）相干性好，相干长度长。

（4）方向性好，发散角可达 0.1mrad，光束可聚集到 0.001mm。

当能量密度极高的激光束照射到加工表面上时，光能被加工表面吸收，转换成热能，使照射斑点的局部区域温度迅速升高、熔化、气化而形成小坑。由于热扩散，斑点周围的金属熔化，小坑中的金属蒸气迅速膨胀，产生微型爆炸，将熔融物高速喷出，并产生一个方向性很强的反冲击波，这样就在被加工表面上打出一个上大下小的孔。因此激光加工的机理是热效应。

2. 激光加工的设备

激光加工的设备主要有激光器、电源、光学系统和机械系统等组成。激光器的作用是把电能转变为光能，产生所需要的激光束。激光器分为固体激光器、气体激光器、液体激光器和半导体激光器等。固体激光器由工作物质、光泵、玻璃套管、滤光液、冷却水、聚光器及谐振腔等组成。常用的工作物质有红宝石、钕玻璃和掺钕钇铝石榴石（YAG）等。光泵是使工作物质产生粒子数反转，目前多用氙灯作光泵。因它发出的光波中有紫外线成分，对钕玻璃等有害，会降低激光器的效率，故用滤光液和玻璃套管来吸收。聚光器的作用是把氙灯发出的光能聚集在工作物质上。谐振腔又称为光学谐振腔，其结构是在工作物质的两端各加一块相互平行的反射镜，其中一块做成全反射，另一块做成部分反射。受激光在输出轴方向上多次往复反射，正确设计反射率和谐振腔长度，就可得到光学谐振，从部分反射镜一端输出单色性和方向性很好的激光。气体激光器有氦—氖激光器和二氧化碳激光器等。

电源为激光器提供所需能量，有连续和脉冲两种。

光学系统的作用是把激光聚焦在加工工件上，它由聚集系统、观察瞄准系统和显示系统组成。

机械系统是整个激光加工设备的总和。先进的激光加工设备已采用数控系统。

3. 激光加工的特点和应用

激光加工是一种非常有前途的精密加工方法。

（1）加工精度高。激光束斑直径可达 $1\mu m$ 以下，可进行微细加工，它又是非接触方式，力、热变形小。

（2）加工材料范围广。激光加工可加工陶瓷、玻璃、宝石、金刚石、硬质合金、石英等各种金属和非金属材料，特别是难加工材料。

（3）加工性能好。工件可放置在加工设备外进行加工，可透过透明材料加工，不需要真空。可进行打孔、切割、微调、表面改性、焊接等多种加工。

（4）加工速度快、效率高。

（5）价格比较昂贵。

三、快速原型制造和成形制造

(一)快速原型制造和成形制造原理

零件是一个三维空间实体,它可由在某个坐标方向上的若干个"面"叠加而成。因此,利用离散/堆积成型概念,可以将一个三维实体分解为若干个二维实体制造出来,再经堆积而构成三维实体,这就是快速成形(零件)制造的基本原理,是一种分层制造方法。

快速原型制造是指先制造出一个原型,其材料一般为纸、塑料等,不能直接用来制造产品,需要用其他材料如金属等翻制出模具,再用所翻制的模具制造产品,因此称为原型制造。快速原型制造经过近20年的发展,现在已可以直接制造可用的模具,因此称为快速成形制造。

(二)快速原型制造和成形制造方法

快速原型制造和成形制造的具体方法很多,有分层实体制造、光固化立体造型、选择性激光烧结、熔融沉积成形、喷射印制成形、滴粒印制成形等。

1. 分层实体制造

图 2-11 所示为分层实体制造示意图。根据零件分层几何信息,用数控激光器在铺上的一层箔材上切出本层轮廓,并将该层非零件图样部分切成小块,以便以后去除;再铺上一层箔材,用加热滚碾压,以固化黏合剂,使新铺上的一层箔材牢固地黏接在成形体上,再切割新层轮廓,如此反复直至加工完毕。所用的箔材通常为一种特殊的纸,也可用金属箔等。

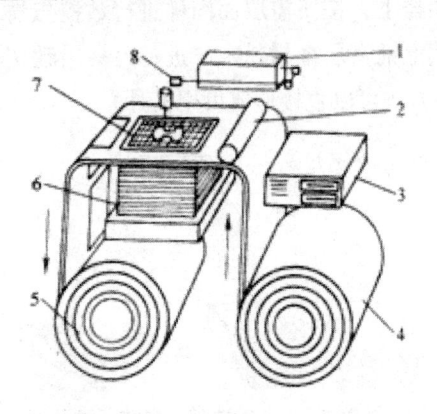

图 2-11 分层实体制造示意图

2. 光固化立体造型

光固化立体造型又称为激光立体光刻、立体印制，图2-12所示为光固化立体造型（即分层高度）示意图。液槽中盛有紫外激光固化液态树脂，开始成形时，工作台台面在液面下一层高度，聚焦的紫外激光光束在液面上按该层图样进行扫描，被照射的地方就被固化，未被照射的地方仍然是液态树脂。然后升降台带动工作台下降一层高度，第二层上布满了液态树脂，再按第二层图样进行扫描，新固化的一层被牢固地黏接在前一层上，如此重复直至零件成形完毕。

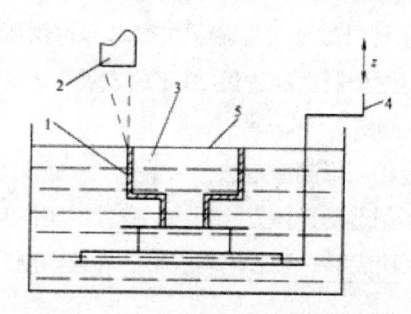

图2-12　光固化立体造型示意图

3. 选择性激光烧结

选择性激光烧结又称激光熔结，图2-13所示为选择性激光烧结示意图。先在工作台上铺一层一定厚度的金属粉末，用水平辊碾压，使其具有很好的密实度和平整度，将激光束聚焦在层面图样上，按所需层面图样进行数控扫描，即可进行激光烧结而形成层面图样；再在其上铺一层金属粉末，进行另一层激光烧结，如此叠加形成一个粉末烧结零件。此种方法可以直接形成可用模具。

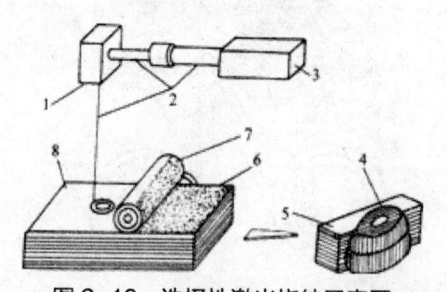

图2-13　选择性激光烧结示意图

4. 熔融沉积成形

熔融沉积成形又称熔融挤压成形，将丝状热熔性材料，通过一个熔化器加热，由一个喷头挤压出丝，按层面图样要求沉积出一个层面，然后如法生成下一个层面，并与前一个层面熔接在一起，这样层层扫描堆成一个三维零件。这种方法无需激光系统，设备简单，成本较低。其热熔性材料也比较广泛，如工业用蜡、尼龙、塑料等高分子材料，以及低熔点合金等，特别适合于大型、薄壁、薄壳成形件，可节省大量的填充过程，是一种有潜力、有希望的原型制造方法。它的关键技术是要控制好从喷头挤出的熔丝温度，使其处于半流动状态，既可形成层面，又能与前一层层面熔结，当然还须控制层厚。

5. 喷射印制成形

喷射印制成形是将热熔成形材料（如工程塑料）熔融后由喷头喷出，扫描形成层面，经逐层堆积而形成零件。也可以在工作台上铺上一层均匀的密实的可黏接粉末，由喷头喷射黏合剂而形成层面，再逐层叠加形成零件。喷头可以是单个，也可以是多个（可多达96个）。这种方法不采用激光，成本较低，但精度不够高。

6. 滴粒印制成形

滴粒印制成形是将热熔成形材料（如金属等）熔融后由喷头滴出，控制滴粒大小和温度，扫描形成层面，经逐层堆积而形成零件。其特点是可以制作金属零件，但成形设备要求较高。

快速成形制造由于零件需要分层，计算工作量很大，因此它与计算机技术关系密切，同时与CAD/CAM、数控、激光和材料等学科有关。现在的快速成形制造发展很快，可以制造由多种材料构成的零件和不同密度同一材料构成的零件，在生物工程、人体器官、骨骼等制造中应用前景广阔，成效突出。

四、高速加工和超高速加工

（一）高速加工和超高速加工的概念

高速加工和超高速加工通常包括切削和磨削两个方面。

高速切削的概念来自德国的Carl J.Salomon博士。他在1924—1931年间，通过大量的铣削实验发现，切削温度会随着切削速度的不断增加而升高，当达到一个峰值后，却随切削速度的增加而下降，该峰值速度称为临界切削速度。在临界切削速度的两边形成一个不适宜切削区，称之为"死谷"或"热沟"。当切削速度超过不适宜切削区，继续提高切削速度，则切削温度下降，成为适宜切削区，即高速切削区，这时的切削即为高速切削。图2-14所示为Salomon的切削温度与切削速度的关系曲线。从图中可以看出，不同加工材料的切削温度与切削速度的关系曲线有差别，但大体相似。

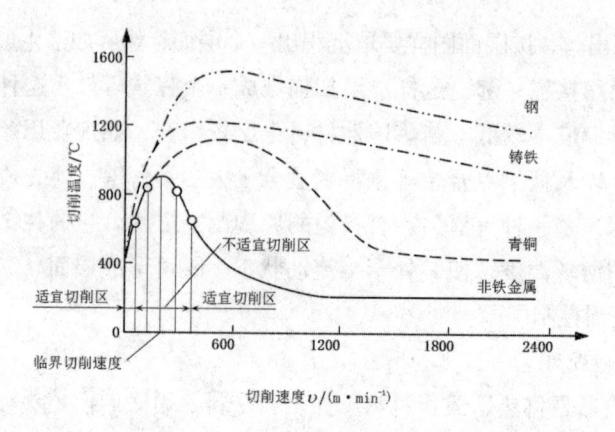

图 2-14 Salomon 切削温度与切削速度的关系曲线

高速切削加工的切削速度值应该是多少，由于影响因素较多，如切削的方法、被加工的材料和刀具材料等，因此很难用数值说清楚。1978年国际生产工程学会的切削委员会提出线速度为500~7000m/min 的切削加工为高速切削加工，这可以作为一条重要的参考。当前实验研究的高速切削速度已达到 45000m/min，但在实际生产中所用的速度要低得多。

高速磨削由于超硬磨料的出现得到了很大发展。通常认为，砂轮的线速度高于 90~150m/s 时即为高速磨削。当前高速磨削速度的实验研究已达到500m/s，甚至更高。

超高速加工是高速加工的进一步发展，其切削速度更高。目前高速加工和超高速加工之间没有明确的界限，两者之间只是一个相对的概念。

（二）高速加工的特点及应用

（1）随着切削速度的提高，单位时间内的材料切除量增加，切削加工时间减少，提高了加工效率，降低了加工成本。

（2）随着切削速度的提高，切削力减小，切削热也随之减少，从而有利于减少工件的受力变形、受热变形和减小内应力，提高加工精度和表面质量。同时可用于加工刚性较差的零件和薄壁零件。

（3）由于高速切削时切削力减小和切削热减少，可用来加工难加工的材料和淬硬材料，如淬硬钢等，扩大了加工范畴，可部分替代磨削加工和电火花加工等。

（4）在高速磨削时，在单位时间内参加磨削的磨粒数大大增加，单个磨粒的切削厚度很小，从而改变了切削形成的形式，对硬脆材料能实现延性域磨削，表面质量好，对高塑性材料也可获得良好的磨削效果。

（5）随着切削速度的提高，切削力随之减小，因而减少了切削过程中的激振源。

同时由于切削速度很高，切削振动频率可远离机床的固有频率，因此使切削振动大大降低，有利于改善表面质量。

（6）高速切削时，切削刃和单个磨粒所受的切削力减小，可提高刀具和砂轮等的使用寿命。

（7）高速切削时，可以不加切削液，是一种干式切削，符合绿色制造要求。

（8）高速切削加工的条件要求是比较严格的，需要有高质量的高速加工设备和工艺装备。设备要有安全防护装置，整个加工系统应有实时监控，以保证人身安全和设备的安全运行。

由于高速加工具有明显的优越性，在航空、航天、汽车、模具等制造行业中已推广使用，并取得了显著的技术经济效果。

（三）高速加工的原理

高速切削加工时，在切削力、切削热、切削形成和刀具磨损、破损等方面均与传统切削有所不同。

在切削加工的开始，切削力和切削温度会随着切削速度的提高而逐渐增加，在峰值附近，被加工材料的表层因不断软化而形成了黏滞状态，严重影响了切削性，这就是"热沟"区。这时切削力最大，切削温度最高，切削效果最差。切削速度继续提高时，切削变得很薄，摩擦因数减小，剪切角增大，同时在工件、刀具和切削中，传入切削的切削热比例越来越大，从而被切削带走的切削热也越来越大。这些原因致使切削力减小，切削温度降低，切削热减少，这就是高速切削时产生峰值切削速度的原因。实验证明，在高速切削范围，尽可能提高切削速度是有利的。在高速范围内，由于切削速度比较高，在其他加工参数不变的情况下，切削很薄，对铝合金、低碳钢、合金钢等低硬度材料，易于形成连续带状切削；而对于淬火钢、钛合金等高硬度材料，则由于应变速度加大，使被加工材料的脆性增加，易于形成锯齿状切削。随着切削速度的增加，甚至出现单元切削。

在高速切削时，由于切削速度很高，切削在极短的时间内形成，应变速度大，应变率很高，对工件表面层的深度影响减小，因此表面弹性、塑性变形层变薄，所形成的硬化层减小，表层残余应力减小。

高速磨削时，在砂轮速度提高而其他加工参数不变的情况下，单位时间内磨削区的磨粒数增加，单个磨粒切下的切削变薄，从而使单个磨粒的磨削力变小，使得总磨削力必然减小。同时，由于磨削速度很高，磨屑在极短的时间内形成，应变率很高，对工件表面层的影响减少，因此表面硬化层、弹性、塑性变形层变薄，残余应力减小，磨削犁沟隆起高度变小，犁沟和滑擦距离变小。而且由于磨削热降低，不易产生表面磨削烧伤。

（四）高速加工的体系结构及相关技术

进行高速切削和磨削并非一件易事。图 2-15 所示为高速加工的体系结构和相关技术，可见其系统比较复杂，涉及的技术面较宽。

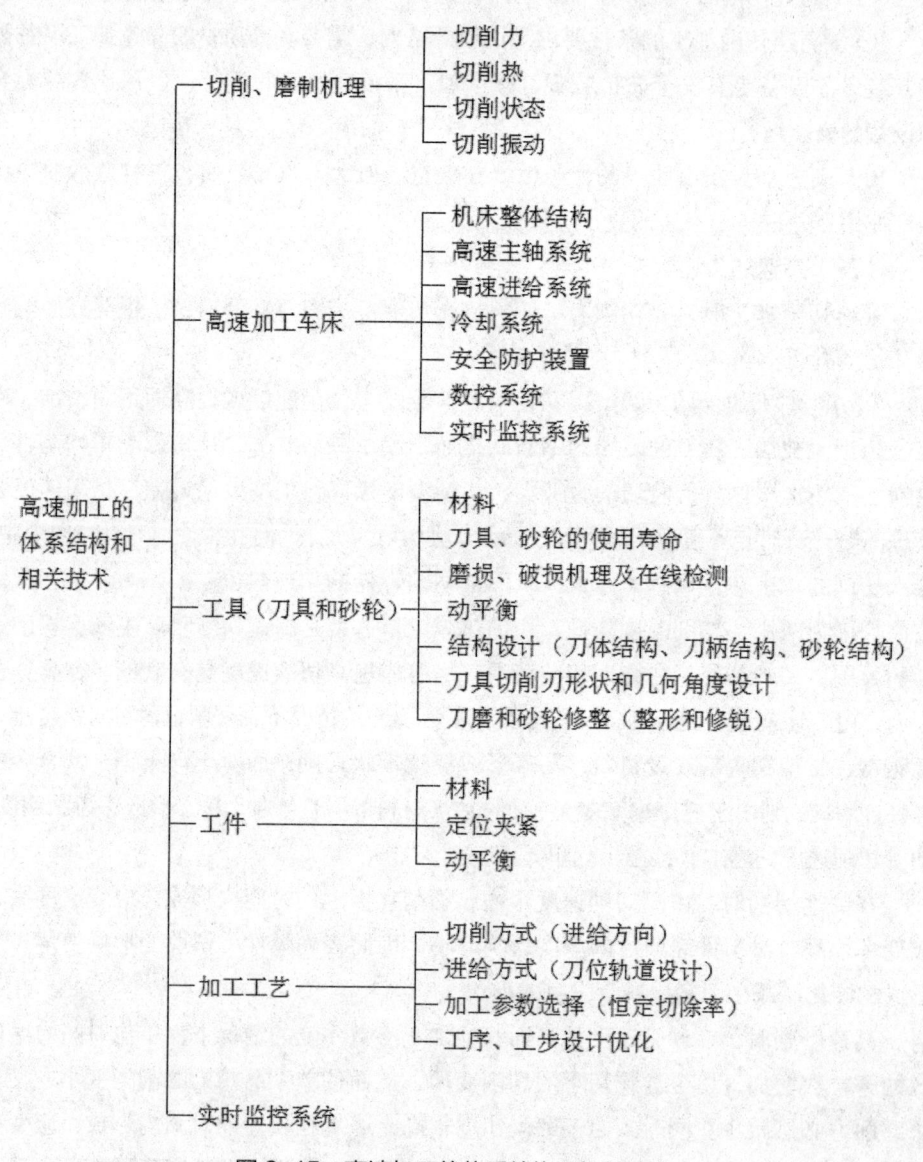

```
高速加工的体系结构和相关技术
├─ 切削、磨制机理
│   ├─ 切削力
│   ├─ 切削热
│   ├─ 切削状态
│   └─ 切削振动
├─ 高速加工车床
│   ├─ 机床整体结构
│   ├─ 高速主轴系统
│   ├─ 高速进给系统
│   ├─ 冷却系统
│   ├─ 安全防护装置
│   ├─ 数控系统
│   └─ 实时监控系统
├─ 工具（刀具和砂轮）
│   ├─ 材料
│   ├─ 刀具、砂轮的使用寿命
│   ├─ 磨损、破损机理及在线检测
│   ├─ 动平衡
│   ├─ 结构设计（刀体结构、刀柄结构、砂轮结构）
│   ├─ 刀具切削刃形状和几何角度设计
│   └─ 刀磨和砂轮修整（整形和修锐）
├─ 工件
│   ├─ 材料
│   ├─ 定位夹紧
│   └─ 动平衡
├─ 加工工艺
│   ├─ 切削方式（进给方向）
│   ├─ 进给方式（刀位轨道设计）
│   ├─ 加工参数选择（恒定切除率）
│   └─ 工序、工步设计优化
└─ 实时监控系统
```

图 2-15 高速加工的体系结构和相关技术

高速加工时要有高速加工机床，如高速车床、高速铣床和高速加工中心等。机床要有高速主轴系统和高速进给系统，整个设备应具有高刚度和抗振性，并有可靠的安全防护装置。刀具材料通常采用金刚石、立方氮化硼、陶瓷等，也可用硬质合金涂层刀具、细粒度硬质合金刀具。对于高速铣刀要进行动平衡。高速砂轮的磨料多用金刚石、立方氮化硼等。砂轮要有良好的抗裂性、较高的动平衡精度、良好的导热性和阻尼特性。高速加工时，高速回转的工件需要严格的动平衡，整个加工系统应有实时监控系统，以保证正常运行和人身安全。在加工工艺方面，如切削方式应尽量采用顺铣加工，进给方式应尽量减少刀具的急速换向，以及尽量保持恒定的去除率等。

高速加工的关键技术主要是高速加工设备的制造、刀具和砂轮的制作、加工工艺的制定、安全防护装置和实时监测系统的设置安装等。

五、精密工程和纳米技术

（一）精密加工和超精密加工

1. 精密加工和超精密加工的概念

精密加工和超精密加工代表了加工精度发展的不同阶段。从一般加工发展到精密加工，再到超精密加工，由于生产技术的不断发展，划分的界限将随着发展进程而逐渐向前推移，因此划分是相对的，很难用数值来表示。现在，精密加工通常是指加工精度为 $1\sim0.1\mu m$、表面粗糙度值小于 $Ra0.1\sim0.01\mu m$ 的加工技术；超精密加工是指加工精度高于 $0.1\mu m$、表面粗糙度值小于 $Ra0.025\mu m$ 的加工技术。当前，超精密加工的水平已达到纳米级，形成了纳米技术，而且正在向更高水平发展。

精密加工和超精密加工是由日本提出的。在欧洲和美国，通常将精密加工技术和超精密加工技术统称为精密工程。

2. 精密加工和超精密加工的特点

（1）创造性原则。

对于精密加工和超精密加工，由于被加工零件的精度要求很高，有时已不可能采用现有的机床，因此应考虑采用直接创造性原则。现在，精密机床和超精密机床已有不少可选品种问世，但大多为通用型，而且价格相当昂贵，交货期也较长，因此在可能条件下，是可以考虑直接购买的。对于一些特殊的高精度零件加工，可能要用间接创造性原则进行专门研制。

（2）微量切除（极薄切削）。

超精密加工时，背吃刀量极小，属于微量切除和超微量切除，因此对刀具刃磨、砂轮修整和机床精度均有很高要求。

（3）综合制造工艺。

系统精密加工和超精密加工是一门多学科交叉的综合性的高技术，要达到高精度和高表面质量，涉及被加工材料的结构及质量（如材料结构中的微缺陷等）、加工方法的选择、工件的定位与夹紧方式、加工设备的技术性能和质量、工具及其材料的选择、测试方法及测试设备、恒温、净化、防振的工作环境，以及人的技艺等诸多因素，因此，精密加工和超精密加工是一个系统工程，不仅复杂，而且难度很大。

（4）精密特种加工和复合加工方法。

在精密加工和超精密加工方法中，不仅有传统的加工方法，如超精密车削、铣削和磨削等，而且有精密特种加工方法，如精密电火花加工、激光加工、电子束加工、离子束加工等，还有一些精密复合加工方法。

（5）自动化技术。

现代精密加工和超精密加工应用计算机技术、在线检测和误差补偿、适应控制和信息技术等，使整个系统工作自动化，减少了人的因素影响，提高了加工质量。

（6）加工检测一体化。

精密加工和超精密加工中，不仅要进行离线检测，而且有时要采用在位检测（工件加工完后不卸下，在机床上直接检测）、在线检测和误差补偿，以提高检测精度。

3. 精密加工和超精密加工方法

根据加工方法的机理和特点，精密加工和超精密加工方法可分为刀具切削加工、磨料磨削加工、特种加工和复合加工等，如图2-16所示。从图中可以看出，有些方法是传统加工方法，有些方法是复合加工方法，其中包括传统加工方法的复合、特种加工方法的复合，以及传统加工方法与特种加工方法的复合（如机械化学抛光、精密电解磨削、精密超声珩磨等）。

第二章 机械加工工艺的基础理论研究

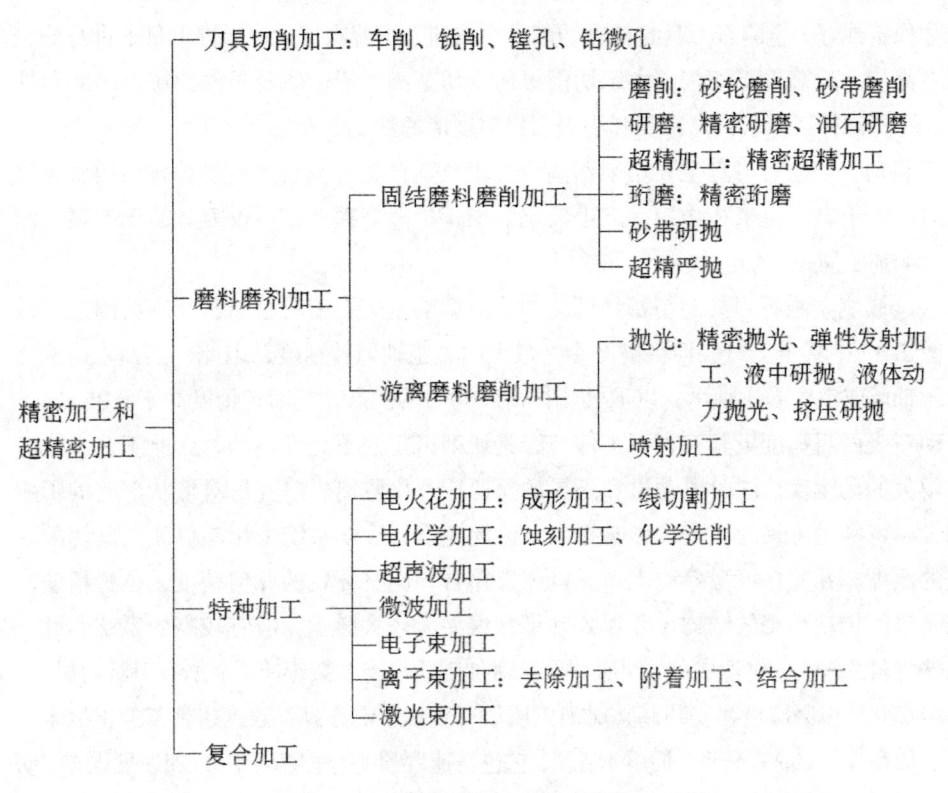

```
                    ┌─ 刀具切削加工：车削、铣削、镗孔、钻微孔
                    │
                    │                        ┌─ 磨削：砂轮磨削、砂带磨削
                    │                        ├─ 研磨：精密研磨、油石研磨
                    │        ┌─ 固结磨料磨削加工 ─┤─ 超精加工：精密超精加工
                    │        │               ├─ 珩磨：精密珩磨
                    │        │               ├─ 砂带研抛
                    │        │               └─ 超精严抛
               ┌─ 磨料磨剂加工 ─┤
               │    │                        ┌─ 抛光：精密抛光、弹性发射加
精密加工和 ─────┤    │        └─ 游离磨料磨削加工 ─┤  工、液中研抛、液体动
超精密加工      │                               │  力抛光、挤压研抛
               │                               └─ 喷射加工
               │
               │         ┌─ 电火花加工：成形加工、线切割加工
               │         ├─ 电化学加工：蚀刻加工、化学洗削
               │         ├─ 超声波加工
               ├─ 特种加工 ─┤─ 微波加工
               │         ├─ 电子束加工
               │         ├─ 离子束加工：去除加工、附着加工、结合加工
               │         └─ 激光束加工
               │
               └─ 复合加工
```

图 2-16 各种精密加工和超精密加工方法

由于精密加工和超精密加工方法很多，现择其主要的几种方法进行论述。

（1）金刚石刀具超精密切削。

①金刚石刀具超精密切削的机理。金刚石刀具的超精密切削是极薄切削，其背吃刀量可能小于晶粒的大小，切削就在晶粒内进行。这时，切削力一定要超过晶体内部非常大的原子、分子结合力，切削刃上所承受的切应力就会急速增加并变得非常大。如在切削低碳钢时，其应力值将接近该材料的抗剪强度。因此，切削刃将会受到很大的应力，同时产生很大的热量，切削刃切削处的温度将极高，要求刀具材料应有很高的高温强度和硬度。金刚石刀具不仅有很高的高温强度和硬度，而且由于金刚石材料本身质地细密，经过精细研磨，切削刃钝圆半径可达 $0.02\sim0.005\mu m$，切削刃的几何形状可以加工得很好，表面粗糙度值可以很小，因此能够进行 $Ra=0.05\sim0.008\mu m$ 的镜面切削，并达到比较理想的效果。

通常，精密切削和超精密切削都是在低速、低压、低温下进行的，这样切削力很小，切削温度很低，工件被加工的表面塑性变形小，加工精度高，表面粗糙度值小，

041

尺寸稳定性好。金刚石刀具超精密切削是在高速、小背吃刀量、小进给量下进行的，是在高应力、高温下切削，由于切削极薄，切速高，不会波及工件内层，因此塑性变形小，同样可以获得高精度和小表面粗糙度值的加工表面。

目前，金刚石刀具主要用来切削铜、铝及其合金。当切削钢铁等含碳的金属材料时，由于会产生亲和作用，产生碳化磨损（扩散磨损），不仅刀具易于磨损，而且影响加工质量，切削效果不理想。

②影响金刚石刀具超精密切削的因素。影响金刚石刀具超精密车削的因素可以从图2-17中看出。对表面粗糙度影响最大的是主轴回转精度，因此，主轴采用液体静压轴承或空气静压轴承，以取其流体薄膜均匀的优点，其回转精度高于$0.05\mu m$。振动对表面粗糙度极其有害，工件与刀具切削刃之间不允许振动，因此工艺系统应有较大的动刚度，同时电动机和外界的振源应严格隔离。热变形对形状误差的影响很大，特别是主轴的热变形影响更大，因此应设置冷却系统来控制机床及其切削区域的温度，并应在恒温室中工作。机床工作台和床身导轨的几何精度、位置精度，以及进给传动系统的结构尺寸误差和形状误差有较大影响，应有较高的系统刚度。工件材料的种类、化学成分、性质和质量对加工质量有直接影响。金刚石刀具的材质、几何形状、刃磨质量和安装调整对加工质量有直接影响。对于数控超精密加工机床，除一般精度外，尚有随动（伺服）精度，它包括速度误差（跟随误差）、加速度误差（动态误差）和位置误差（反向间隙、死区、失动），这些误差都会影响尺寸精度和形状精度。

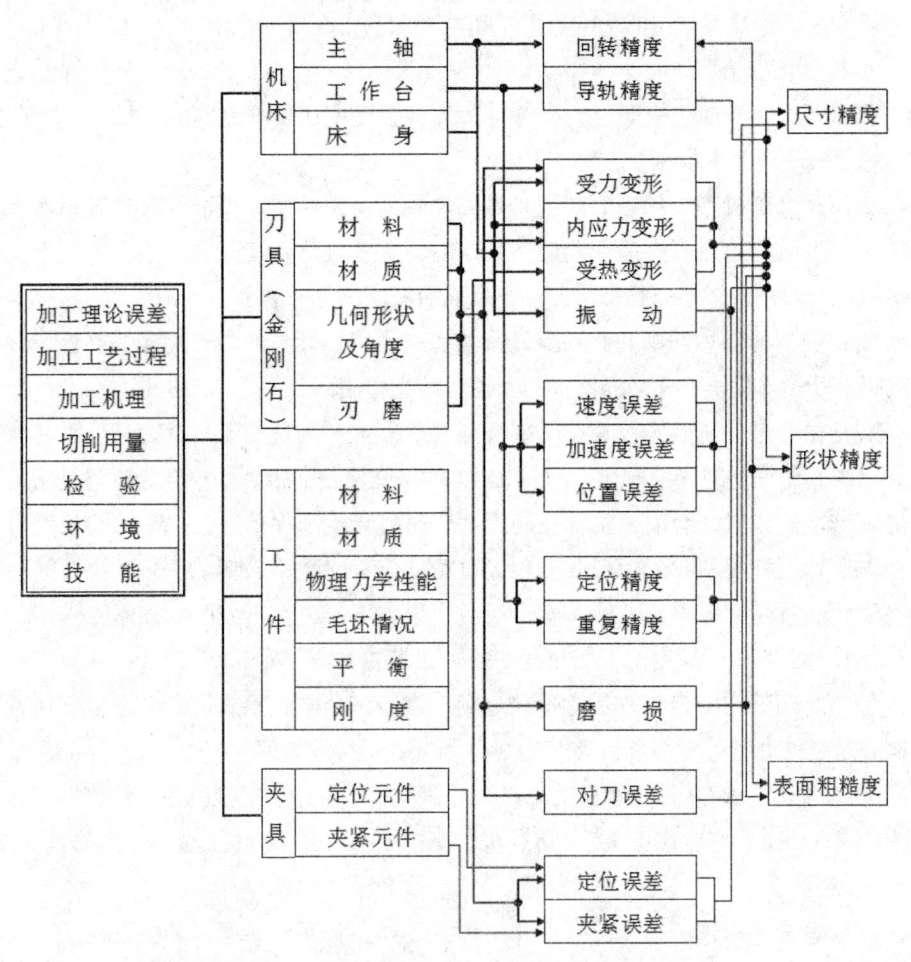

图 2-17 数控超精密金刚石刀具车削加工的误差因素分析

总结起来,影响金刚石刀具超精密切削的因素有以下几点:

a. 金刚石刀具材料的材质、几何角度设计、晶面选择、刃磨质量及其对刀。

b. 金刚石刀具超精密切削机床的精度、刚度、稳定性、抗振性和数控功能。机床的关键部件是主轴系统、导轨及进给驱动装置。机床上都设有性能良好的温控系统。机床结构上已广泛采用花岗石材料。

c. 被加工材料的均匀性和微观缺陷。

d. 工件的定位和夹紧。

e. 工作环境周围应有恒温、恒湿、净化和抗振条件,才能保证加工质量。

金刚石刀具超精密切削铜、铝及其合金等软金属是当前最有成效的精密和超精密加工方法，钢铁等材料的金刚石刀具超精密切削正在研究之中。

（2）精密磨削。

精密磨削是指加工精度为 1~0.1μm、表面粗糙度达到 Ra0.2~0.025μm 的磨削方法。它又称小粗糙度磨削。

①精密磨削机理。精密磨削主要是靠砂轮的精密修整，使磨粒具有微刃性和等高性。磨削后，加工表面留下大量极微细的磨削痕迹，残留高度极小，加上无火花磨削阶段的作用，最终获得高精度和小表面粗糙度的加工表面。

精密磨削的机理归纳为：a. 微刃的微切削作用，磨粒的微刃性和等高性。b. 微刃的等高切削作用。c. 微刃的滑挤、摩擦、抛光作用。

②精密磨削砂轮及其修整。精密磨削时，砂粒上大量的等高微刃是金刚石修整工具以极低而均匀的进给（10~15mm/min）的精细修整而得到的。砂轮修整是精密磨削的关键之一。精密磨削砂轮选择的原则应是易产生和保持微刃。砂轮的粒度可选择粗粒度和细粒度两种。粗粒度砂轮经过精细修整，微刃的切削作用是主要的；细粒度砂轮经过精细修整，半钝态微刃在适当压力下与工件表面的摩擦抛光作用比较显著，其加工表面粗糙度值较粗粒度砂轮所加工的要小。

精密磨削砂轮的修整方法有单粒金刚石修整、金刚石粉末烧结型修整器修整和金刚石超声波修整等。一般修整时，修整器应安装在低于砂轮中心 0.5~1.5mm 处，尾部向上倾斜 10°~15°，使金刚石受力小，寿命长。砂轮修整的规范为：修整器进给速度 10~15mm/min，修整深度 2.5／单行程，修整 2~3 次／单行程，光修（无修整深度）1 次／单行程。

③精密磨床结构。磨床应有高几何精度，如主轴回转精度、导轨直线度，以保证工件的几何形状精度要求；应有高精度的横向进给机构，以保证工件的尺寸精度，以及砂轮修整时的修整深度；还应有低速、稳定性好的工作台纵向移动机构，不能产生爬行、振动，以保证砂轮的修整质量和加工质量。由于砂轮修整时的纵向进给速度很低，其低速稳定性对砂轮修整的微刃性和等高性非常重要，这些是一定要保证的。

影响精密磨削质量的因素很多，除上述分析的砂轮选择及其修整、磨床精度及其结构外，尚有磨削工艺参数的选择和工作环境等诸多因素的影响。

（3）超硬磨料砂轮精密和超精密磨削。

超硬磨料砂轮主要指金刚石砂轮和立方氮化硼（CBN）砂轮。它们主要用来加工难加工的材料，如各种高硬度、高脆性材料，其中有硬质合金、陶瓷、玻璃、半导体材料及石材等。这些材料的加工一般要求较高，故多属于精密和超精密加工范畴。

超硬磨料砂轮磨削的特点：①可用来加工各种高硬度、高脆性金属和非金属等难加工材料。对于钢铁等材料适用于用立方氮化硼砂轮磨削；②磨削能力强，耐磨性好，使用寿命长，易于控制加工尺寸及实现加工自动化；③磨削力小，磨削温度低，加工表面质量好；④磨削效率高；⑤加工综合成本低。

现在，金刚石砂轮、立方氮化硼砂轮已广泛用于精密加工。近年发展起来的金刚石微粉砂轮超精密磨削已日趋成熟，已在生产中推广应用。金刚石砂轮精密磨削和超精密磨削已成为陶瓷、玻璃、半导体、石材等高硬脆材料的主要加工手段。

超硬磨料砂轮磨削时，也有砂轮选择、机床结构、磨削工艺、砂轮修整和平衡、磨削液等问题。其中砂轮修整问题比较突出，故做一简要论述。

超硬磨料砂轮的修整。分析超硬磨料砂轮的修整（Dressing）过程，一般将它分为整形（Truing）和修锐（Sharpening）两个阶段。整形是使砂轮达到一定几何形状的要求（砂轮出厂时，其几何形状不够精确，砂轮安装在机床主轴上时也会有偏差）。修锐是去除磨粒间的结合剂，使磨粒突出结合剂一定高度（一般是磨粒尺寸的1/3左右），形成足够的切削刃和容屑空间。普通砂轮的修整是整形和修锐合为一步进行，而超硬磨料砂轮的修整由于超硬磨料很硬，修整困难，故整形和修锐分为两步进行。整形要求几何形状和高效率，修锐要求磨削性能。修整机理是除去金刚石颗粒之间的结合剂，使金刚石颗粒露出来，而不是把金刚石颗粒修锐出切削刃。超硬磨料砂轮的修整方法很多，视不同的结合剂材料而不同，目前，有以下几种方法：①车削法。用单点、聚晶金刚石笔修整。其特点是修整精度和效率较高，但砂轮切削能力低。②磨削法用碳化硅砂轮修整。其特点是修整质量较好，效率较高，但碳化硅砂轮磨损很快，是目前最广泛采用的方法。③电加工法有电解修锐法、电火花修正法等，只适用于金属（或导电）结合剂砂轮。电解修锐法的效果比较突出，已广泛应用于金刚石微粉砂轮的超精密加工中，并易于实现在线修锐，其原理如图2-18所示。

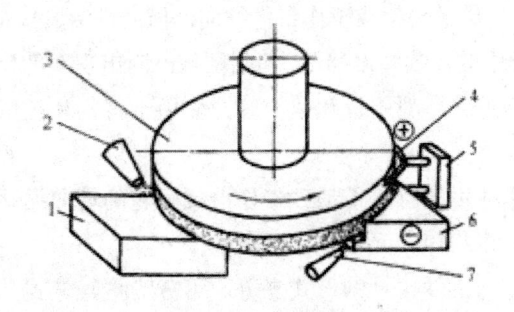

图2-18　电解修锐法

（4）精密和超精密砂带磨削

砂带磨削是一种高效磨削方法，能得到高的加工精度和表面质量，具有广阔的应用范围，可补充或部分代替砂轮磨削。

砂带磨削方式。它可分为闭式和开式两大类，如图2-19所示。

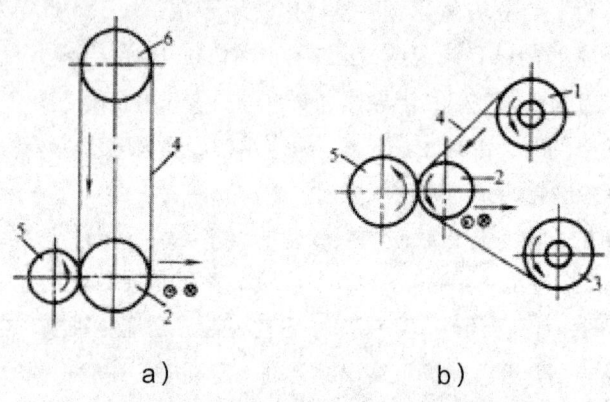

a)　　　　　　　　　b)

图2-19 砂带（振动）磨削（研抛）方式
a）闭式砂带　b）开式砂带

①闭式砂带磨削采用无接头或有接头的环形砂带，通过张紧轮撑紧，由电动机通过接触轮带动砂带高速回转。砂带线速度为30m/s，工件回转或移动（加工平面），接触轮外圆以一定的工作压力与工件被加工表面接触，砂带头架作纵向及横向进给，从而对工件进行磨削。砂带磨钝后，换上一条新砂带。这种方式效率高，但噪声大，易发热，可用于粗加工和精加工。

②开式砂带磨削采用成卷砂带，由电动机经减速机构通过卷带轮带动砂带作缓慢移动，砂带绕过接触轮外圆以一定的工作压力与工件被加工表面接触，工件回转或移动（加工平面），砂带头架或工作台作纵向及横向进给，从而对工件进行磨削。由于砂带在磨削过程中的连续缓慢移动，切削区域不断出现新砂粒，旧砂粒不断退出，因而磨削工作状态稳定，磨削质量和效果好，多用于精密和超精密磨削中，但效率不如闭式砂带磨削高。

砂带振动磨削是通过接触轮带动砂带作沿接触轮的轴向振动，可减小表面粗糙度值和提高效率，如图2-19所示。

砂带磨削按砂带与工件接触的形式来分，可分为接触轮式、支承板（轮）式、自由浮动接触式和自由接触式等。图2-19所示为接触式。按照加工表面的类型来分，可分为外圆、内圆、平面、成形表面等磨削方式。

砂带磨削的特点及其应用范围。可归纳为以下几点：

①砂带本身具有弹性，接触轮外圆有橡胶或塑料等弹性层，因此砂带与工件是柔性接触，磨粒载荷小而均匀，具有抛光作用，同时又能起减振作用，故称之为"弹性"磨削。

②用静电植砂法制作砂带，磨粒有方向性，同时磨粒的切削刃间隔长，摩擦生热少，散热时间长，切削不易堵塞，力、热作用小，有较好的切削性，能有效地减少工件变形和表面烧伤，故又有"冷态"磨削之称。

③强力砂带磨削的效率可与铣削、砂轮磨削媲美。砂带又不需修整，磨削比（切除工件的重量与磨料磨损的重量之比）较高，因此又有"高效"磨削之称。

④砂带制作比砂轮制作简单，无烧结、修整工艺问题，易于批量生产，价格便宜，使用方便，是一种"廉价"磨削。

⑤可生产各种类型的砂带磨床，用于加工外圆、内圆、平面和成形表面。砂带磨削头架可作为部件安装在车床，立式车床等各类机床上进行磨削加工。砂带磨削可加工各种金属和非金属材料，有很强的适应性，是一种"适应"磨削。

砂带磨削的关键部件是磨削头架，磨削头架的关键零件是接触轮（板）。

（5）精密研磨抛光方法。

近年来，在磨削和抛光方法上出现了许多新方法，如油石研磨、磁性研磨、电解研磨、化学机械抛光、机械化学抛光、软质磨粒抛光（弹性发射加工）、浮动抛光、液中研抛、喷射加工、砂带研抛、超精研抛等。现仅以磁性研磨和软质磨粒抛光为例进行阐述。

①磁性研磨。工件放在两磁极之间，工件和极间放入含铁的刚玉等磁性磨料，在直流磁场的作用下，磁性磨料沿磁力线方向整齐排列，如同刷子一般对被加工表面施加压力，并保持加工间隙。研磨压力的大小随磁场中磁通密度及磁性磨料填充量的增大而增大，因此可以调节。研磨时，工件一面旋转，一面沿轴线方向振动，使磁性磨料与被加工表面之间产生相对运动。这种方法可研磨轴类零件的内外圆表面，也可以用来去飞边。对钛合金的研磨效果较好，如图 2-20 所示。

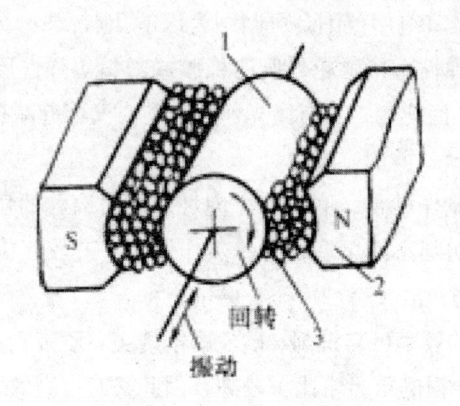

图 2-20　磁性研磨原理

②软质磨粒抛光。软质磨粒抛光的特点是可以用较软的磨粒，甚至比工件材料还要软的磨粒（如 SiO_2、ZrO_2 等）来抛光。抛光时工件与抛光器不接触，不产生机械损伤，还可大大减少一般抛光中所产生的微裂纹、磨粒嵌入、洼坑、麻点、附着物、污染等缺陷，能获得极好的表面质量。

典型的软质磨粒机械抛光是弹性发射加工，是一种无接触的抛光方法，是利用水流加速微小磨粒，使磨粒与工件被加工表面产生很大的相对运动，并以很大的动能撞击工件表面的原子晶格，使表层不平处的原子晶格受到很大的剪切力，致使这些原子被移去。

（二）微细加工技术

1. 微细加工的概念及其特点

微细加工技术是指制造微小尺寸零件的生产加工技术。从广义的角度来说，微细加工包含了各种传统的精密加工方法（如切削加工、磨料加工等）和特种加工方法（如外延生产、光刻加工、电铸、激光束加工、电子束加工、离子束加工等），它属于精密加工和超精密加工范畴；从狭义的角度来说，微细加工主要指半导体集成电路制造技术，因为微细加工技术的出现和发展与大规模集成电路有密切关系，其主要技术有外延生产、氧化、光刻、选择扩散和真空镀膜等。

微小尺寸加工和一般尺寸加工是不同的，主要表现在精度的表示方法上。一般尺寸加工时，精度是用加工误差与加工尺寸的比值来表示的。在现行的公差标准中，公差单位是计算标准公差的基本单位，它是公称尺寸的函数。公称尺寸越大，公差单位也越大，因此属于同一公差等级的公差，公差单位数相同，但对于不同的公称尺寸，其公差数值就不同。在微细加工时，由于加工尺寸很小，精度用尺寸的绝对值来表示，即用去除的一块材料的大小来表示，从而引入了加工单位尺寸（简称加工单位）的概念。加工单位就是去除的一块材料的大小。

微细加工的特点与精密加工类似，可参考精密加工和超精密加工部分的论述。目前，通过各种微细加工方法，在集成电路基片上制造出的各种各样的微型机械发展得十分迅速。

2. 微细加工方法

微细加工方法的分类可参考精密加工的分类方法，分为切削加工、磨料加工、特种加工和复合加工。考虑到微细加工与集成电路的密切关系，从分离（去除）加工、结合加工和变形加工来分类更好。

微细加工技术的各种加工方法可用树状结构表示，如图 2-21 所示。目前微细加工正向着三维工艺方向发展。

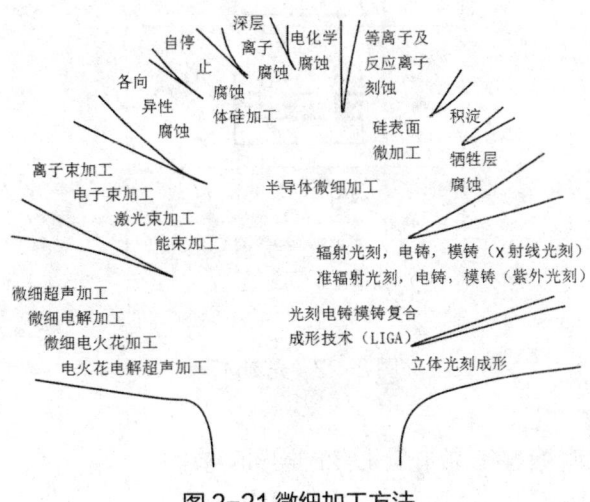

图 2-21 微细加工方法

在微细加工中，光刻加工是其主要的加工方法之一。它又称光刻蚀加工或刻蚀加工，简称刻蚀。主要制作由高精度微细线条所构成的高密度微细复杂图形。光刻加工可分为两个阶段，第一阶段为原版制作，生成工作原版或称工作掩膜，即光刻时的模板；第二阶段为光刻。

光刻过程如图 2-22 所示，分为涂胶、曝光、显影与烘片、刻蚀、剥膜与检查等工作。

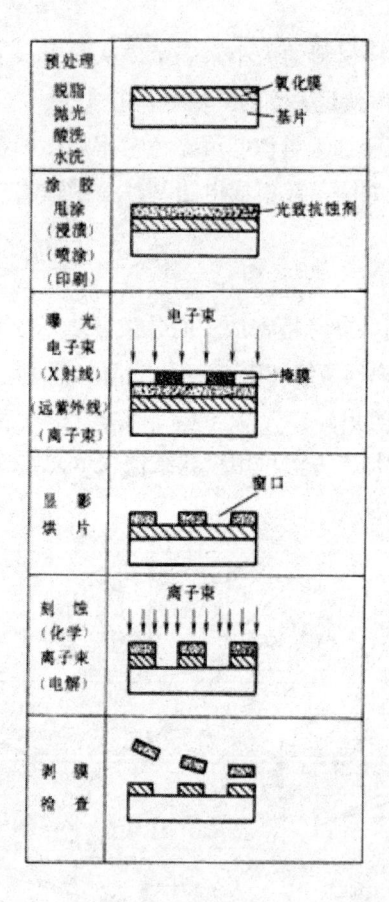

图 2-22 光刻过程

（1）涂　胶

把光致抗蚀剂涂敷在已镀有氧化膜的半导体基片上。

（2）曝　光

由光源发出的光束，经掩膜在光致抗蚀剂涂层上成像，称为投影曝光。或将光束聚焦成细小束斑通过扫描在光致抗蚀剂涂层上绘制图形，称为扫描曝光。两者统称为曝光。常用的光源有电子束、离子束等。

（3）显影与烘片

曝光后的光致抗蚀剂在特定溶剂中把曝光图形显示出来，即为显影。其后进行 200~250℃的高温处理，以提高光致抗蚀剂的强度，称为烘片。

（4）刻　蚀

利用化学或物理方法，将没有光致抗蚀剂部分的氧化膜除去，称为刻蚀。刻蚀的方法有化学刻蚀、离子刻蚀、电解刻蚀等。

（5）剥膜与检查。

用剥膜液去除光致抗蚀剂的处理称为剥膜。剥膜后进行外观、线条、断面形状、物理性能和电学特性等检查。

20世纪80年代中期由德国W. Ehrfeld教授等人发明的光刻—电铸—模铸复合成形技术（LIGA）是当前的微细加工发展方向，它是由深度同步辐射X射线光刻、电铸成形和模铸成形等技术组合而成的综合性技术，可制作高宽比大的立体微结构，加工精度可达0.1，可加工的材料有金属、陶瓷和玻璃等。

3. 集成电路芯片的制造

现以一个集成电路芯片的制造工艺为例来说明微细加工的应用。图2-23所示为一块集成电路芯片的主要工艺方法。

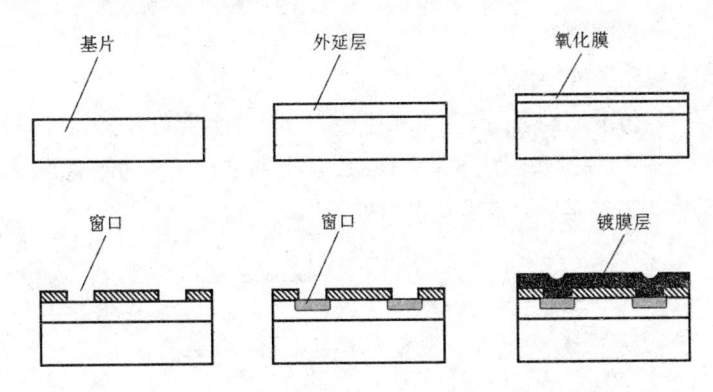

图2-23 集成电路芯片的主要工艺方法

a）外延生长　b）氧化　c）光刻　d）选择扩散　e）真空镀膜

（1）外延生长。

外延生长是在半导体晶片表面沿原来的晶体结构晶轴方向通过气相法（化学气相沉积）生长出一层厚度为10以内的单晶层，以提高晶体管的性能。外延生长层的厚度及其电阻率由所制作的晶体管的性能决定。

（2）氧　化。

氧化是在外延生长层表面通过热氧化法生成氧化膜。该氧化膜与晶片附着紧密，是良好的绝缘体，可作绝缘层防止短路和电容绝缘介质。

（3）光　刻。

光刻即刻蚀，是在氧化膜上涂覆一层光致抗蚀剂，经图形复印曝光（或图形扫描曝光）、显影、刻蚀等处理后，在基片上形成所需要的精细图形，并在端面上形成窗口。

（4）选择扩散。

基片经外延生长、氧化、光刻后，置于惰性气体或真空中加热，并与合适的杂质（如硼、磷等）接触，则窗口处的外延生长表面将受到杂质扩散，形成 $1\sim3\mu m$ 深的扩散层，其性质和深度取决于杂质种类、气体流量、扩散时间和扩散温度等因素。选择扩散后就可形成半导体的基区（P结）或发射区（N结）。

（5）真空镀膜。

在真空容器中，加热导电性能良好的金、银、铂等金属，使之成为蒸气原子而飞溅到芯片表面，沉积形成一层金属膜，即为真空镀膜。完成集成电路中的布线和引线准备，再经过光刻，即可得到布线和引线。

4. 印制电路板制造

（1）印制电路板的结构与分类。

印制电路板是用一块板上的电路来连接芯片、电器元件和其他设备的，由于其上的电路最早是采用筛网印刷技术来实现的，因此通常称之为印制电路板。图2-24a、b）、d）所示分别为单面板、双面板和多层板。

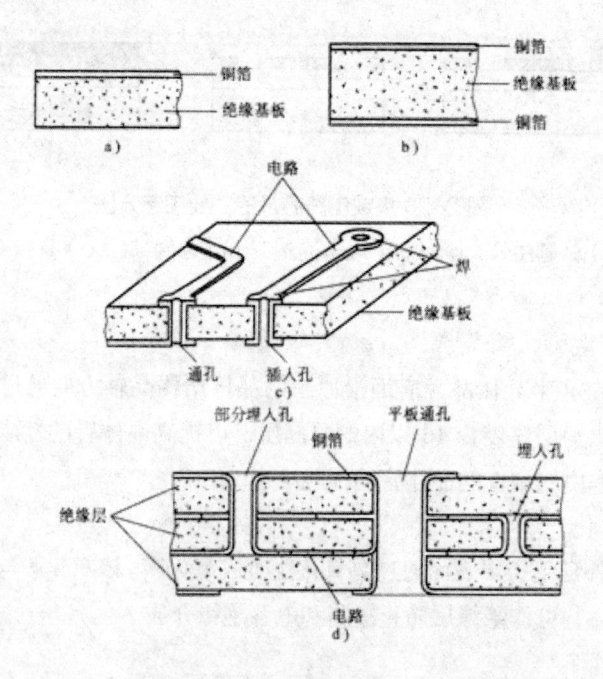

图2-24 印制电路板

a）单面板 b）双面板 c）双面板电路结构 d）多层板电路结构

第二章 机械加工工艺的基础理论研究

单面印制电路板是最简单的一种印制电路板,它是在一块厚 0.25~0.3mm 的绝缘基板上粘一层厚度为 0.02~0.04mm 的铜箔而构成。绝缘基板是将环氧树脂注入多层薄玻璃纤维板上,然后经热镀或辊压的高温和高压使各层固化并硬化,形成既耐高温又抗弯曲的刚性板材,以保证芯片、电器元件和外部输入、输出装置等接口的位置和连接。双面印制电路板是在基板的上、下两面均粘有铜箔,这样,两面均有电路,可用于比较复杂的电路结构。由于电路越来越复杂,因此又出现了多层电路板。现在,多层电路板已可达到 16 层甚至更多。

(2)印制电路板的制造。

一块单层印制电路板的制造过程可分为以下几道工序。

①剪切。通过剪切得到规定尺寸的电路板。

②钻定位孔。通常在板的一个对角边上钻出两个直径为 3mm 的定位孔,以便以后在不同工序加工时采用一面两销定位,同时加上条形码以便识别。

③清洗。表面清洗去油污,以减少以后加工出现缺陷。

④电路制作。早期的电路制作是先画出电路放大图,经照相精缩成要求大小,作为原版,在印制电路板上均匀涂上光敏抗蚀剂,照相复制原版,腐蚀不需要的部分,清洗后就得到所需的电路。现在多采用光刻技术来制作电路,这在微型化和质量上均有很大提高。

⑤钻孔或冲孔。用数控高速钻床或冲床加工出通道孔、插件孔和附加孔等。

⑥电镀。由于在绝缘基板上加工出的孔是不导电的,因此对于双层板要用非电解电镀(在含有铜离子的水溶液中进行化学镀)的方法将铜积淀在通孔内的绝缘层表面上。

⑦镀保护层。如镀金等。

⑧测试。

多层电路板的制造是在单层电路板的基础上进行的。首先要制作单层电路板,然后将它们黏合在一起而制成。图 2-24 d) 所示为三层电路板,其中有平板通孔、埋入孔和部分埋入孔等。多层电路板制造的关键技术有:各层板间的精密定位、各层板间的通孔连接等。

(三)纳米技术

纳米技术是当前先进制造技术发展的热点和重点,它通常是指纳米级 0.1~100nm 的材料、产品设计、加工、检测、控制等一系列技术。它是科技发展的一个新兴领域,它不是简单的"精度提高"和"尺寸缩小",而是从物理的宏观领域进入微观领域,一些宏观的几何学、力学、热力学、电磁学等都不能正常地描述纳米级的工程现象

053

与规律。

纳米技术主要包括纳米材料、纳米级精度制造技术、纳米级精度和表面质量检测、纳米级微传感器和控制技术、微型机电系统和纳米生物学等。

微型机电系统是指集微型机构、微型传感器、微型执行器、信号处理、控制电路、接口、通信、电源等于一体的微型机电器件或综合体，它是美国的惯用词，日本仍习惯地称为微型机械，欧洲称为微型系统，现在大多称为微型机电系统。微型机电系统可由输入、传感器、信号处理、执行器等独立的功能单位组成，其输入是力、光、声、温度、化学等物化信号，通过传感器转换为电信号，经过模拟或数字信号处理后，由执行器与外界作用。各个微型机电系统可以采用光、磁等物理量的数字或模拟信号，通过接口与其他微型机电系统进行通信，如图 2-25 所示。微型机械可以认为是一个产品，其特征尺寸范围应为 1~1mm。考虑到当前的技术水平，尺寸在 1~10mm 的小型机械和将来利用生物工程和分子组装可实现的 1nm~1mm 的纳米机械或分子机械，均可属于微型机械范畴。

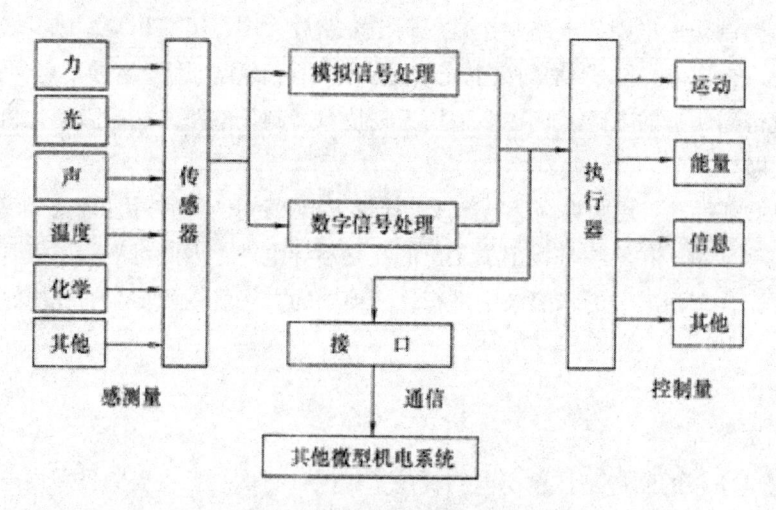

图 2-25 微型机电系统的结构

微型机电系统在生物医学、航空航天、国防、工业、农业、交通、信息等多个部门均有广泛的应用前景，已有微型传感器、微型齿轮泵、微型电动机、电极探针、微型喷嘴等多种微型机械问世，今后将在精细外科手术、微卫星的微惯导装置、狭窄空间及特殊工况下的维修机器人、微型仪表、农业基因工程等各个方面显现出巨大潜力。目前，微型机电系统的发展前沿主要有：微型机械学研究、微型结构加工技术、微装配、微键合、微封装技术、微测试技术、典型微器件、微机械的设计技术等。

六、复合加工技术

（一）复合加工技术含义的延展

1. 传统复合加工技术

传统复合加工是指两种或更多加工方法或作用组合在一起的加工方法，可以发挥各自加工的优势，使加工效果能够叠加，达到高质高效加工的目的。在加工方法或作用的复合上，可以是传统加工方法的复合，也可以是传统加工方法和特种加工方法的复合，应用力、热、光、电、磁、流体、声波等多种能量综合加工。

2. 广义复合加工技术

由于多位机床、多轴机床、多功能加工中心、多面体加工中心和复合刀具的发展，工序集中也是一种复合加工。例如，车铣复合加工中心、铣镗复合加工中心、铣镗磨复合加工中心等；工件一次定位，在一次行程中加工多个工序的复合工序加工，如利用复合刀具进行加工等；多面体加工；多工位顺序加工或同时加工以及多件加工等。这些复合加工技术与传统复合加工技术集合在一起，就形成了广义复合加工技术。

20世纪80年代，复合加工技术逐渐向工序集中型复合加工发展，追求在一台加工中心上能够进行车削、铣削、镗削等多功能加工，并力求在工件一次装夹下加工尽量多的加工表面，甚至在多面体加工夹具结构的支持下，能够加工全部加工表面，从而可以避免工件多次装夹所造成的误差，提高加工精度、表面质量和生产率，所以称为完整加工和完全加工。

（二）复合加工的类型

复合加工技术按加工表面、单个工件和多个工件来分，可以分为以下三大类：

1. 作用叠加型

两种或多种加工方法或作用叠加在一起，同时作用在同一加工表面上，强调了一个加工表面的多作用组合同时加工，主要解决难加工材料的加工难题。例如：车铣加工可认为是车削和铣削同时共同形成被加工表面的。

2. 功能集合型

两种或多种加工方法或作用集合在一台机床上，同时或有时序地作用在一个工件的同一加工表面或不同加工表面上，强调了一个工件的多功能集中加工，主要解决复杂结构件的加工难题，特别是保证工件的尺寸、几何精度和生产率。例如，车铣复合加工中心既可车，又可铣，多面体加工中心的五面体加工或六面体加工，组合机床的加工，复合工序和复合工步中，如加工埋头螺钉孔时，螺钉过孔与沉头孔的复合加工，以及转塔车床的顺序加工等。

值得提出的是车铣复合加工中心可以分为三种类型：第一类可称为车铣复合加工中心，它是以车削加工为基础，集合了铣削加工功能；第二类可称为铣车复合加工中心，它是以铣削加工为基础，集合了车削加工功能；第三类称为车铣加工中心，是单指车削和铣削复合加工的。三类加工中心的性能特点、结构各有不同，名称上也应有所区别，前两类可称为车铣复合加工，后一类可称为车铣加工。当然也可以有混合型的，如既是车铣复合，又是车铣加工。

目前，以铣削为主体的复合加工发展很快，如车铣加工、镗铣加工、插铣加工等。

3. 多件并行型

多个相同工件在各自工位上，在相同或不同的加工表面上，同时进行相同或不相同的加工或作用，强调了多个工件的同时加工，主要解决简单结构件的多件多表面的同时加工问题，以提高生产率。例如，立式或卧式多轴自动机床的多个相同工件在不同工位上的不同加工、多轴珩磨机床的多个相同工件相同加工等。

（三）复合加工技术的应用

复合加工技术在汽车、拖拉机和航空工业中已有广泛的需求和应用，例如曲轴和凸轮轴等是发动机的典型重要零件，现在可在车铣复合加工中心上经一次装夹即完成大部分加工，从而大大地提高了加工质量和生产率。

沈阳机床（集团）生产的五轴车铣复合加工中心，是以车削功能为主，集成了铣削和镗削等功能，至少具有三个直线进给轴和两个圆周进给轴，配有自动换刀系统。这种车铣复合加工中心是在三轴车削中心基础上发展起来的，相当于一台车削中心和一台铣镗加工中心的复合，工件可以在一次装夹下，完成全部车、铣、钻、镗、攻丝等加工。复合加工技术在汽车、拖拉机工业中也有广泛的需求和应用。曲轴和凸轮轴等是发动机典型的重要零件，以前虽有自动机床进行车削和磨削，但也是单功能加工，现在可在车铣复合加工中心上经一次装夹完成大部分加工，大大地提高了加工质量和生产率。

第四节　机械加工工艺方案的确定

一、工艺方案的确定原则

（1）产品工艺方案是指导产品工艺准备工作的依据，除单件、小批生产的简单产品外，都应具有工艺方案。

（2）设计工艺方案应在保证产品质量的同时，充分考虑生产周期、成本和环境保护。

（3）根据本企业能力，积极采用国内外先进工艺技术和装备，以不断提高企业的工艺水平。

二、工艺方案的确定依据

（1）产品图样及有关技术文件。

（2）产品生产大纲。

（3）产品的生产性质和生产类型。

（4）本企业现有生产条件。

（5）国内外同类产品的工艺技术情报。

（6）有关技术政策。

（7）企业有关技术领导对该产品工艺工作的要求及有关科室和车间的意见。

三、工艺方案的分类

（1）新产品样机试制工艺方案。新产品样机试制（包括产品定型，下同）工艺方案应在评价产品结构工艺性的基础上，提出样机试制所需的各项工艺技术准备工作。

（2）新产品小批试制工艺方案。新产品小批试制工艺方案应在总结样机试制工作的基础上，提出试制前所需的各项工艺技术准备工作。

（3）批量生产工艺方案。批量生产工艺方案应在总结小批试制情况的基础上，提出批量投产前需进一步改进、完善工艺、工装和生产组织措施的意见和建议。

（4）老产品改进工艺方案。老产品改进工艺方案主要是提出老产品改进设计后的工艺组织措施。

四、工艺方案的内容

（1）新产品样机试制工艺方案的内容。

①对产品结构工艺性的评价和对工艺工作量的大体估计。

②提出自制件和外协件的初步划分意见。

③提出必需的特殊设备的购置或设计、改装意见。

④必备的专用工艺装备设计、制造意见。

⑤关键零（部）件的工艺规程设计意见。

⑥有关新材料、新工艺的试验意见。

⑦主要材料和工时的估算。

（2）新产品小批试制工艺方案的内容。

①对样机试制阶段工艺工作的小结。

②对自制件和外协件的调整意见。

③自制件的工艺路线调整意见。

④提出应设计的全部工艺文件及要求。

⑤提出主要铸、锻件毛坯的工艺方法。

⑥对专用工艺装备的设计意见。

⑦对专用设备的设计或购置意见。

⑧对特殊毛坯或原材料的要求。

⑨对工艺、工装的验证要求。

⑩对有关工艺关键件的制造周期或生产节拍的安排意见。

⑪根据产品复杂程度和技术要求所需的其他内容。

（3）批量生产工艺方案的主要内容。

①对小批试制阶段工艺、工装验证情况的小结。

②工艺关键件质量攻关措施意见和关键工序质量控制点设置的意见。

③工艺文件和工艺装备的进一步修改、完善意见。

④专用设备或生产自动线的设计制造意见。

⑤有关新材料、新工艺的采用意见。

⑥对生产节拍的安排和投产方式的建议。

⑦装配方案和车间平面布置的调整意见。

（4）老产品改进工艺方案的内容。

老产品改进工艺方案的内容可参照新产品的有关工艺方案办理。

五、工艺方案的确定及其审批程序

（1）产品工艺方案应由产品主管工艺人员根据本标准规定的各项资料，提出几种方案。

（2）组织讨论确定最佳方案，并经工艺部门主管审核。

（3）审核后送交总工艺师或总工程师批准。

（4）编号、描晒、存档。

第三章
机械加工工艺规程设计研究

机械加工工艺规程是规定产品或零部件机械加工工艺过程和操作方法等的工艺文件,是一切有关生产人员都应严格执行、认真贯彻的纪律性文件。生产规模的大小、工艺水平的高低以及解决各种工艺问题的方法和手段都要通过机械加工工艺规程来体现。因此,机械加工工艺规程设计是一项重要而又严肃的工作。它要求设计者必须具备丰富的生产实践经验和广博的机械制造工艺基础理论知识。本章对机械加工工艺的规程设计进行了研究。

第一节 机械加工工艺规程概述

一、机械加工工艺规程的作用

(1)根据机械加工工艺规程进行生产准备(包括技术准备)。在产品投入生产以前,需要做大量的生产准备和技术准备工作,例如,技术关键的分析与研究;刀具、夹具和量具的设计、制造或采购;设备改装与新设备的购置或定做等。这些工作都必须根据机械加工工艺规程来展开。

(2)机械加工工艺规程是生产计划、调度,工人的操作、质量检查等的依据。

(3)新建或扩建车间(或工段),其原始依据也是机械加工工艺规程。根据机械加工工艺规程确定机床的种类和数量,确定机床的布置和动力配置,确定生产面积的大小和工人的数量等。

二、机械加工工艺规程的格式

通常，机械加工工艺规程被填写成表格（卡片）的形式。机械加工工艺规程的详细程度与生产类型、零件的设计精度和工艺过程的自动化程度有关。一般来说，采用普通加工方法的单件小批生产，只需填写简单的机械加工工艺过程卡片；大批大量的生产类型要求有严密、细致的组织工作，因此各工序都要填写机械加工工序卡片。对有调整要求的工序要有调整卡，检验工序要有检验卡。对于技术要求高的关键零件的关键工序，即使是用普通加工方法的单件小批生产，也应制定较为详细的机械加工工艺规程（包括填写工序卡和检验卡等），以确保产品质量。若机械加工工艺过程中有数控工序或全部由数控工序组成，则不管生产类型如何，都必须对数控工序做出详细规定，填写数控加工工序卡、刀具卡等必要的与编程有关的工艺文件，以利于编程。

三、机械加工工艺规程的设计原则、步骤和内容

（一）机械加工工艺规程的设计原则

设计机械加工工艺规程应遵循如下原则：

（1）可靠地保证零件图上所有技术要求的实现。在设计机械加工工艺规程时，如果发现图样上某一技术要求规定得不恰当，只能向有关部门提出建议，不得擅自修改图样，或不按图样上的要求去做。

（2）必须能满足生产纲领的要求。

（3）在满足技术要求和生产纲领要求的前提下，一般要求工艺成本最低。

（4）尽量减轻工人的劳动强度，确保生产安全。

（二）设计机械加工工艺规程的步骤与内容

（1）阅读装配图和零件图了解产品的用途、性能和工作条件，熟悉零件在产品中的地位和作用。

（2）工艺审查。图样上的尺寸、视图和技术要求是否完整、正确和统一；找出主要技术要求和分析关键的技术问题；审查零件的结构工艺性。

所谓零件的结构工艺性是指在满足使用要求的前提下，制造该零件的可行性和经济性。功能相同的零件，其结构工艺性可以有很大差异。所谓结构工艺性好，是指在一定的工艺条件下，既能方便制造，又有较低的制造成本。

（3）熟悉或确定毛坯。确定毛坯的主要依据是零件在产品中的作用和生产纲领以及零件本身的结构。常用毛坯的种类有：铸件、锻件、型材、焊接件和冲压件等。

毛坯的选择通常由产品设计者来完成，工艺人员在设计机械加工工艺规程之前，首先要熟悉毛坯的特点。例如，对于铸件，应了解其分型面、浇口和铸钢件冒口的位置，以及铸件公差和拔模斜度等。这些都是设计机械加工工艺规程时不可缺少的原始资料。毛坯的种类和质量与机械加工关系密切，例如，精密铸件、压铸件、精密锻件等，毛坯质量好，精度高，它们对保证加工质量、提高劳动生产率和降低机械加工工艺成本有重要作用。当然，这里所说的降低机械加工工艺成本是以提高毛坯制作成本为代价的。因此，在选择毛坯的时候，除了要考虑零件的作用、生产纲领和零件的结构以外，还必须综合考虑产品的制作成本和市场需求。

（4）拟定机械加工工艺路线是制定机械加工工艺规程的核心。其主要内容有：选择定位基准、确定加工方法、安排加工顺序以及安排热处理、检验其他工序等。

机械加工工艺路线的最终确定，一般要通过一定范围的论证，即通过对几条工艺路线的分析与比较，从中选出一条适合本厂条件的、确保加工质量、高效和低成本的最佳工艺路线。

（5）确定满足各工序要求的工艺装备（包括机床、夹具、刀具和量具等）对需要改装或重新设计的专用工艺装备应提出具体设计任务书。

（6）确定各主要工序的技术要求和检验方法。

（7）确定各工序的加工余量、计算工序尺寸和公差。

（8）确定切削用量。

（9）确定时间定额。

（10）填写工艺文件。

四、劳动生产率提高的工艺措施

劳动生产率是指一个工人在单位时间内生产出的合格产品的数量，也可以用完成单件产品或单个工序所耗费的劳动时间来衡量。

劳动生产率是衡量生产效率的一个综合性指标，它表示一个工人在单位时间内为社会创造财富的多少。不断地提高劳动生产率是降低成本、增加积累和扩大社会再生产的主要途径。

（一）缩减基本时间

1. 提高切削用量

增大切削速度、进给量和切削深度都可以缩减基本时间，从而减少单件时间。这是机械加工中广泛采用的提高劳动生产率的有效方法。

近年来，国外出现了聚晶金刚石和聚晶立方氮化硼等新型刀具材料，切削普通钢材的切削速度可达 900m/min。在加工 60HRC 以上的淬火钢、高镍合金钢时，在 980℃仍能保持其红硬性，切削速度可在 900m/min 以上。

高速滚齿机的切削速度可达 65~75m/min。

磨削方面，近年的发展趋势是在不影响加工精度的条件下，尽量采用强力磨削，提高金属的切除率，磨削速度已达 60m/s 以上。

2. 减少切削行程长度

减少切削行程长度也可以缩减基本时间。例如，用几把车刀同时加工同一表面，用宽砂轮作切入磨削，均可明显提高劳动生产率。某厂用宽 300mm、直径 600mm 的砂轮采用切入法磨削花键轴上长度为 200mm 的表面，单件时间由原来的 4.5min 减少到 45s。切入法加工时，要求工艺系统具有足够的刚性和抗振性，横向进给量要适当减小以防止振动，同时要求增大主电动机的功率。

3. 合并工步

用几把刀具或一把复合刀具对同一工件的几个不同表面或同一表面进行加工，把原来单独的几个工步集中为一个复合工步，各工步的基本时间就可以全部或部分重合，从而减少了工序的基本时间。

4. 采用多件加工

多件加工有三种方式：

（1）顺序多件加工，即工件顺着行程方向一个接着一个装夹。这种方法减少了刀具切入和切出的时间，也减少了分摊到每一个工件的辅助时间。

（2）平行多件加工，即在一次行程中同时加工 n 个平行排列的工件。

（3）平行顺序多件加工为上述两种方法的综合应用。这种方法适用于工件较小、批量较大的情况。

5. 改变加工方法，采用新工艺、新技术

在大批大量生产中采用拉削、滚压代替铣、铰、磨削，在中小批生产中采用精刨或精磨、金刚镗代替刮研等，都可以明显提高劳动生产率。又如用电火花加工机床冲模可以减少很多钳工工作量；用充气电解加工锻模，一个锻模的加工时间从 40~50h 缩短到 1~2h；用粗磨代替铣平面，不但一次可切去大部分余量，而且磨出的平面精度高，可直接作为定位面；用冷挤压齿轮代替剃齿，劳动生产率可提高 4 倍，表面粗糙度值可达 0.4~Ra0.8μm。在毛坯制造中，诸如精锻、挤压、粉末冶金、石蜡浇铸、爆炸成形等新工艺的应用，都可以从根本上减少大部分的机械加工劳动量，并节约原材料，从而取得十分显著的经济效益。

（二）缩减辅助时间

如果辅助时间占单件时间的55%~70%，仍采用提高切削用量来提高生产率，就不会取得显著的效果。应选择以下方法①采用先进夹具。这不仅可以保证加工质量，而且大大减少了装卸和找正工件的时间。②采用转位夹具或转位工作台、直线往复式工作台以及几根芯轴等，使在加工时间内装卸另一个或另一组工件，从而使装卸工件的辅助时间与基本时间重合。③采用连续加工。例如，在立式或卧式连续回转工作台铣床和双端面磨床上加工等。由于工件连续送进，使机床的空程时间明显缩减，装卸工件又无须停止机床，能显著提高生产率。④采用各种快速换刀、自动换刀装置。例如，在钻床或镗床上采用不须停车即可装卸钻头的快换夹头，车床和铣床上广泛采用不重磨硬质合金刀片、专用对刀样板或对刀样件，机外对刀的快换刀夹及数控机床上的自动换刀装置等，可以节省刀具的装卸、刃磨和对刀的辅助时间。⑤采用主动检验或数字显示自动测量装置。零件在加工过程中需要多次停机测量，尤其在精密零件和重型零件的加工中更是如此。这不仅降低了劳动生产率，不易保证加工精度，而且还增加了工人的劳动强度。主动测量的自动测量装置能在加工过程中测量工件的实际尺寸，并能用测量的结果控制机床的自动补偿调整。这在内、外圆磨床和金刚镗床等机床上已取得了显著效果。

（三）缩减准备终结时间

1. 使夹具与刀具调整通用化

把结构形状、技术条件和工艺过程都比较接近的工件归为一类，制定出典型的工艺规程并为之选择设计好一套工、夹具。这样，在更换下批同类工件时，就不需要更换工、夹具或只需经过少许调整就能投入生产，从而减少了准备终结时间。

2. 采用可换刀架或刀夹

例如，六角车床，若每台配备几个备用转塔刀架或刀夹，事先按加工对象调整好，当更换加工对象时，把事先调整好的刀架或刀夹换上，用较少的准备终结时间即可进行加工。

3. 采用刀具微调和快调

在多刀加工中，在刀具调整上往往要耗费大量工时。如果在每把刀具的尾部装上微调螺丝，就可以使调整时间大为减少。

4. 减少夹具在机床上的安装找正时间

如在夹具体上装有定向键，安装夹具时，只要将定向键靠向机床工作台T形槽的一边就可迅速将夹具在机床上定好位，而不必找正夹具。

第三章 机械加工工艺规程设计研究

5. 采用准备终结时间极少的先进加工设备

如液压仿形、插销板式程序控制和数控机床等。

（四）实施多台机床看管

多台机床看管是一种先进的劳动组织措施。由于一个工人同时管理几台机床（同类型或不同类型），工人劳动生产率可相应提高几倍。

（五）进行高效和自动化加工

大批大量生产中，由于零件批量大，生产稳定，可采用专用的组合机床和自动线。零件加工的整个工作循环都是自动进行，操作工人的工作只是在自动线一端装上毛坯，在另一端卸下成品，以及监视自动线的工作是否正常进行。这种生产方式的劳动生产率极高。在机械加工行业中，属于大批大量生产的产品是少数，以品种论不超过20%。故研究中，小批生产的高效和自动化加工受到广泛的重视。

人们对中、小批生产情况进行了分析，对中、小批生产主要零件用加工中心；中型零件用数控机床、流水线或非强制节拍的自动线；小型零件则视情况不同，可用各种自动机及简易程控机床为最经济。

1. 自动机和简易程控机床加工

小型零件若数量较大，可用专用的自动机床或通用的自动机床加工；若批量不大，用一般的自动机床加工就不合适了，因为一般自动机床的工作循环多半是用凸轮控制的，每换一个工件就要更换或制造一套凸轮，周期长、成本高，只适用于大批大量生产。为适应中小批生产，出现了液压和电气操纵的自动机床，如各种类型的半自动和全自动磨床、自动化插齿机、插销板式程序控制的半自动液压仿形车床及其他类型的简易程控机床，可以很方便地调整出所需的自动控制程序。

2. 数控机床加工

数控机床的工作原理是根据被加工工件的加工尺寸及加工轨迹的特点，按数控程序代码规定的格式编写NC加工程序，然后将NC程序输入给数控机床的控制计算机；控制计算机通过解释NC程序去控制伺服进给电机，进而驱动机床的工作台或刀架按预定轨迹实现加工。这种加工方法甚至可以实现三维复杂曲面的加工。按电机控制方式可分为开环控制和闭环控制。开环控制的执行器通常为步进电机；闭环控制的执行器通常为直流伺服电机或交流伺服电机，再配以光栅（或磁栅）尺或码盘将当时工作台或刀架的位置反馈给控制计算机。因此，闭环控制方式的控制精度更高（可实现1Fm甚至更小的进给当量）。

这样，计算机和自动控制系统就可以完全代替工人操作自动加工出所需要的零件。数控机床上更换加工对象时，只需另行编制NC加工程序，机床调整简单，明显减少了准备终结时间和辅助时间,缩短了生产周期。因此非常适宜于小批量、周期短、改型频繁、形状复杂以及精度要求高的中小型零件加工。

3. 加工中心机床加工

加工中心机床一般就是多工序可自动换刀的镗铣床或加工中心。它有多坐标控制系统。例如,可实现点位控制进行钻、镗、铰或连续控制进行铣削。各种刀具装在一个刀库中,可由程序控制器发出指令进行换刀。这样,加工中心机床便可完成钻、扩、铰、镗、铣和攻螺纹等复杂零件所有各面(除底面外)的加工。它改变了传统小批生产中一人、一机、一刀和一个工件的落后工艺,把许多相关工序集中在一起,形成了一个以工件为中心的多工序自动加工机床,它本身就相当于一条自动生产线。

第二节 机械加工工艺路线的制定

一、定位基准的选择

零件在加工前为毛坯,所有的面均为毛面,开始加工时只能选用毛面为基准,称为粗基准。以后选已加工的面为定位基准,称为精基准。

（一）粗基准的选择

粗基准的选择对零件的加工会产生重要的影响,下面先分析一个简单的例子。

图 3-1 所示为零件的毛坯,在铸造时孔 3 和外圆 1 难免有偏心。加工时,如果采用不加工的外圆面 1 作为粗基准装夹工件（夹具装夹,用自定心卡盘夹住外圆 1）进行加工,则加工面 2 与不加工外圆 1 同轴,可以保证壁厚均匀,但是加工面 2 的加工余量则不均匀,如图 3-1a）所示。

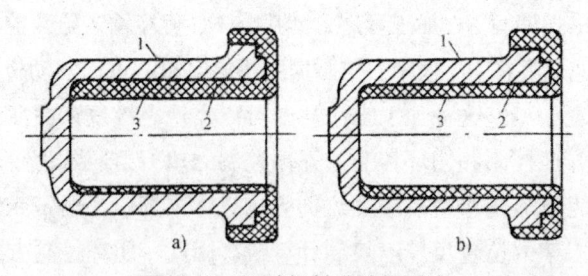

图 3-1 两种粗基准选择对比

a）以外圆 1 为粗基准：孔的余量不均,但加工后壁厚均匀

b）以内孔 3 为粗基准：孔的余量均匀,但加工后壁厚不均匀

如果采用该零件的毛坯孔3作为粗基准装夹工件（直接找正装夹，用单动卡盘夹住外圆1，按毛坯孔3找正）进行加工，则加工面2与该面的毛坯孔3同轴，加工面2的余量是均匀的，但是加工面2与不加工的外圆1不同轴，即壁厚不均匀，如图3-1b）所示。

由此可见，粗基准的选择将影响到加工面与不加工面的相互位置，或影响到加工余量的分配，所以，正确选择粗基准对保证产品质量有重要影响。

在选择粗基准时，一般应遵循的原则如下：

（1）保证相互位置要求。如果必须保证工件上加工面与不加工面的相互位置要求，则应以不加工面作为粗基准。如图3-1中的零件，一般要求壁厚均匀，因此图3-1a的选择是正确的。又如图3-2所示的拨杆，由于要求22H9孔与40mm外圆同轴，因此在钻22H9孔时应选择40mm外圆作为粗基准。

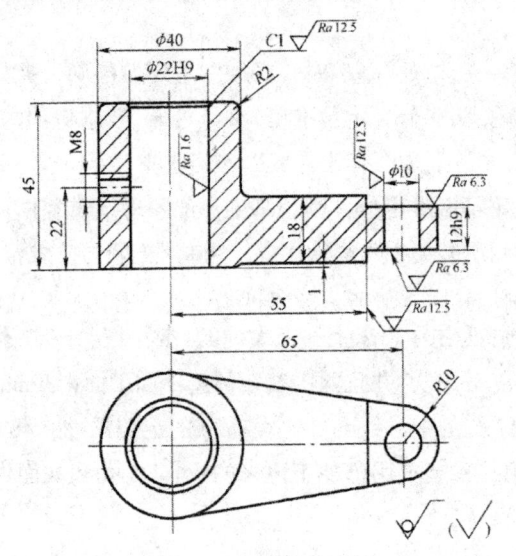

图3-2 粗基准的选择

（2）保证加工面加工余量合理分配。如果必须首先保证工件某重要加工面的余量均匀，则应选择该加工面的毛坯面为粗基准。例如，在车床床身加工中，导轨面是最重要的加工面，它不仅精度要求高，而且要求导轨面有均匀的金相组织和较高的耐磨性，因此希望加工时导轨面去除余量要小而且均匀。此时应以导轨面为粗基准，先加工底面，然后再以底面为精基准，加工导轨面[图3-3a）]。这样就可以保证导轨面的加工余量均匀。否则，若违反本条原则，必将造成导轨余量不均匀[图3-3b）]。

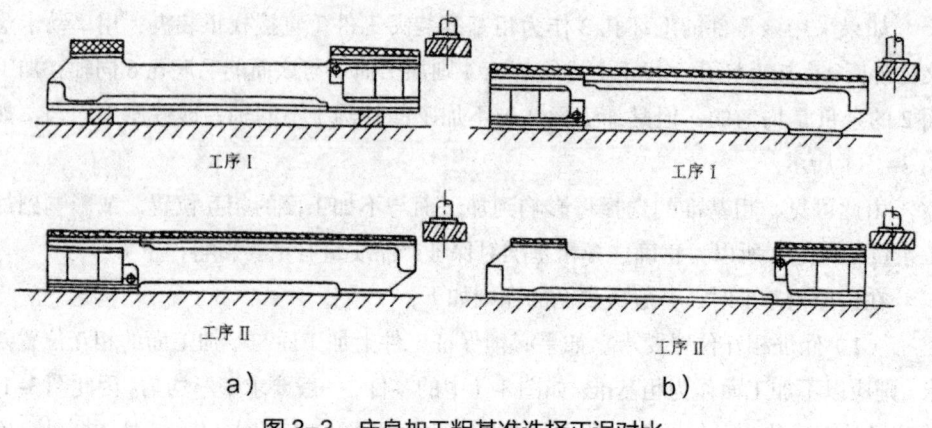

图 3-3　床身加工粗基准选择正误对比

a) 正确　b) 不正确

（3）便于工件装夹选择粗基准时，必须考虑定位准确，夹具可靠以及夹具结构简单、操作方便等问题。为了保证定位准确，夹具可靠，要求选用的粗基准尽可能平整、光洁和有足够大的尺寸，不允许有锻造飞边、铸造浇、冒口或其他缺陷。

（4）如果能使用精基准定位，则粗基准一般不应被重复使用。这是因为若毛坯的定位面很粗糙，在两次装夹中重复使用同一粗基准，就会造成相当大的定位误差（有时可达几毫米）。例如，图3-4所示的零件为铸件，其内孔、端面及3×ϕ7mm孔都需要加工。若工艺安排为先在车床上加工大端面、钻、镗ϕ16H7孔及ϕ18mm退刀槽，再在钻床上钻3×ϕ7mm孔，并且两次安装都选不加工面ϕ30mm外圆为基准（都是粗基准），则ϕ16H7孔的中心线与3×ϕ7mm的定位尺寸ϕ48mm圆柱面轴线必然有较大偏心。如果第二次装夹用已加工出来的ϕ16H7孔和端面作精基准，就能较好地解决上述偏心问题。

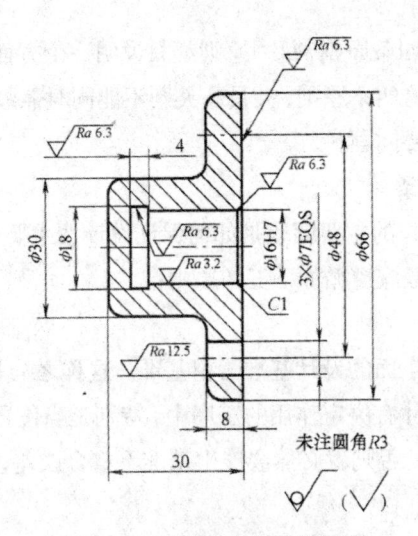

图 3-4 不重复使用粗基准举例

有的零件在前几道工序中虽然已经加工出一些表面，但对某些自由度的定位来说，仍无精基准可以利用，在这种情况下，需要使用粗基准来限制这些自由度，不属于重复使用粗基准。例如，在图 3-5a 所示零件中，虽然在第一道工序中已将 ϕ15H7 孔和端面加工好了，但在钻 2×ϕ6mm 孔时，为了保证钻孔与毛坯外形对称，除了用 ϕ15H7 孔和端面作精基准定位外，仍需用粗基准来限制绕 ϕ15H7 孔轴线回转的自由度［图 3-5b）］。

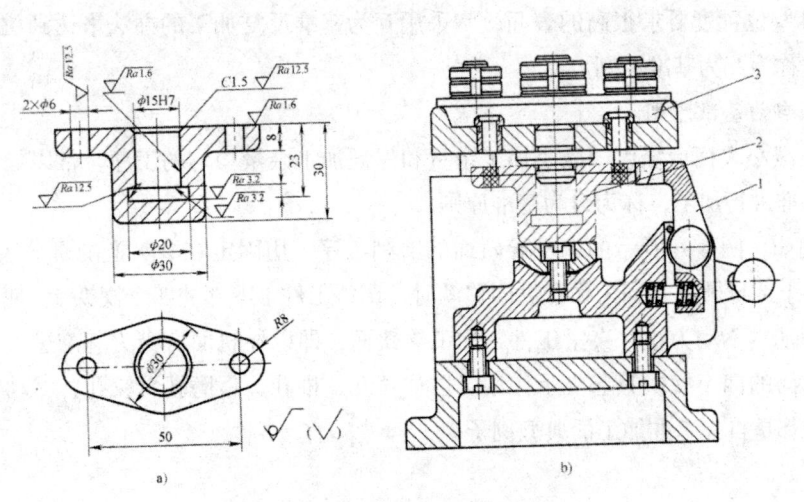

图 3-5 利用粗基准补充定位的例子
a）工件简图 b）加工简图

上述选择粗基准的四条原则，每一原则都只说明一个方面的问题。在实际应用中，划线找正装夹可以兼顾这四条原则，夹具装夹则不能同时兼顾。这就要根据具体情况，抓住主要矛盾，解决主要问题。

（二）精基准的选择

选择精基准时要考虑的主要问题是如何保证设计技术要求的实现以及装夹准确、可靠和方便。为此，一般应遵循如下五条原则：

1.基准重合原则

应尽可能选择被加工面的设计基准为精基准。这称之为基准重合原则。

在对加工面位置尺寸有决定作用的工序中，特别是当位置公差的值要求很小时，一般不应违反这一原则。否则就必然会产生基准不重合误差，增大加工难度。

2.统一基准原则

当工件以某一精基准定位，可以比较方便地加工大多数（或所有）其他加工面，则应尽早地把这个基准面加工出来，并达到一定精度，以后工序均以它为精基准加工其他加工面。这称为统一基准原则。

采用统一基准原则可以简化夹具设计，减少工件搬动和翻转次数。在自动化生产中广泛使用这一原则。应当指出，统一基准原则常会带来基准不重合的问题。在这种情况下，要针对具体问题进行认真分析，在可以满足设计要求的前提下，决定最终选择的精基准。

3.互为基准原则

某些位置度要求很高的表面，常采用互为基准反复加工的办法来达到位置度要求。这称为互为基准原则。

4.自为基准原则

在减小表面粗糙度、减小加工余量和保证加工余量均匀的工序，常以加工面本身为基准进行加工，称为自为基准原则。

例如，图3-6所示的床身导轨面的磨削工序，用固定在磨头上的百分表3，找正工件上的导轨面。当工作台纵向移动时，调整工件1下部的四个楔铁2，使百分表的指针基本不动为止，夹紧工件，加工导轨面，即以导轨面自身为基准进行加工。工件下面的四个楔铁只起支承作用。再如拉孔、推孔、珩磨孔、铰孔、浮动镗刀块镗孔等都是自为基准加工的典型例子。

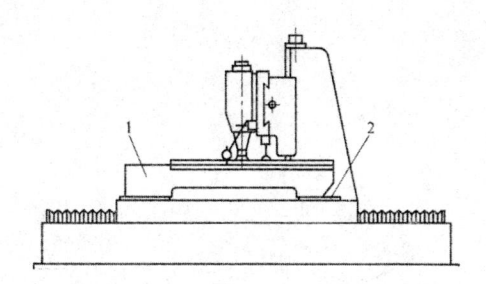

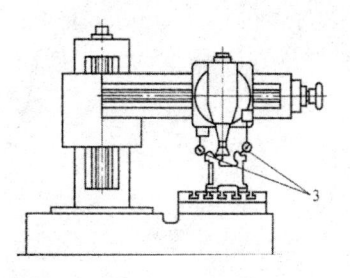

图 3-6　床身导轨面自为基准定位

5. 便于装夹原则

所选择的精基准，应能保证定位准确、可靠，夹紧机构简单，操作方便。这就是便于装夹原则。

在上述五条原则中，前四条都有它们各自的应用条件，只有最后一条，即便于装夹原则是始终不能违反的。在考虑工件如何定位的同时必须认真分析如何夹紧工件，遵守夹紧机构的设计原则。

二、加工经济精度

各种加工方法（车、铣、刨、磨、钻、镗、铰等）所能达到的加工精度和表面粗糙度，都是有一定范围的。任何一种加工方法，只要精心操作、细心调整、选择合适的切削用量，其加工精度就可以得到提高，加工表面粗糙度的值就可以减小。但是，随着加工精度的提高和表面粗糙度值的减小，所耗费的时间与成本也会随之增加。

生产上加工精度的高低是用其可以控制的加工误差的大小来表示的。加工误差小，则加工精度高；加工误差大，则加工精度低。统计资料表明，加工误差和加工成本之间成反比例关系，如图 3-7 所示，表示加工误差，S 表示加工成本。可以看出：对一种加工方法来说，加工误差小到一定程度（如曲线中 A 点的左侧）后，加工成本提高很多，加工误差却降低很少；加工误差大到一定程度后（如曲线中 B 点的右侧），加工误差增大很多，加工成本却降低很少。这说明一种加工方法在 A 点的左侧或 B 点的右侧应用都是不经济的。例如，在表面粗糙度小于 $Ra=0.4\mu m$ 的外圆加工中，通常多用磨削加工方法而不用车削加工方法。因为车削加工方法不经济。但是，对于表面粗糙度值 $Ra=1.6~2.5\mu m$ 的外圆加工，则多用车削加工方法而不用磨削加工方法，因为这时车削加工方法又是经济的了。实际上，每种加工方法都有一个加工经济精度的问题。

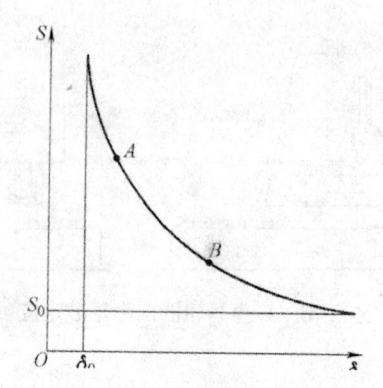

图 3-7 加工误差与加工成本的关系

所谓加工经济精度是指在正常加工条件下（采用符合质量标准的设备、工艺装备和标准技术等级的工人，不延长加工时间）所能保证的加工精度和表面粗糙度。

三、加工方法的选择

根据零件加工面（平面、外圆、孔、复杂曲面等）、零件材料和加工精度以及生产率的要求，考虑工厂（或车间）现有工艺条件、加工经济精度等因素选择加工方法。例如：①有 50mm 的外圆，材料为 45 钢，尺寸公差等级是 IT6，表面粗糙度值 $Ra=0.81\mu m$，其终加工工序应选择精磨。②非铁金属材料宜选择切削加工方法，不宜选择磨削加工方法，因为非铁金属易堵塞砂轮工作面。③为满足大批大量生产的需要，齿轮内孔通常多采用拉削加工方法加工。

四、机床的选择

一般来说，产品变换周期短，生产批量大，宜选数控机床；普通机床加工有困难或无法加工的复杂曲线、曲面，应选数控机床；产品基本不变的大批大量生产，宜选用专用组合机床。由于数控机床特别是加工中心价格昂贵，因此，在新购置设备时，还必须考虑企业的经济实力和投资的回收期限。无论是普通机床还是数控机床，它们的精度都有高低之分。高精度机床与普通精度机床的价格相差很大，因此，应根据零件的精度要求，选择精度适中的机床。选择时，可查阅产品目录或有关手册来了解各种机床的精度。

对那些有特殊要求的加工面，例如，相对于工厂工艺条件来说，尺寸特别大或尺寸特别小，技术要求高，加工有困难，就需要考虑是否需要外协加工，或者增加投资，增添设备，开展必要的工艺研究，以扩大工艺能力，满足加工要求。

五、典型表面的加工路线

外圆、内孔和平面加工量大且面广,习惯上把机器零件的这些表面称作是典型表面。根据这些表面的精度要求选择一个最终的加工方法,然后辅以先导工序的预加工方法,就组成一条加工路线。长期的生产实践考验了一些比较成熟的加工路线,熟悉这些加工路线对编制工艺规程具有指导作用。

(一)外圆表面的加工路线

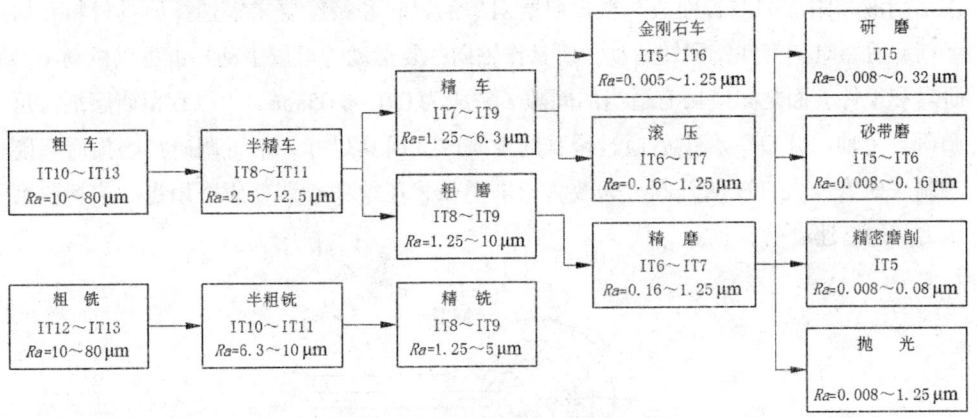

图 3-8 外圆表面的加工路线

1. 粗车—半精车—精车

粗车—半精车—精车是应用最广的一条加工路线。只要工件材料可以切削加工,公差等级 ≤ IT7,表面粗糙度 $Ra \geq 0.8 \mu m$ 的外圆表面都可以在这条加工路线中加工。如果加工精度要求较低,可以只取粗车;也可以只取粗车—半精车。

2. 粗车—半精车—粗磨—精磨

对于黑色金属材料,特别是对半精车后有淬火要求,公差等级 ≤ IT6,表面粗糙度 $Ra \geq 0.16 \mu m$ 的外圆表面,一般可安排在这条加工路线中加工。

3. 粗车—半精车—精车—金刚石车

粗车—半精车—精车—金刚石车加工路线主要适用于工件材料为有色金属(如铜、铝),不宜采用磨削加工方法加工的外圆表面。金刚石车是在精密车床上用金刚石车刀进行车削。精密车床的主运动系统多采用液体静压轴承或空气静压轴承,送进运动系统多采用液体静压导轨或空气静压导轨,因而主运动平稳,送进运动比较均匀,少爬行,可以有比较高的加工精度和比较小的表面粗糙度的值。目前,这种加工方法已用于尺寸精度为 $0.01 \mu m$ 和表面粗糙度 Ra=$0.005 \mu m$ 的超精密加工中。

4. 粗车—半精车—粗磨—精磨—研磨、砂带磨、抛光以及其他超精加工方法

这是在前面加工路线2的基础上又加进其他精密、超精密加工或光整加工工序。这些加工方法多以减小表面粗糙度、提高尺寸精度、形状精度为主要目的，有些加工方法，如抛光、砂带磨等则以减小表面粗糙度为主。

图3-9所示为用于外圆研磨的研具示意图。研具材料一般为铸铁、铜、铝或硬木等。研磨剂一般为氧化铝、碳化硅、金刚石、碳化硼以及氧化铁、氧化铬微粉等，用切削液和添加剂混合而成。根据研磨对象的材料和精度要求来选择研具材料和研磨剂。研磨时，工件作回转运动，研具作轴向往复运动（可以手动，也可以机动）。研具和工件表面之间应留有适当的间隙（一般为0.02~0.05mm），以存留研磨剂。可调研具（轴向开口）磨损后通过调整间隙来改变研具尺寸，不可调研具磨损后只能改制来研磨较大直径的外圆。为改善研磨质量，还须精心调整研磨用量，包括研磨压力和研磨速度的调整。

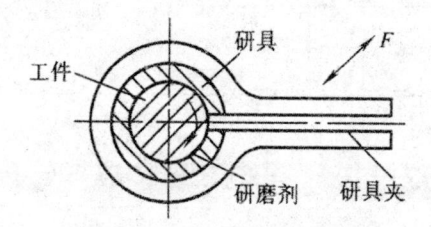

图3-9 外圆研磨的研具示意图

砂带磨削是以粘满砂粒的砂带高速回转，工件缓慢转动并作送进运动对工件进行磨削加工的加工方法。图3-10a）、b）所示为闭式砂带磨削原理图，图3-10c）所示为开式砂带磨削原理图，其中图3-10a）和c）所示是通过接触轮，使砂带与工件接触。可以看出其磨削方式和砂轮磨削类似，但磨削效率可以很高。图3-10b）所示为砂带直接和工件接触（软接触），主要用于减小表面粗糙度值的加工。由于砂带基底质软，接触轮是在金属骨架上浇注橡胶做成，也属软质，所以砂带磨削有抛光性质。超精密砂带磨削可使工件表面粗糙度达到 $0.008\mu m$。

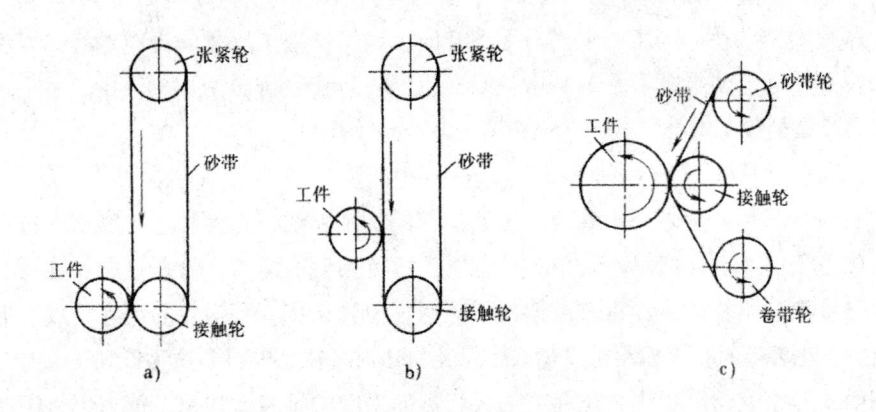

图 3-10 砂带磨削原理图

a）闭式砂带（接触轮接触式） b）闭式砂带（软接触） c）开式砂带（接触轮接触式）

抛光是用敷有细磨粉或软膏磨料的布轮、布盘或皮轮、皮盘等软质工具，靠机械滑擦和化学作用，减小工件表面粗糙度值的加工方法。这种加工方法去除余量通常小到可以忽略，不能提高尺寸和位置精度。

（二）孔的加工路线

图 3-11 所示是常见孔的加工路线框图，可分为四条基本的加工路线。

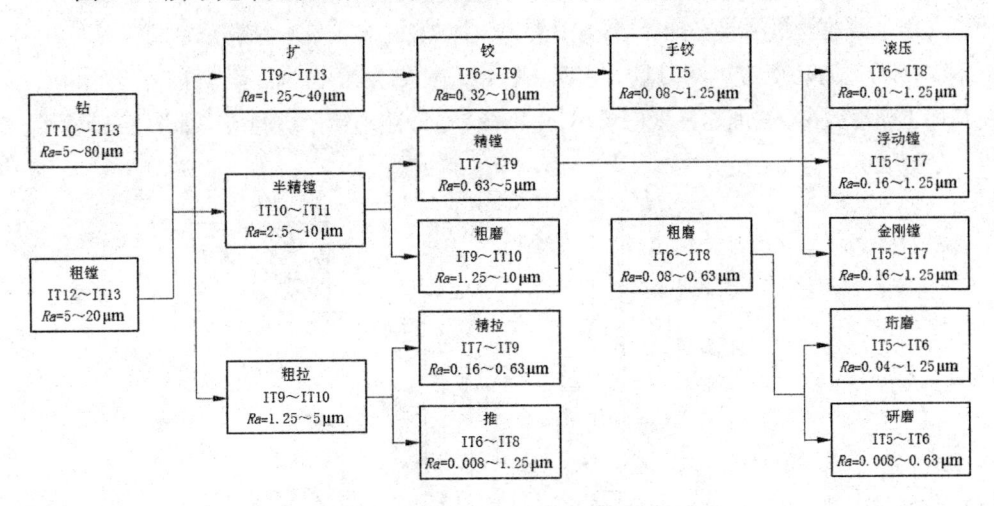

图 3-11 孔的加工路线框图

1. 钻—粗拉—精拉

钻—粗拉—精拉加工路线多用于大批量生产盘套类零件的圆孔、单键孔和花键孔加工。其加工质量稳定、生产效率高。当工件上没有铸出或锻出毛坯孔时，第一道工序须安排钻孔；当工件上已有毛坯孔时，则第一道工序须安排粗镗孔，以保证孔的位置精度。如果模锻孔的精度较好，也可以直接安排拉削加工。拉刀是定尺寸刀具，经拉削加工的孔一般为7级精度的基准孔（H7）。

2. 钻—扩—铰—手铰

钻—扩—铰—手铰是一条应用最为广泛的加工路线，在各种生产类型中都有应用，多用于中、小孔加工。其中扩孔有纠正位置精度的能力，铰孔只能保证尺寸、形状精度和减小孔的表面粗糙度值，不能纠正位置精度。当对孔的尺寸精度、形状精度要求比较高时，表面粗糙度值要求又比较小时，往往安排一次手铰加工。有时，用端面铰刀手铰，可用来纠正孔的轴线与端面之间的垂直度误差。铰刀也是定尺寸刀具，所以经过铰孔加工的孔一般也是7级精度的基准孔（H7）。

3. 钻或粗镗—半精镗—精镗—浮动镗或金刚镗

下列情况下的孔，多在这条加工路线中加工：①单件小批生产中的箱体孔系加工。②位置精度要求很高的孔系加工。③在各种生产类型中，直径比较大的孔，如80mm以上，毛坯上已有位置精度比较低的铸孔或锻孔。④材料为有色金属，需要由金刚镗来保证其尺寸、形状和位置精度以及表面粗糙度的要求。

在这条加工路线中，当工件毛坯上已有毛坯孔时，第一道工序安排粗镗，无毛坯孔时则第一道工序安排钻孔。后面的工序视零件的精度要求，可安排半精镗，亦可安排半精镗—精镗或安排半精镗—精镗—浮动镗，半精镗—精镗—金刚镗。

浮动镗刀块属定尺寸刀具，它安装在镗刀杆的方槽中，沿镗刀杆径可以滑动，其加工精度较高，表面粗糙度值较小，生产效率高。浮动镗刀块的结构如图3-12所示。

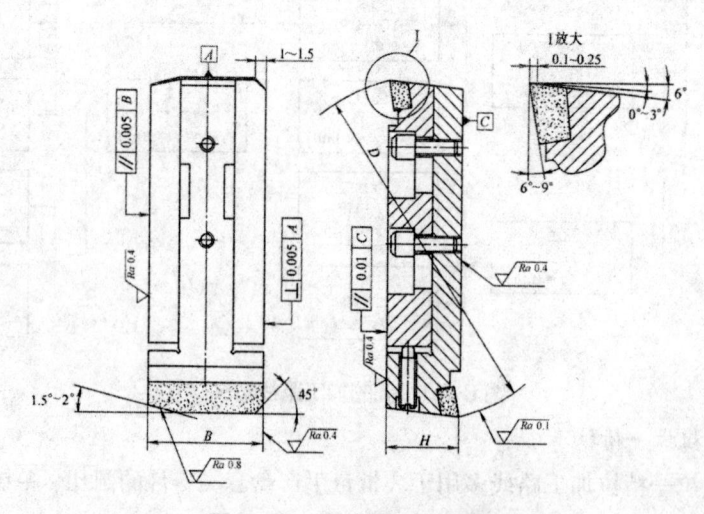

图3-12 浮动镗刀块的结构

金刚镗是指在精密镗头上安装刃磨质量较好的金刚石刀具或硬质合金刀具进行高速、小进给精镗孔加工。金刚镗床也有精密和普通之分。精密金刚镗指金刚镗床的镗头采用空气（或液体）静压轴承，送进运动系统采用空气（或液体）静压导轨，镗刀采用金刚石镗刀进行高速、小进给镗孔加工。

4. 钻（或粗镗）—半精镗—粗磨—精磨—研磨或珩磨

这条加工路线主要用于淬硬零件加工或精度要求高的孔加工。其中，研磨孔是一种精密加工方法。研磨孔用的研具是一个圆棒。研磨时工件作回转运动，研具作往复送进运动。有时亦可工件不动，研具同时作回转和往复送进运动，同外圆研磨一样，需要配置合适的研磨剂。

珩磨是一种常用的孔的加工方法。用细粒度砂条组成珩磨头，加工时工件不动，珩磨头回转并作往复送进运动。珩磨头须精心设计和制作，有多种结构，图3-13所示为珩磨的工作原理图。

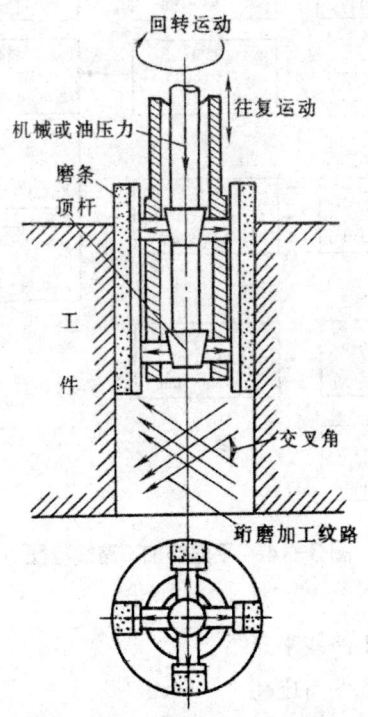

图 3-13 珩磨的工作原理图

珩磨头有数量为2~8根不等的砂条，它们均匀地分布在圆周上，靠机械或液压作用涨开在工件表面上，产生一定的切削压力。经珩磨后的工件表面呈网纹状。珩磨加工范围宽，通常能加工的孔径为1~1200mm，对机床精度要求不高。若无珩磨机，可利用车床、镗床或钻床进行珩孔加工。珩磨精度与前道工序的精度有关。一般情况下，经珩磨后的尺寸和形状精度可提高一级，表面粗糙度可达0.04~1.25μm。

对上述孔的加工路线作两点补充说明：

（1）上述各条孔加工路线的终加工工序，其加工精度在很大程度上取决于操作者的操作水平（刀具刃磨、机床调整和对刀等）。

（2）对以微米为单位的特小孔加工，需要采用特种加工方法，如电火花打孔、激光打孔、电子束打孔等。有关这方面的知识，可根据需要查阅有关资料。

（三）平面的加工路线

图3-14所示为常见的平面的加工路线框图。

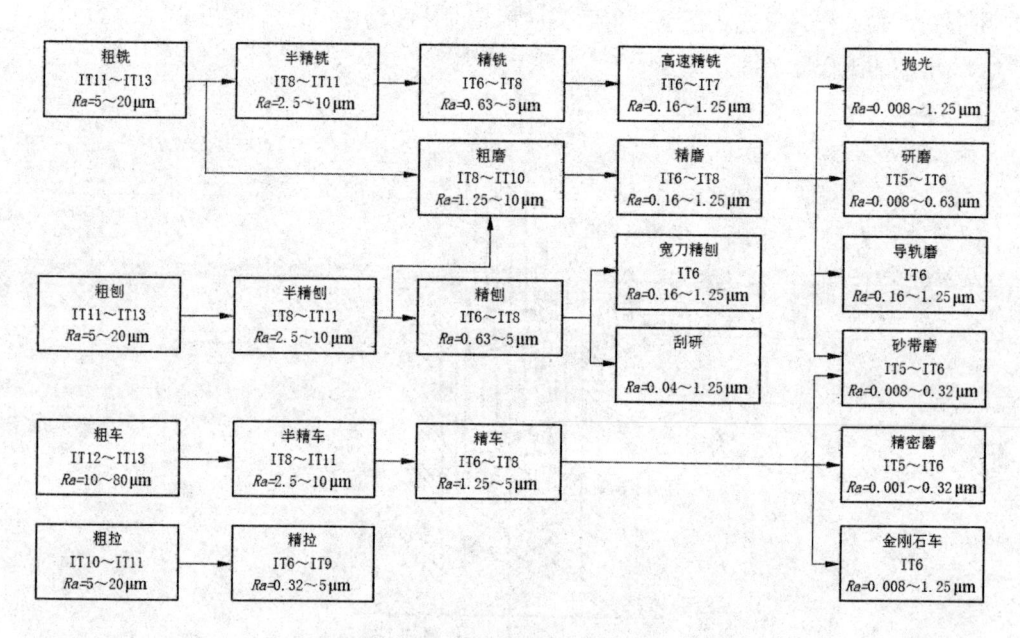

图3-14　平面的加工路线框图

可按如下五条基本加工路线来介绍。

1. 粗铣—半精铣—精铣—高速铣

在平面加工中，铣削加工用得最多。这主要是因为铣削生产率高。近代发展起来的高速铣，其公差等级比较高（IT6~IT7），表面粗糙度值也比较小（Ra=0.16~1.25μm）。在这条加工路线中，视被加工面的精度和表面粗糙度的技术要求，可以只安排粗铣，或安排粗铣、半精铣；粗铣、半精铣、精铣以及粗铣、半精铣、精铣、高速铣。

2. 粗刨—半精刨—精刨—宽刀精刨或刮研

刨削适用于单件小批生产，特别适合于窄长平面的加工。

刮研是获得精密平面的传统加工方法。由于刮研的劳动量大，生产率低，所以在批量生产的一般平面加工中，常被磨削加工取代。

同铣平面的加工路线一样，可根据平面精度和表面粗糙度要求，选定终工序，截取前半部分作为加工路线。

3. 粗铣（刨）—半精铣（刨）—粗磨—精磨—研磨、导轨磨、砂带磨或抛光

如果被加工平面有淬火要求，则可在半精铣（刨）后安排淬火。淬火后需要安排磨削工序，视平面精度和表面粗糙度要求，可以只安排粗磨，亦可只安排粗磨—精磨，还可以在精磨后安排研磨或精密磨等。

4. 粗拉—精拉

粗拉—精拉加工路线生产率高，适用于有沟槽或有台阶面的零件。例如，某些内燃机气缸体的底平面、连杆体和连杆盖半圆孔以及分界面等就是在一次拉削中直接完成的。由于拉刀和拉削设备昂贵，因此这条加工路线只适合在大批大量生产中采用。

5. 粗车—半精车—精车—金刚石车

粗车—半精车—精车—金刚石加工路线主要用于有色金属零件的平面加工，这些平面有时就是外圆或孔的端面。如果被加工零件是黑色金属，则精车后可安排精密磨、砂带磨或研磨、抛光等。

六、工艺顺序的安排

零件上的全部加工面应安排在一个合理的加工顺序中加工，这对保证零件质量、提高生产率、降低加工成本都有着至关重要的影响。

（一）工艺顺序的安排原则

（1）先加工基准面，再加工其他表面这条原则有两个含义：①工艺路线开始安排的加工面应该是选作定位基准的精基准面，然后再以精基准定位，加工其他表面。例如，精度要求较高的轴类零件（机床主轴、丝杠、汽车发动机曲轴等），其第一道机械加工工序就是铣端面，打中心孔，然后以顶尖孔定位加工其他表面。再如，箱体类零件（车床主轴箱，汽车发动机中的气缸体、气缸盖、变速器壳体等）也都是先安排定位基准面的加工（多为一个大平面，两个销孔），再加工其他平面和孔系。②为保证一定的定位精度，当加工面的精度要求很高时，精加工前一般应先精修一

下精基准。

（2）一般情况下，先加工平面，后加工孔这条原则的含义是：①当零件上有较大的平面可作定位基准时，可先加工出来作定位面，以面定位，加工孔。这样可以保证定位稳定、准确，装夹工件往往也比较方便。②在毛坯面上钻孔，容易使钻头引偏，若该平面需要加工，则应在钻孔之前先加工平面。

（3）先加工主要表面，后加工次要表面。这里所说的主要表面是指设计基准面和主要工作面，而次要表面是指键槽、螺孔等其他表面。次要表面和主要表面之间往往有相互位置要求。因此，一般要在主要表面达到一定的精度之后，再以主要表面定位加工次要表面。要注意的是"后加工"的含义并不一定是整个工艺过程的最后。

（4）先安排粗加工工序，后安排精加工工序对于精度和表面粗糙度要求较高的零件，其粗、精加工应该分开。

（二）热处理工序及表面处理工序的安排

为了改善切削性能而进行的热处理工序（如退火、正火、调质等）应安排在切削加工之前。

为了消除内应力而进行的热处理工序（如人工时效、退火、正火等）最好安排在粗加工之后。有时为了减少运输工作量，对精度要求不太高的零件，把去除内应力的人工时效或退火安排在切削加工之前（即在毛坯车间）进行。

为了改善材料的物理力学性质，在半精加工之后精加工之前常安排淬火，淬火—回火，渗碳淬火等热处理工序。对于整体淬火的零件，淬火前应将所有需要加工的表面加工完。因为淬硬之后，再切削就有困难了。对于那些变形小的热处理工序（如高频感应加热淬火、渗氮），有时允许安排在精加工之后进行。

对于高精度精密零件（如量块、量规、铰刀、样板、精密丝杠、精密齿轮等），在淬火后安排冷处理（使零件在低温介质中继续冷却到零下80℃）以稳定零件的尺寸。

为了提高零件表面耐磨性或耐腐蚀性而安排的热处理工序，以及以装饰为目的而安排的热处理工序和表面处理工序（如镀铬、阳极氧化、镀锌、发蓝处理等）一般都放在工艺过程的最后。

（三）其他工序的安排

检查、检验工序，去飞边、平衡、清洗工序等也是工艺规程的重要组成部分。检查、检验工序是保证产品质量合格的关键工序之一。每个操作工人在操作过程中和操作结束以后都必须自检。在工艺规程中，下列情况下应安排检查工序：①零件加工完毕之后。②从一个车间转到另一个车间的前后。③工时较长或重要的关键工序的前后。

除了一般性的尺寸检查（包括几何公差的检查）以外，X射线检查、超声波探伤检查等多用于工件(毛坯)内部的质量检查,一般安排在工艺过程的开始。磁力探伤、荧光检验主要用于工件表面质量的检验,通常安排在精加工的前后进行。密封性检验、零件的平衡、零件重量检验一般安排在工艺过程的最后阶段进行。

切削加工之后,应安排去飞边处理。零件表层或内部的飞边,影响装配操作、装配质量,以至会影响整机性能,因此应给予充分重视。

工件在进入装配之前,一般都应安排清洗。工件的内孔、箱体内腔易存留切削,清洗时要特别注意。研磨、珩磨等光整加工工序之后,砂粒易附着在工件表面上,要认真清洗,否则会加剧零件在使用中的磨损。采用磁力夹紧工件的工序(如在平面磨床上用电磁吸盘夹紧工件),工件被磁化,应安排去磁处理,并在去磁后进行清洗。

七、工序的集中和分散

同一个工件,同样的加工内容,可以安排两种不同形式的工艺规程:一种是工序集中,另一种是工序分散。所谓工序集中,是使每个工序中包括尽可能多的工步内容,因而使总的工序数目减少,夹具的数目和工件的安装次数也相应地减少。所谓工序分散,是将工艺路线中的工步内容分散在更多的工序中去完成,因而每道工序的工步少,工艺路线长。工序集中有利于保证各加工面间的相互位置精度要求,有利于采用高生产率机床,节省装夹工件的时间,减少工件的搬动次数;工序分散可使每个工序使用的设备和夹具比较简单,调整、对刀也比较容易,对操作工人的技术水平要求较低。由于工序集中和工序分散各有特点,所以在生产上都有应用。

传统的流水线、自动线生产多采用工序分散的组织形式(个别工序亦有相对集中的形式,如对箱体类零件采用专用组合机床加工孔系)。这种组织形式可以实现高生产率生产,但是适应性较差,特别是那些工序相对集中、专用组合机床较多的生产线,转产比较困难。

采用数控机床(包括加工中心、柔性制造系统)以工序集中的形式组织生产,除了具有上述优点以外,生产适应性强,转产容易,特别适合于多品种、小批量生产的成组加工。

当对零件的加工精度要求比较高时,常需要把工艺过程划分为不同的加工阶段,在这种情况下,工序必然相对比较分散。

八、加工阶段的划分

当零件的精度要求比较高时,若将加工面从毛坯面开始到最终的精加工或精密加工都集中在一个工序中连续完成，则难以保证零件的精度要求，同时也浪费人力、物力资源。这是因为：①粗加工时，切削层厚，切削热量大，无法消除因热变形带来的加工误差，也无法消除因粗加工留在工件表层的残余应力产生的加工误差。②后续加工容易把已加工表面划伤。③不利于及时发现毛坯的缺陷。若在加工最后一个表面时才发现毛坯有缺陷，则前面的加工就白白浪费了。④不利于合理地使用设备。把精密机床用于粗加工，会使精密机床过早地丧失精度。⑤不利于合理地使用技术工人。让高技术工人完成粗加工任务是人力资源的一种浪费。

因此，通常可将高精度零件的工艺过程划分为几个加工阶段。根据精度要求不同，可以划分为：

（1）粗加工阶段，以高生产率去除加工面多余的金属。

（2）半精加工阶段，减小粗加工中留下的误差，使加工面达到一定的精度，为精加工做好准备。

（3）精加工阶段，应确保尺寸、形状和位置精度以及表面粗糙度达到或基本达到图样规定的要求。

（4）精密、光整加工阶段，对精度要求很高的零件，在工艺过程的最后安排珩磨或研磨、精密磨、超精加工或其他特种加工方法加工，以达到零件最终的精度要求。

高精度零件的中间热处理工序，自然地把工艺过程划分为几个加工阶段。

零件在上述各加工阶段中加工，可以保证有充足的时间消除热变形和消除粗加工产生的残余应力，使后续加工精度提高。另外，在粗加工阶段发现毛坯有缺陷时，就不必进行下一加工阶段的加工，避免浪费。此外还可以合理地使用设备；低精度机床用于粗加工，精密机床专门用于精加工，以保持精密机床的精度水平；合理地安排人力资源，让高技术工人专门从事精密、超精密加工，这对保证产品质量、提高工艺水平都是十分重要的。

第三节　数控加工工艺设计解析

一、数控加工的主要特点及发展现状

（一）数控加工的特点

数控加工的主要特点有：①数控机床传动链短、刚度高，可通过软件对加工误差进行校正和补偿，因此加工精度高。②数控机床是按设计好的程序进行加工，加

工尺寸的一致性好。③在程序控制下，几个坐标可以联动并能实现多种函数的插补运算，所以能完成卧式机床难以加工或不能加工的复杂曲线、曲面及型腔等。此外，有的数控机床（加工中心）带自动换刀系统和装置、转位工作台以及可自动交换的动力头等，在这样的数控机床上可实现工序的高度集中，生产率比较高，并且夹具数量少，夹具的结构也可以相对简单。由于数控加工有上述特点，所以在安排工艺过程时，有时要考虑安排数控加工。

（二）我国数控加工技术的发展现状

我国数控技术的发展历程较长，所以对现代的数控技术的基础技术的掌握还是比较全面的，我国的数控技术基本上已经具备了商品化开发的条件，而有些数控技术已经做到了商品产业化，在一定程度上形成了数控的生产基地，从研究、开发到管理的基本队伍已经初步建立起来。

虽然我国已经基本掌握了数控技术的基础技术和开发技术，但是与国外的现今技术水平来比还是存在着一定的差距，因为我国的技术发展起步比国外的晚大约二十年，这就导致了我国的数控技术在高精技术方面相对的差一些，部分功能部件的生产水平较低，外观相比之下质量较差一些，而且我国的数控系统还没有建立相关的品牌，商品化程度的不健全导致用户对数控技术的信心不足，在可靠性能上给用户造成一些担忧；虽然我国已经具备了数控技术的基础研发功能，但是研发工程的能力相对国外来说还是比较弱的，这就为数控技术的应用与拓展带来了一定的阻碍，导致相关的研发标准和规定相对滞后。

二、数控技术在机械加工中的应用

（一）数控技术在机床中的应用

数控技术在机床中的应用使机电生产技术得到了更好的发展。自大数控技术引入到机床生产方面以后，国内的机床生产产业实现了机电一体化，而机电一体化的实施保证了数控机床的性能更加完美，机电一体化的数控机床的控制能力加强，这就保证了产品的质量。

（二）数控技术在工业机器人中的应用

工业机器人就是按照预定的轨迹动作能够模仿人类基本动作的自动化设备，它是可以按照预定的程序进行抓取或者搬运的简单类动作的工业机器人，能够提高工业的生产质量，加快生产的速度。但是传统的工业机器人还是属于工业的一种机械设备，若将数控技术应用到这种设备上，可以有效地改善工业生产的生产环境和劳动质量。在工业进行生产的过程中，利用工业机器人来代替人工，进行简单的劳动生产工作，一方面节省了人工劳动力，另一方面又保证了产品的生产安全和生产的质量，从而在很大程度上提高了生产的效率。工业机器人的基本功能不仅能够代替人类进行简单的生产加工工作，还能代替人类做一些类似焊接或者喷漆的、条件比较差的工作，更重要的是可以代替人类去做一些人类本身无法进行的工作，比如深水作业、太空作业。

三、数控技术的发展趋势

将数控技术引入机械加工制造领域，使我国的机械工业得到不断地发展和进步，数控技术的引用给机械工业的发展提供了动力源泉。数控技术不但在机械工业的应用越来越成熟，在其他领域也得到了相应的运用和发展，除了机械工业制造行业，还在很多关系我们生活的行业中也得到了应用。

（一）高速度高、精度的发展趋势

我国现代制造技术的发展关键就是要确保高效率和高质量，而数控技术系统的重要指标就是高速度、高精度，这两个指标关系着工作效率和产品的质量，而高速度、高精度的加工技术可以在很大的程度上提高我国现代制造业的生产效率，提高所生产产品的规格和档次，有效地缩短生产周期，在市场竞争上也有一定的优势。

（二）数控系统柔性化的发展

所谓的柔性化一方面是数控系统自身的柔性，而另一方面则是群控系统的柔性。数控系统自身的柔性发展就是数控系统要采用模块化的设计理念，所谓模块化就是数控的功能覆盖面比较大，裁剪性相对来说强一些，这样能够更全面地满足用户的需求。群控技术的柔性发展就是能够对不同的生产流程所要求使用的物料、信息能行自动的动态调整，能够最大程度上给予群控系统的发挥。

（三）数控系统开放化的发展

开放化的发展已经成为数控系统的发展趋势，传统的数控系统属于封闭性质，表现为兼容性较差、技术升级比较困难，这对于现代工业的发展是非常不利的，所以数控系统的开放化发展趋势是必然的。数控系统通过开放化的发展能够在统一的操作平台上进行一些改变，增加或者是裁剪的操作。

（四）数控系统智能化和网络化的发展趋势

数控技术的智能化现阶段已经向自适应控制、专家控制和神经网络控制等智能化控制方向发展，将数控系统实施到网络化的发展中，将能极大地满足生产流水的需求，提高生产的效率。

四、数控加工工序设计

如前所述，如果在工艺过程中安排有数控工序，则不管生产类型如何都需要对该工序的工艺过程做出详细规定，形成工艺文件，指导数控程序的编制，指导工艺准备工作和工序的验收。从工艺角度来看，数控工序设计内容和普通工序没有差别。这些内容包括定位基准的选择，加工方法的选择，加工路线的确定，加工阶段的划分，加工余量及工序尺寸的确定，刀具的选择以及切削用量的确定等。但是，数控工序设计必须满足数控加工的要求，其工艺安排必须做到具体、细致。

（一）建立工件坐标系

数控机床的坐标系统已标准化。标准坐标系统是右手直角笛卡儿坐标系统。工件坐标系的坐标轴对应平行于机床坐标系的坐标轴，其坐标原点就是编程原点。因此，工件坐标系的建立与编程中的数值计算有关。为简化计算，坐标原点可选择在工序尺寸的尺寸基准上。

在工件坐标系内可以使用绝对坐标编程，也可以使用相对坐标编程。在图 3-15 中，从 A 点到 B 点的坐标尺寸可以表示为 $B(25, 25)$，即以坐标原点为基准的绝对坐标尺寸；也可以表示为 $B(15, 5)$，这是以 A 点为基准的相对坐标尺寸。

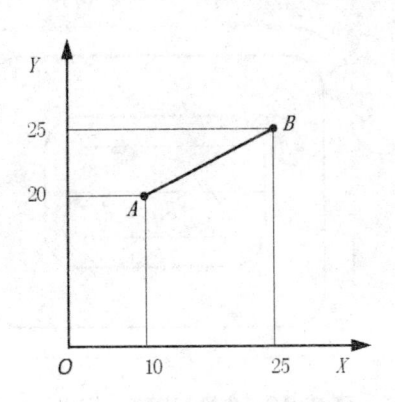

图 3-15 绝对坐标与相对坐标

（二）编程数值计算

数控机床具有直线和圆弧插补功能。当工件的轮廓是由直线和圆弧组成时，在数控程序中只要给出直线与圆弧的交点、切点（简称基点）坐标值，加工中遇到直线，刀具将沿直线的方向指向直线的终点，遇到圆弧将以圆弧的半径为半径指向圆弧的终点。当工件轮廓是由非圆曲线组成时，通常的处理方法是用直线段或圆弧段去逼近非圆曲线，通过计算直线段或圆弧段与非圆曲线交点（简称节点）的坐标值来体现逼近结果。随着逼近精度的提高，这种计算的工作量会很大，需要借助计算机来完成。因此，编程前根据零件尺寸计算出基点或节点的坐标值，是不可缺少的工艺工作。除此之外，编程前应将单向偏差标注的工艺尺寸换算成对称偏差标注；当粗、精加工集中在同一工序中完成，还要计算工步之间的加工余量、工步尺寸及公差等。

（三）确定对刀点、换刀点、切入点和切出点

为了使工件坐标系与机床坐标系建立确定的尺寸联系，加工前必须对刀。对刀点应直接与工序尺寸的尺寸基准相联系，以减少基准转换误差，保证工序尺寸的加工精度。通常选择在离开工序尺寸基准一个塞尺的距离，用塞尺对刀，以免划伤工件。此外，还应考虑对刀方便，以确保对刀精度。

由于数控工序集中，常需要换刀。若用机械手换刀，则应有足够的换刀空间，避免发生干涉，确保换刀安全。若采用手工换刀，则应考虑换刀方便。

切入点和切出点的选择也是设计数控工序时应该考虑的一个问题。刀具应沿工件的切线方向切入和切出（图3-16），以避免在工件表面留下刀痕。

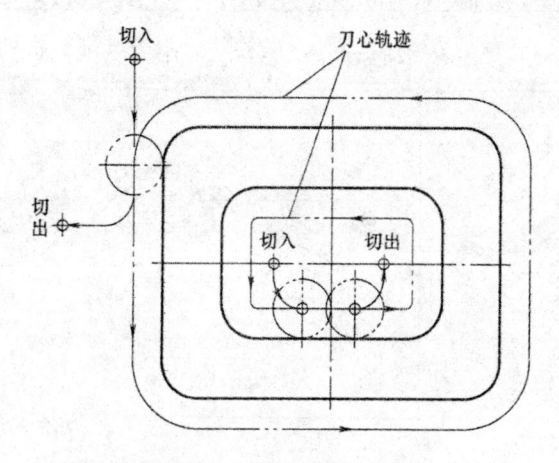

图3-16 立铣刀切入、切出

（四）划分加工工步

由于数控工序集中了更多的加工内容，所以工步的划分和工步设计就显得非常重要。它将影响到加工质量和生产率。例如，同一表面是否需要安排粗、精加工；不同表面的先后加工顺序应该怎样安排；如何确定刀具的加工路线等。所有这些工艺问题都要按一般工艺原则给出确定的答案。同时还要为各工步选择加工刀具（包括选择刀具类型、刀具材料、刀具尺寸以及刀柄和连接件），分配加工余量，确定

切削用量等。

此外，数控工序还应确定是否需要有工步间的检查，何时安排检查；是否需要考虑误差补偿；是否需要切削液，何时开关切削液等。总之，在数控工序设计中，要回答加工过程中可能遇到的各种工艺问题。

五、数控编程简介

根据数控工序设计，按照所用数控系统的指令代码和程序格式，正确无误地编制数控加工程序是实现数控加工的关键环节之一。数控机床将按照编制好的程序对零件进行加工。可以看出，数控编程工作是重要的，没有数控编程，数控机床就无法工作。数控编程方法分为手工编程和自动编程。手工编程是根据数控机床提供的指令由编程人员直接编写的数控加工程序。手工编程适合于简单程序的编制。自动编程分为：①由编程人员用自动编程语言编制源程序，计算机根据源程序自动生成数控加工程序；②利用 CAD/CAM 软件，以图形交互方式生成工件几何形状和刀具相对工件的运动轨迹，系统根据图形信息和相关的工艺信息自动生成数控加工程序。自动编程适合于计算量大的复杂程序的编制。

（一）数控程序代码与有关规定

目前，国际上通用的数控程序指令代码有两种标准，一种是国际标准化组织（ISO）标准，另一种是美国电子工业协会（EIA）标准。我国规定了等效于 ISO 标准的准备功能 G 和辅助功能 M 代码（表 3-1 和表 3-2）。G 代码分为模态代码（时序有效代码）和非模态代码。表中字母 a、c、d、……、k 所对应的 G 代码为模态代码。它表示该代码一经被使用就一直有效（如 a 组中的 G00），后续程序再用时可省略不写，直到出现同组其他的 G 代码（如 G03）时才失效。G 代码表中的"*"号表示该代码为非模态代码，它只在程序段内有效，下一程序段需要时必须重写。

表 3-1 准备功能 G 代码

代码（1）	功能保持到被取消或被同样字母表示的程序指令所代替（2）	功能仅在所出现的程序段内有作用（3）	功能（4）	代码（1）	功能保持到被取消或被同样字母表示的程序指令所代替（2）	功能仅在所出现的程序段内有作用（3）	功能（4）
G00	a		点定位	G46	#（d）	#	刀具偏置 + / −
G01	a		直线插补	C47	#（d）	#	刀具偏置 − / −
G02	a		顺时针方向圆弧插补	G48	#（d）	#	刀具偏置 − / +
G03	a		逆时针方向圆弧插补	G49	#（d）	#	刀具偏置 0 / +
G04		*	暂停	G50	#（d）	#	刀具偏置 0 / −
G05	#	#	不指定	G51	#（d）	#	刀具偏置 + / 0
G06	a		抛物线插补	G52	#（d）	#	刀具偏置 − / 0
G07	#	#	不指定	G53	f		直线偏移，注销
G08			加速	G54	f		直线偏移 X
G09			减速	G55	f		直线偏移 Y
G10~G16	#	#	不指定	G56	f		直线偏移 Z
G17	C		XY 平面选择	G57	f		直线偏移 XY
G18	C		XZ 平面选择	G58	f		直线偏移 XZ
G19	C		YZ 平面选择	G59	f		直线偏移 YZ
G20~G32	#	#	不指定	G60	h		准确定位 1（精）
G33	a		螺纹切削，等螺距	G61	h		准确定位 2（中）
G34	a		螺纹切削，增螺距	G62	h		快速定位（粗）
G35			螺纹切削，减螺距	G63		*	攻螺纹
G36~G39	#	#	永不指定	G64~G67	#	#	不指定

续表

代码（1）	功能保持到被取消或被同样字母表示的程序指令所代替（2）	功能仅在所出现的程序段内有作用（3）	功能（4）	代码（1）	功能保持到被取消或被同样字母表示的程序指令所代替（2）	功能仅在所出现的程序段内有作用（3）	功能（4）
G40	d		刀具补偿/刀具偏置注销	G68	#（d）	#	刀具偏置，内角
G41	d		刀具补偿－左	G69	#（d）	#	刀具偏置，外角
G42	d		刀具补偿－右	G70~G79	#	#	不指定
G43	#（d）	#	刀具偏置一正	G80	e		固定循环注销
G44	#（d）	#	刀具偏置一负	G81~G89	e		固定循环
G45	#（d）	#	刀具偏置＋/＋	G90	j		绝对尺寸
G91	j		增量尺寸	G95	k		主轴每分钟进给
G92		*	预置寄存	G96	l		恒线速度
G93	k		时间倒数，进给率	G97	l		每分钟转数（主轴）
G94	k		每分钟进给	G98~G99	#	#	不指定

表 3-2 辅助功能 M 代码

代码（1）	功能开始时间		功能保持到被注销或被适当程序指令代替（4）	功能仅在所出现的程序段内有作用（5）	功能（6）
	与程序段指令运动同时开始（2）	在程序段指令运动完成后开始（3）			
M00		*		*	程序停止
M01		*		*	计划停止
M02		*		*	程序结束
M03	*		*		主轴顺时针方向
M04	*		*		主轴逆时针方向
M05		*	*		主轴停止
M06	#	#		*	换刀
M07	*		*		2 号切削液开
M08	*		*		1 号切削液开
M09		*	*		切削液关
M10	#	#	*		夹紧
M11	#	#	*		松开
M12	#	#	#	#	不指定
M13	*		*		主轴顺时针方向，切削液开
M14	*		*		主轴逆时针方向，切削液开
M15	*			*	正运动
M16	*			*	负运动
M17~M18	#	#	#	#	不指定
M19		*	*		主轴定向停止
M20~M29	#	#	#	#	永不指定
M30		*		*	纸带结束
M31	#	#		*	互锁旁路
M32~M35	#	#	#	#	不指定
M36	*		*		进给范围 1
M37	*		*		进给范围 2
M38	*		*		主轴速度范围 1
M39	*		*		主轴速度范围 2

续表

代码（1）	功能开始时间		功能保持到被注销或被适当程序指令代替（4）	功能仅在所出现的程序段内有作用（5）	功能（6）
	与程序段指令运动同时开始（2）	在程序段指令运动完成后开始（3）			
M40~M45	#	#	#	#	如有需要作为齿轮换挡，此外不指定
M46~M47	#	#	#	#	不指定
M48		*	*		注销 M49
M49	*		*		进给率修正旁路
M50	*		*		3 号切削液开
M51	*		*		4 号切削液开
M52~M54	#	#	#	#	不指定
M55	*		*		刀具直线位移，位置 1
M56	*		*		刀具直线位移，位置 2
M57~M59	#	#	#	#	不指定
M60		*		*	更换工件
M61	*		*		工件直线位移，位置 1
M62	*		*		工件直线位移，位置 2
M63~M70	#	#	#	#	不指定
M71	*		*		工件角度位移，位置 1
M72	*		*		工件角度位移，位置 2
M73~M89	#	#	#	#	不指定
M90~M99	#	#	#	#	永不指定

　　辅助功能代码即 M 代码用来指定机床或系统的某些操作或状态，如机床主轴的起动与停止，切削液的开与关，工件的夹紧与松夹等。

　　除上述 G 代码和 M 代码以外，ISO 标准还规定了主轴转速功能 S 代码，刀具功能 T 代码，进给功能 F 代码和尺寸字地址码 X、Y、Z、I、J、K、R、A、B、C 等，供编程时选用。

标准中，指令代码功能分为指定、不指定和永不指定三种情况，所谓"不指定"是准备以后再指定，"永不指定"是指生产厂可自行指定。

由于标准中的 G 代码和 M 代码有"不指定"和"永不指定"的情况存在，加上标准中标有"#"号代码亦可选作其他用途，所以不同数控系统的数控指令含义就可能有差异。编程前，必须仔细阅读所用数控机床的说明书，熟悉该数控机床数控指令代码的定义和代码使用规则，以免出错。

（二）程序结构和格式

数控程序由程序号和若干个程序段组成。程序号由地址码和数字组成，如 O5501。程序段由一个或多个指令组成，每条指令为一个数据字，数据字由字母和数字组成。例如：

N05 G00 X-10.0 Y-10.0 Z8.0 S1000 M03 M07

为一个程序段，其中，数据字 N05 为程序段顺序号；数据字 G00 使刀具快速定位到某一点；X、Y、Z 为坐标尺寸地址码，其后的数字为坐标数值，坐标数值带 +、- 符号，+ 号可以省略；S 为机床主轴转速代码，S1000 表示机床主轴转速为 1000r/min；M03 规定主轴顺时针旋转；M07 规定开切削液。在程序段中，程序段的长度和数据字的个数可变，而且数据字的先后顺序无严格规定。

上面程序段中带有小数点的坐标尺寸表示的是毫米长度。在数据输入中，若漏输入小数点，有的数控系统认为该数值为脉冲数，其长度等于脉冲数乘以脉冲当量。因此，在输入数据或检查程序时对小数点要给予特别关注。

六、数控加工工序综合举例

图 3-17 为某零件的零件图，图中 A、B 面和外形 85mm × 56mm 四面已加工。本工序拟采用立式数控铣床加工凸台的四面和 C 面。试编写该工序的加工程序。

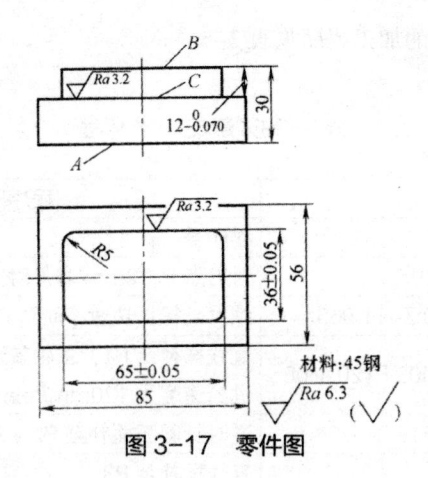

第三章 机械加工工艺规程设计研究

图 3-17 零件图

　　根据零件图的尺寸和技术要求，选用直径为 +20mm 的高速钢立铣刀加工，把加工过程分为粗铣和精铣两个工步。图 3-18a）是该工序的工序简图。图中标明了所选择的坐标系，示意了对刀位置和切入、切出方式以及切入、切出点，给出了刀具示意图和刀心轨迹图。按刀心轨迹在工件坐标系内计算了各基点的绝对坐标 [图 3-18b)]。根据工艺手册的推荐，确定切削用量：主轴转速为 500r/min，进给速度为 120mm/min。精加工余量定为 0.5mm。

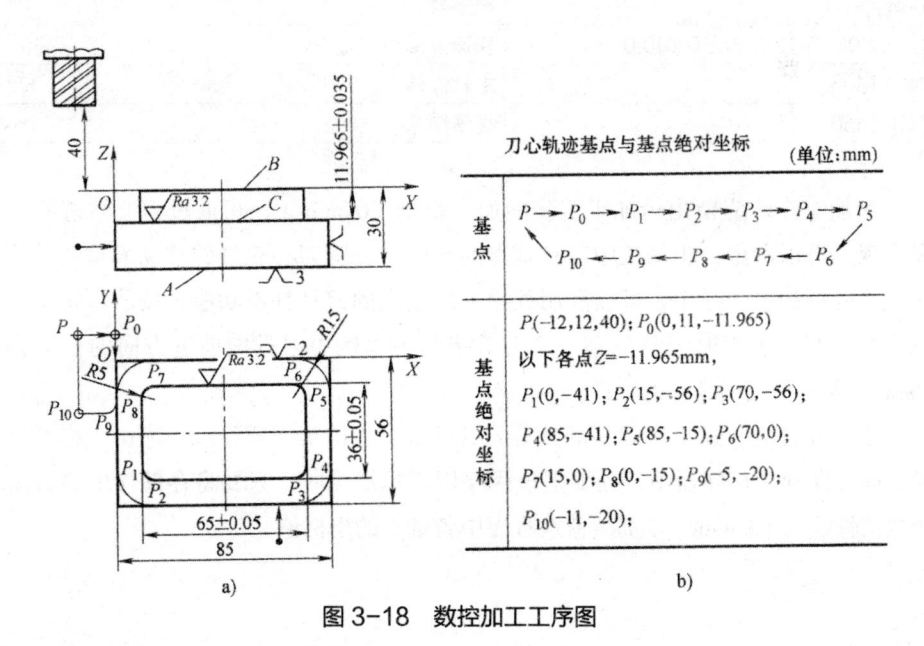

刀心轨迹基点与基点绝对坐标　（单位:mm）

基点	$P \to P_0 \to P_1 \to P_2 \to P_3 \to P_4 \to P_5$ $P_{10} \leftarrow P_9 \leftarrow P_8 \leftarrow P_7 \leftarrow P_6$
基点绝对坐标	$P(-12,12,40)$; $P_0(0,11,-11.965)$ 以下各点 $Z=-11.965$mm, $P_1(0,-41)$; $P_2(15,-56)$; $P_3(70,-56)$; $P_4(85,-41)$; $P_5(85,-15)$; $P_6(70,0)$; $P_7(15,0)$; $P_8(0,-15)$; $P_9(-5,-20)$; $P_{10}(-11,-20)$;

图 3-18 数控加工工序图

按精加工工步编写的加工程序见表3-3。

表3-3 按精加工工步编程

程 序	程序段说明
008	程序号
N01 G92X−12.0Y12.0 Z40.0	对刀点 P（2mm 塞尺对刀）
N02 G90 G00 X0.0 Y11.0 Z−11.965	绝对坐标，快速移动至 P0
N03 G01 Y−41.0 S500 M03 F120 M08	直线插补至 P1；主轴转速为 500r/min，顺时针；进给速度为 120mm/min；开冷却液
N04 G03 X15.0 Y−56.0 R15.0	逆时针圆弧插补至 P2（左下角圆角）
N05 G01 X70.0	直线插补至 P3
N06 G03 X85. 0 Y−41.0 R15.0	右下角圆角至 P4
N07 C01 Y−15.0	直线插补至 P5
N08 C03 X70.0 Y0.0 R15.0	右上角圆角至 P6
N09 G01 X15.0	直线插补至 P7
N10 G03 x0.0 Y−15.0 R15.0	左上角圆角至 P8
N11 G02 X−5.0 Y−20.0 R5.0	退出加工，关切削液
N12 G01 X−11.0 M09	
008	程序号
N13 G00 X−12.0 Y12.0 Z40.0	快速返回对刀点 P
N14 M05	主轴停转
N15 M30	程序结束

粗加工工步应留出精加工工步的加工余量（0.5mm），可通过刀心轨迹的移动来实现。可以看出，粗加工中所有基点的数值需要随刀心轨迹的移动而重新计算，这是很麻烦的。实际上，可以利用数控系统提供的刀具补偿功能，按凸台轮廓的实际尺寸编程，加工时刀具偏移一个刀具半径（本例中刀具向前进方向的右边偏移10mm）即可加工出合格的零件。

表3-4是为上述工序编写的具有刀具补偿功能的加工程序。程序中，将刀具半径10mm设置在存储器中，当要把该程序用于粗加工时，只要将存储器中的刀具半径数值修改为10.5mm，不需要修改程序中各基点的坐标值。

表 3-4 利用数控系统的刀具补偿功能编程

程　序	程序段说明
008	程序号
#101=10	刀具半径为 10mm
N01 G92 X-22.0 Y42.0 Z40.0	对刀点 P（X 方向，2mm 塞尺对刀）
N02 G90 C00 Z-11.965 S500 M03	绝对坐标 Z 方向下刀，主轴顺时针转动
N03 G17 G42 G00 X0.0 Y22.0 M08 D101	刀具右偏 10mm，在 XY 平面内快进，开切削液
N04 G01 Y-31.0 F120	直线插补至 P1，进给速度为 120mm/min
N05 G03 X5.0 Y-36.0 R5.0	逆时针圆弧插补至 P2（左下角圆角）
N06 G01 X60.0	直线插补至 P3
N07 G03 X65.0 Y-31.0 R5.0	右下角圆角至 P4
N08 G01 Y-5.0	直线插补至 P5
N09 G03 X60.0 Y0.0 R5.0	右上角圆角至 P6
N10 G01 X5.0	直线插补至 P7
N11 G03 X0.0 Y-5.0 R5.0	左上角圆角至 P8
N12 G02 X-15.0 Y-20.0 R15.0	退出加工，关切削液
N13 G01 X-21.0 M09	
N14 G40 C00 X-22.0 Y42.0 Z40.0	注销刀具补偿，快速返回对刀点 P
N15 M05	主轴停转
N16 M30	程序结束

编程人员应熟悉所用数控系统提供的各种编程功能，掌握更多的编程技巧，把程序编写得更好。

七、工序安全与程序试运行

数控工序的工序安全问题不容忽视。数控工序的不安全因素主要来源于加工程序中的错误。将一个错误的加工程序直接用于加工是很危险的。例如，程序中若将 G01 错误地写成 G00，即把本来是进给指令错误地输入成快进指令，则必然会发生撞刀事故。再如，在立式数控钻铣床上，若将工件坐标系设在机床工作台台面上，程序中错误地把 G00 后的 Z 坐标数值写成 0.00 或负值，则刀具必将与工件或工作台相撞。另外，程序中的任何坐标数据错误都会导致产生废品或发生其他安全事故等。因此，对编写完的程序一定要经过认真检查和校验，进行首件试加工。只有确认程序无误后，才可投入使用。

第四节 成组加工工艺设计解析

一、成组技术的基本原理

随着科学技术飞跃发展及市场竞争日益激烈,机械产品的更新速度越来越快,产品品种日益增多,每种产品的生产批量越来越少。据统计,多品种中小批生产企业约占机械工业企业总数的75%~80%。由于那些按传统生产方式组织生产的中小批生产企业劳动生产率低,生产周期长,产品成本高,因此在市场竞争中常处于不利的地位。

事实上,不同的机械产品,虽然其用途和功能各不相同,但是每种产品中所包含的零件类型存在一定的规律性。德国阿亨工业大学在机床、发动机、矿山机械、轧钢设备、仪器仪表、纺织机械、水利机械和军械等26个不同性质的企业中选取45000种零件进行分析,结果表明,任何一种机械产品中的组成零件都可以分为三类:①A类复杂件或特殊件,这类零件在产品中数量少,占零件总数的5%~10%,但结构复杂,产值高。不同产品的A类零件之间差别很大,因而再用性低。如机床床身、主轴箱、床鞍以及各种发动机中的一些大件等均属此类。②B类相似件,这类零件在产品中的种类多,数量大,约占零件总数的70%,其特点是相似程度高,多为中等复杂程度,如各种轴、套、法兰盘、支座、盖板和齿轮等。③C类简单件或标准件,这类零件结构简单,再用性高,多为低值件。如螺钉、螺母、垫圈等,一般均已组织大量生产。

70%左右的相似件在功能结构和加工工艺等方面存在着大量的相似特征,充分利用这种客观存在的相似性特征,将本来各不相同、杂乱无章的多种生产对象组织起来,按相似性分类成族(组),并按族制定加工工艺进行生产制造,这就是成组工艺。由于成组工艺扩大了生产批量,因而便于采用高效率的生产方式组织生产,从而显著提高了劳动生产率。成组技术就是在成组工艺基础上发展起来的一项新技术,它在设计、经营和管理等其他领域都有应用。

二、零件的分类编码

所谓零件的分类编码就是用数字来描绘零件的名称、几何形状、工艺特征、尺寸和精度等,使零件名称和特征数字化。这些代表零件名称和特征的每一位数字被称为特征码。

目前，世界上采用的分类编码系统有几十种，我国于1984年制定了"机械零件分类编码系统（JLBM-1系统）"，它是在分析德国奥匹兹系统和日本KK系统的基础上根据我国机械产品的情况制定的。该系统由名称类别矩阵、形状及加工码、辅助码三部分共15个码位组成（图3-19）。其中第一、第二位码位为名称类别矩阵；第三至第九码位为形状及加工码；第十、第十一、第十二码位分别为材料、毛坯原始形状和热处理；第十三和第十四码位为主要尺寸；第十五码位为精度。其编码示例如图3-20所示。

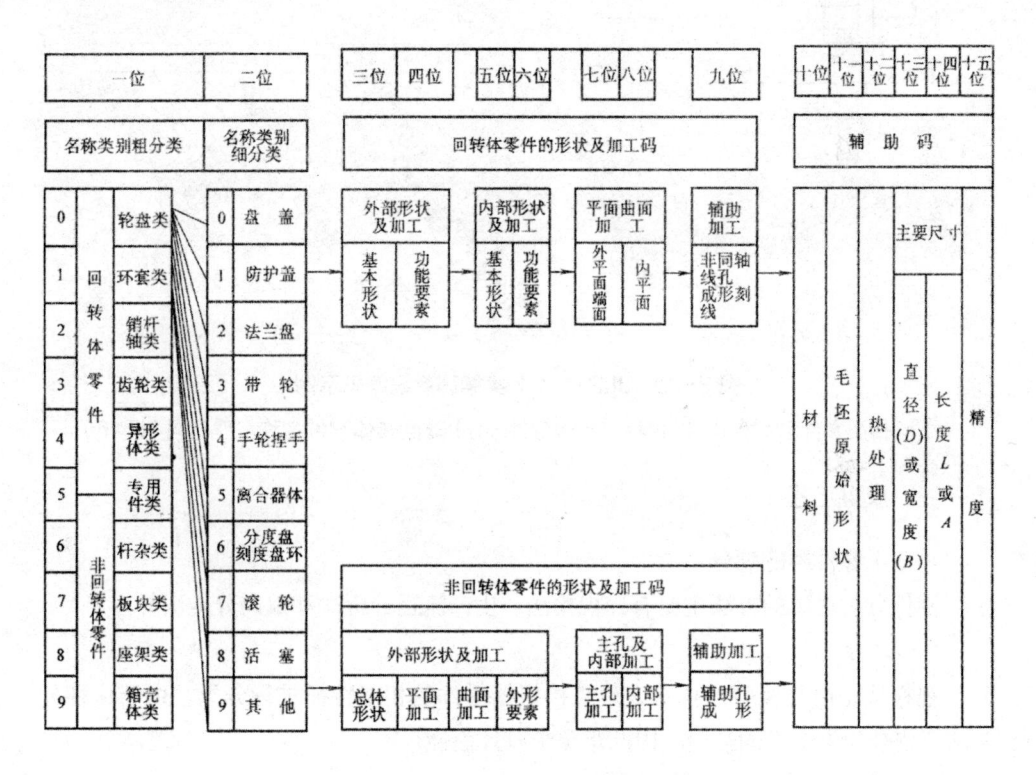

图3-19 JLBM-1分类编码系统

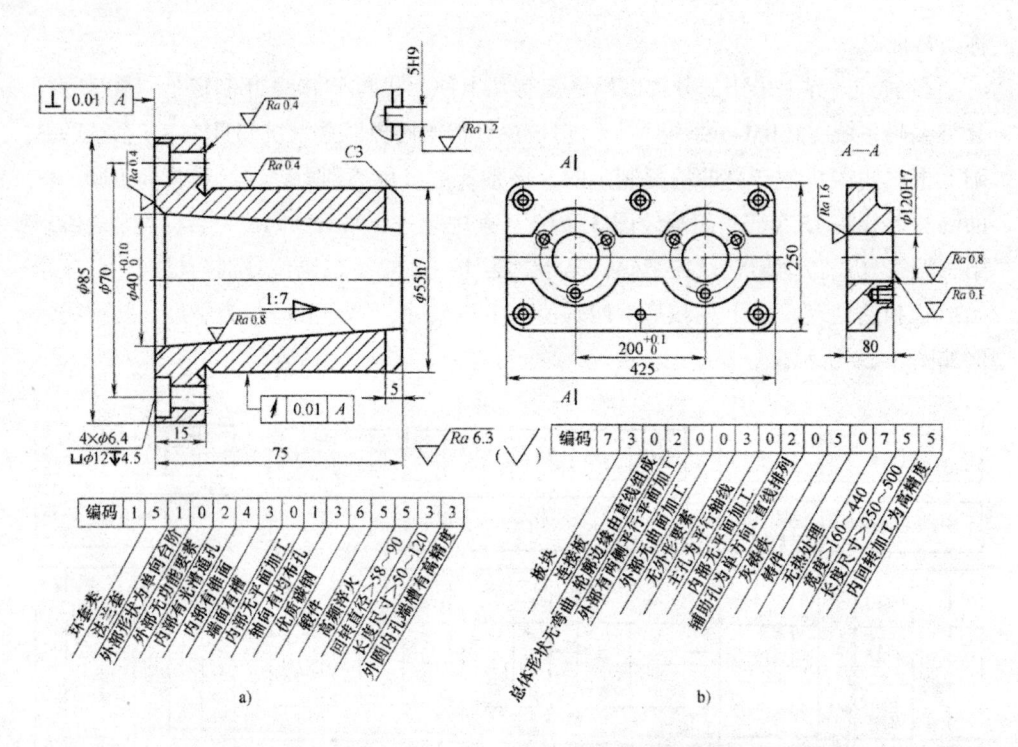

图 3-20　JLBM-1 分类编码系统编码示例

a）回转类零件名称：锥套材料：45 钢锻件　b）非回转体零件名称：座材料 HT150

三、成组工艺

（一）零件组的划分

零件分类成组的方法主要有：视检法、生产流程分析法和编码分类法等。

1. 视检法

视检法是由有经验的技术人员直接根据零件的相似特征进行分类。由于这种分类法要完全凭借个人的经验，因此难免带有片面性。

2. 生产流程分析法

直接按零件的加工工艺分类，把加工工艺相同的零件划在同一组中。这时，主要考虑零件制造过程的相似性，而不拘泥于零件结构的相似性。例如，图 3-21 所示的一组零件，从设计角度看似乎没有共同之处，但从工艺角度看，这几个零件都是铸件，都要加工一个垂直于端面的中孔，使用相同的机床，可以归属于同一零件加工组。

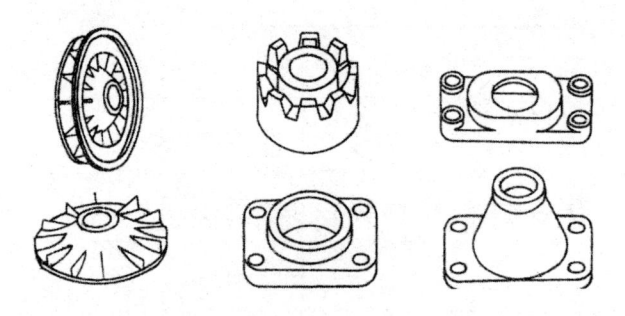

图 3-21 一组外形不同而工艺相似的零件

生产流程分析法划分零件组时只需要零件的工艺信息，按工艺过程和使用设备的相似程度对零件进行分组。具体步骤如下。

（1）整理零件清单、每种零件的工艺路线及其所用设备清单。

（2）将零件按工艺过程类别分组，将工序（主要的）类型、数目和顺序上完全一致的放在一起，称为基本组。

（3）将基本组合并成零件组或生产单元。并组的原则是尽量减少跨组加工的零件，即保证在生产单元内能完成进入该单元的零件的全部或大部分工序。

（4）调整机床负荷。根据工厂生产纲领和零件工时定额，计算出生产单元中各机床的负荷率，然后进行负荷平衡。通过在各生产单元间调整部分零件的办法调整负荷率，使各生产单元的负荷大致相等，并尽量使每一单元内的设备负荷达到平衡。

3. 编码分类法

根据零件编码划分零件组的方法主要有：特征码位法、码域法和特征位码域法。

（1）特征码位法。

在零件编码时，凡规定码位的码值相同者归属于一组，称为特征码位法。例如在图 3-22 中，若选 1、2、6、7、14、15 码位为特征码位编码时，只要这几个码位的码值相同就归为一组。其他码位可为全码域任一码值。

例如：0424730631897 14
零件 043583023155814 可分为一组
043693083215614

图 3-22 特征码位法分类

（2）码域法。

对码位的码值规定一个码域（范围），当零件的码位值均在规定的码域内则可归为一组，称为码域法。在图 3-23 中，码位 1 选定码域为 2，其码值为 1 和 2；码位 2 选定码域为 4，其码值为 0~3；以此类推。未作特别规定的码位为全码域。只要零件的编码属于上述码域，就可归属于一组。

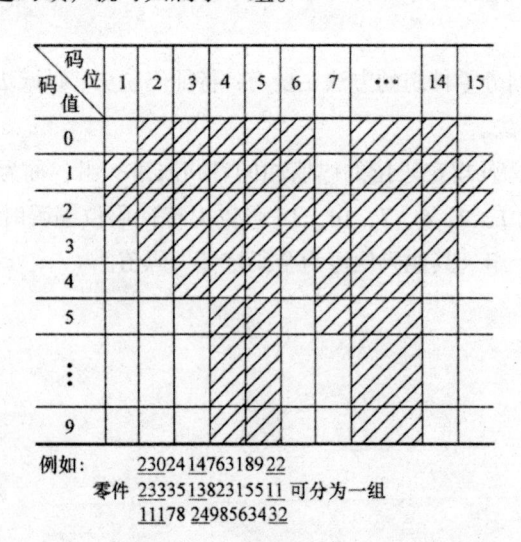

例如：23024147631 89 22
零件 233351382315511 可分为一组
11178 2498563432

图 3-23 码域法分类

（3）特征位码域法。

特征位码域法是前述两种方法的结合。如图3-24所示，其中码位3、5为特征码位，其余码位有的规定了码域，有的仍为全码域。这种分类法既考虑了零件分类的主要特征，也放宽了对零件相似性的要求。

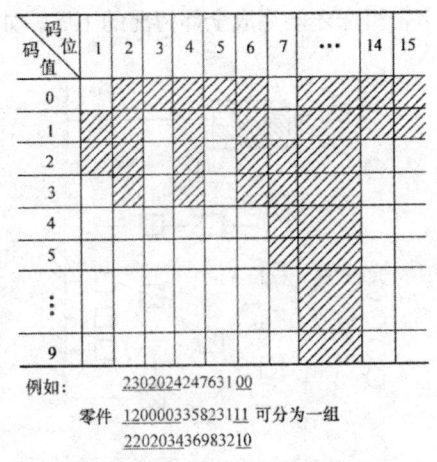

图 3-24 特征位码域法分类

（二）设计主样件和制定典型工艺

在零件划分为组（族）以后，每组选定一个能包括该组全部结构要素的零件作为主样件（多半是假想件，或称虚拟零件），并对其编制工艺规程。如图3-25所示，主样件的工艺规程适用于组内所有零件。

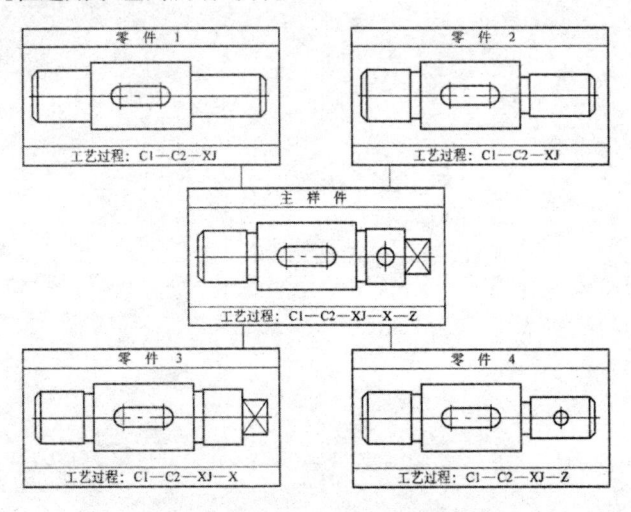

图 3-25 样件法工艺过程举例

C1：车一端外圆、端面、倒角；C2：调头车另一端外圆、端面、倒角；
XJ：铣键槽；X：铣平面；Z：钻径向孔

（三）成组工艺的生产组织形式

1. 成组单机一台可完成或基本完成组内所有零件加工的机床。它可以是独立的成组加工机床或成组加工柔性制造单元，如图 3-26a）所示。

2. 成组加工机床和普通机床混合生产线主要用于零件的相似程度较小，且其中有较复杂的零件，需要多台机床才能完成全部情况的工序，如图 3-26b）所示。

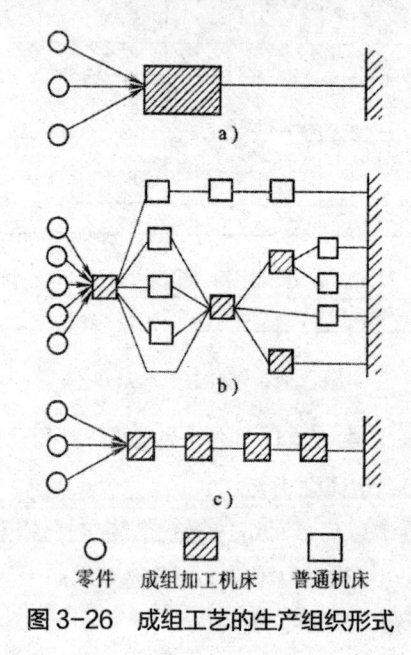

图 3-26 成组工艺的生产组织形式

第四章
机器装配工艺过程研究

任何机器都是由许多零件装配而成的。装配是机器制造中的最后一个阶段，它包括装配、调整、检验、试验等工作。机器的质量最终是通过装配保证的，装配质量在很大程度上决定了机器的最终质量。另外，通过机器的装配过程，可以发现机器设计和零件加工质量等方面存在的问题，并加以改进，以保证机器的质量。本章对机器装配工艺过程进行了研究。

第一节 机器装配概述

目前，在许多工厂中，装配的主要工作是靠手工劳动完成。所以，选择合适的装配方法，制定合理的装配工艺规程，不仅是保证机器装配质量的手段，也是提高产品生产效率、降低制造成本的有力措施。

一、机器装配的基本概念

任何机器都是由零件、套件、组件、部件等组成的。为保证有效地进行装配工作，通常将机器划分为若干能进行独立装配的部分，称为装配单元。零件是组成机器的最小单元，它由整块金属或其他材料制成。零件一般都预先装成套件、组件、部件后才安装到机器上，直接装入机器的零件并不太多。套件是在一个基准零件上装上一个或若干个零件构成的。它是最小的装配单元。如装配式齿轮（图4-1），由于制造工艺的原因，分成两个零件，在基准零件1上套装齿轮3并用铆钉2固定，以此进行的装配工作称为套装。

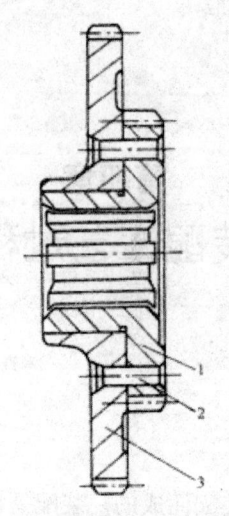

图 4-1 套件——装配式齿轮

组件是在一个基准零件上装上若干套件及零件而构成的。如机床主轴箱中的主轴,在基准轴件上装上齿轮、套、垫片、键及轴承的组合件称为组件。为此而进行的装配工作称为组装。

部件是在一个基准零件上装上若干组件、套件和零件构成的。部件在机器中能完成一定的、完整的功用。把零件装配成为部件的过程,称为部装。如车床的主轴箱装配就是部装。主轴箱箱体为部装的基准零件。

在一个基准零件上装上若干部件、组件、套件和零件就成为整台机器,把零件和部件装配成最终产品的过程,称之为总装。例如,卧式车床就是以床身为基准零件,主轴箱、进给箱、溜板箱等部件及其他组件、套件、零件组成的。

二、装配工艺系统图

在装配工艺规程制定过程中,表明产品零、部件间相互装配关系及装配流程的示意图称为装配系统图。每一个零件用一个方格来表示,在表格上表明零件名称、编号及数量,如图 4-2 所示。这种方框不仅可以表示零件,也可以表示套件、组件和部件等装配单元。

名称	
编号	编号

图 4-2 装配单元的表示图

第四章 机器装配工艺过程研究

图 4-3 至图 4-6 分别表示套件、组件、部件和机器的装配工艺系统图。从图中可以看出，装配时由基准零件开始，沿水平线自左向右进行，一般将零件画在上方，套件、组件和部件画在下方，其排列顺序表示了装配的顺序。零件、套件、组件和部件的数量，由实际装配结构来确定。

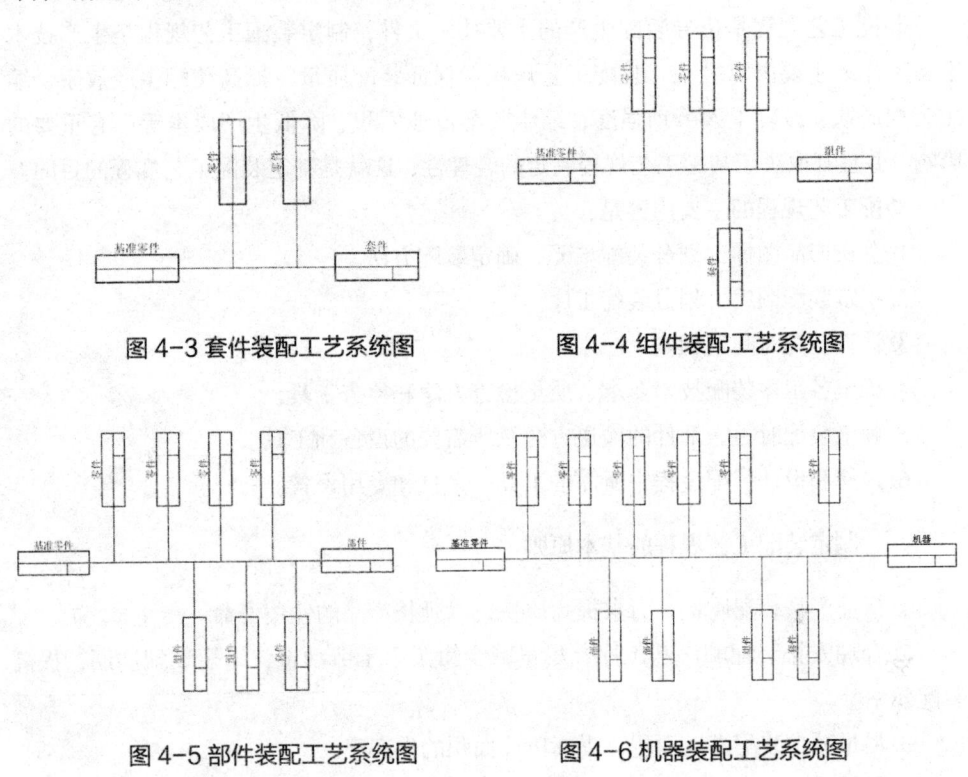

图 4-3 套件装配工艺系统图　　　　图 4-4 组件装配工艺系统图

图 4-5 部件装配工艺系统图　　　　图 4-6 机器装配工艺系统图

装配工艺系统图配合装配工艺规程在生产中具有一定的指导意义。它主要应用于大批量的生产中，以便指导组织平行流水装配，分析装配工艺问题，但在单件小批生产中很少使用。

105

第二节 装配工艺规程制定概述

装配工艺规程是指导装配生产的主要技术文件，制定装配工艺规程是生产技术准备工作的主要内容之一。装配工艺规程对保证装配质量、提高装配生产效率、缩短装配周期、减轻工人劳动强度、缩小装配占地面积、降低生产成本等都有重要的影响，并且都取决于装配工艺规程制定的合理性，这就是制定装配工艺规程的目的。

装配工艺规程的主要内容是：

1. 分析产品图样，划分装配单元，确定装配方法。
2. 拟定装配顺序，划分装配工序。
3. 计算装配时间定额。
4. 确定各工序装配技术要求、质量检查方法和检查工具。
5. 确定装配时零、部件的输送方法及所需要的设备和工具。
6. 选择和设计装配过程中所需的工具、夹具和专用设备。

一、制定装配工艺规程的基本原则

1. 保证产品装配质量，力求提高质量，以延长产品的使用寿命。
2. 合理安排装配顺序和工序，尽量减少钳工手工劳动量，缩短装配周期，提高装配效率。
3. 尽量减少装配占地面积，提高单位面积的生产率。
4. 尽量减少装配工作所占的成本。

二、制定装配工艺规程的原始资料

在制定装配工艺规程前，需要具备如下原始资料：

1. 产品的装配图及验收技术标准。产品的装配图应包括总装图和部件装配图，并能清楚地表示出：所有零件相互连接的结构视图和必要的剖视图；零件的编号；装配时应保证的尺寸；配合件的配合性质及公差等级；装配的技术要求；零件的明细表等。为了在装配时对某些零件进行补充机械加工和核算装配尺寸链，有时还需要某些零件图。产品的验收技术条件、检验内容和方法也是制定装配工艺规程的重要依据。

2. 产品的生产纲领。产品的生产纲领就是其年生产量。生产纲领决定了产品的生产类型。生产类型不同，致使装配的生产组织形式、工艺方法、工艺过程的划分、工艺装备的多少、手工劳动的比例均有很大不同。

大批量生产的产品应尽量选择专用的装配设备和工具，采用流水装配方法。现代装配生产中则大量采用机器人，组成自动装配线。对于成批生产、单件小批生产，则多采用固定装配方式，手工操作比重大。在现代柔性装配系统中，已开始采用机器人装配单件小批产品。

3. 生产条件。如果是在现有条件下来制定装配工艺规程时，应了解现有工厂的装配工艺设备、工人技术水平、装配车间面积等。如果是新建厂，则应适当选择先进的装备和工艺方法。

三、制定装配工艺规程的步骤

根据上述原则和原始资料，可以按下列步骤制定装配工艺规程。

（一）研究产品的装配图和验收技术条件

审核产品图样的完整性、正确性；分析产品的结构工艺性；审核产品装配的技术要求和验收标准；分析与计算产品的装配尺寸链。

（二）确定装配方法和组织形式

装配方法和组织形式主要取决于产品的结构特点（尺寸和重量等）和生产纲领，并应考虑现有的生产技术条件和设备。

装配组织形式主要分为固定式和移动式两种。固定式装配是指全部装配工作在一个固定的地点完成，多用于单件小批生产，或重量大、体积大的产品批量生产中；移动式装配是将产品按装配顺序从一个装配地点移动到下一个装配地点，分别完成一部分装配工作，各装配地点工作的总和就完成了产品的全部装配工作。根据移动的方式不同，又分为：连续移动、间歇移动和变节奏移动三种方式。这种装配组织形式常用于产品的大批大量生产中，以组成流水作业线和自动作业线。

（三）划分装配单元，确定装配顺序

将产品划分为套件、组件及部件等装配单元是制定工艺规程中最重要的一个步骤，这对大批大量生产结构复杂的产品尤为重要。无论是哪一级装配单元，都要选定某一零件或比它低一级的装配单元作为装配基准件。装配基准件通常应是产品的基体或主干零、部件。基准件应有较大的体积和重量，有足够的支承面，以满足陆续装入零、部件时的作业要求和稳定性要求。例如：

床身零件是床身组件的装配基准零件；

床身组件是床身部件的装配基准组件；

床身部件是机床产品的装配基准部件。

在划分装配单元，确定装配基准零件以后，即可安排装配顺序，并以装配系统图的形式表示出来。具体来说，一般是先难后易、先内后外、先下后上，预处理工序在前。

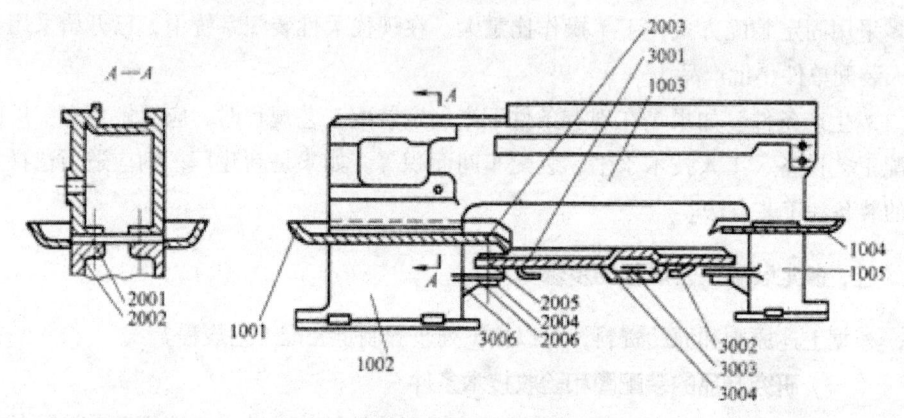

图 4-7 卧式车床床身装配简图

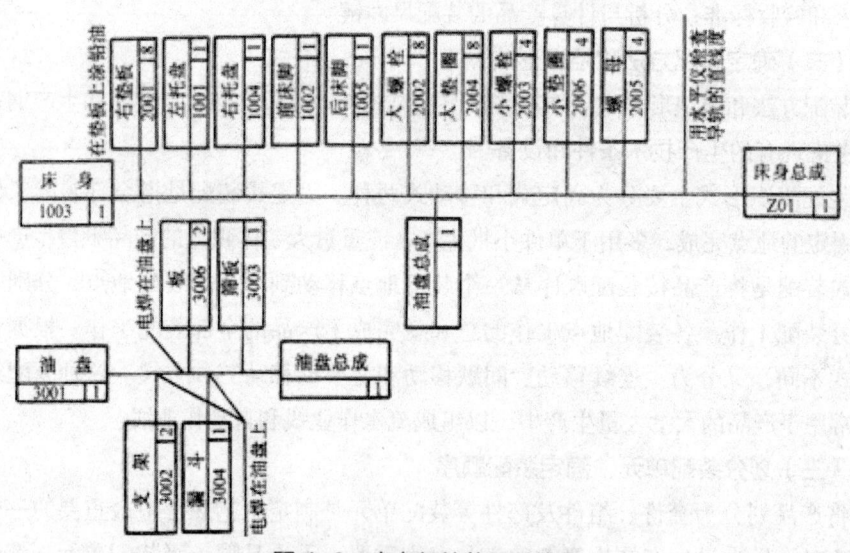

图 4-8 床身部件装配系统图

四、划分装配工序进行装配工序设计

装配顺序确定后，就可将装配工艺过程划分为若干工序，其主要工作如下。

1. 确定工序集中与分散的程度。
2. 划分装配工序，确定工序内容。

3. 确定各工序所需的设备和工具，如需专用夹具与设备，则应拟定设计任务书。

4. 制定各工序装配操作规范，如过盈配合的压入力、变温装配的装配温度以及紧固件的力矩等。

5. 制定各工序装配质量要求与检测方法。

6. 确定工序时间定额，平衡各工序节拍。

五、编制装配工艺文件

单件小批生产时，通常只绘制装配系统图。装配时，按产品装配图及装配系统图工作。成批生产时，通常还制定部件、总装的装配工艺卡，写明工序顺序，简要工序内容，设备名称，工夹具名称与编号，工人技术等级和时间定额等项。在大批量生产中，不仅要制定装配工艺卡，而且要制定装配工序卡，以直接指导工人进行产品装配。

此外，还应按产品图样要求，制订装配检验及试验卡片。

第三节 机器结构的装配工艺性探索

机器结构的装配工艺性和零件结构的机械加工工艺性一样，对机器的整个生产过程有较大的影响，也是评价机器设计的指标之一。机器结构的装配工艺性在一定程度上决定了装配过程周期的长短、耗费劳动量的大小、成本的高低，以及机器使用质量的优劣等。

机器结构的装配工艺性是指机器结构能保证装配过程中使相互连接的零部件不用或少用修配和机械加工，用较少的劳动量，花费较少的时间按产品的设计要求顺利地装配起来。根据机器的装配实践和装配工艺的需要对机器结构的装配工艺性提出下述基本要求。

一、机器结构应能分成独立的装配单元

为了最大限度地缩短机器的装配周期，有必要把机器分成若干独立的装配单元，以便使许多装配工作能同时进行，它是评定机器结构装配工艺性的重要标志之一。

所谓划分成独立的装配单元，就是要求机器结构能划分成独立的组件、部件等。首先按组件或部件分别进行装配，然后再进行总装配。如卧式车床是由主轴箱、进给箱、溜板箱、刀架、尾座和床身等部件组成的。当这些独立的部件装配完之后，

就可以在专门的试验台上检验或试车,待合格后再送去总装。各装配单元之间的装配及连接通常是很简单、很方便的装配过程。

把机器划分成独立装配单元,对装配过程有如下好处:

1.可以组织平行的装配作业,各单元装配互不妨碍,能缩短装配周期,或便于组织多厂协作生产。

2.机器的有关部件可以预先进行调整和试车,各部件以较完善的状态进入总装,这样既可保证总机的装配质量,又可以减少总装配的工作量。

3.机器局部结构改进后,只是整个机器局部变动,使机器改装起来方便,有利于产品的改进和更新换代。

4.有利于机器的维护检修,给重型机器的包装、运输带来很大方便。

另外,有些精密零部件,不能在使用现场进行装配,而只能在特殊(如高度洁净、恒温等)环境下进行装配及调整,然后以部件的形式进入总装配。例如,精密丝杠车床的丝杠就是在特殊环境下装配的,以便保证机器的精度。

图4-9a)所示的转塔车床,原先结构的装配工艺性较差,机床的快速行程轴的一端装在箱体5内,轴上装有一对圆锥滚子轴承和一个齿轮,轴的另一端装在拖板的操纵箱1内,这种结构装配起来很不方便。为此,将快速行程轴分拆成两个零件,如图4-9b)所示。一段为带螺纹的较长的光轴2,另一段为较短的阶梯轴4,两轴用联轴器3连接起来。这样,箱体、操纵箱便成为两个独立的装配单元,分别平行装配。而且由于长轴被分拆为两段,其机械加工也较前更容易了。

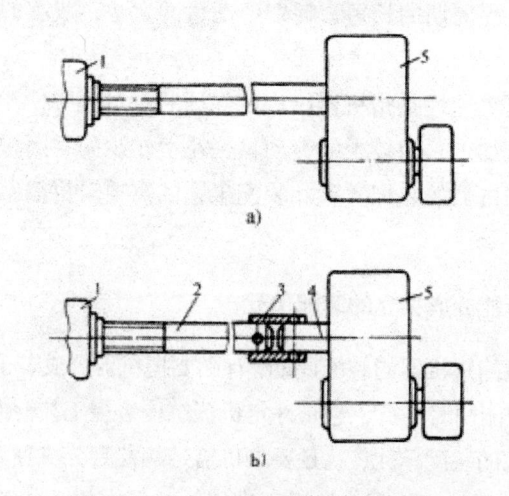

图4-9 转塔车床的两种结构比较

a)改进前结构 b)改进后结构

图 4-10 所示为轴的装配,当轴上齿轮直径大于箱体轴承孔时[图 4-10a)],轴上零件须依次在箱内装配。当齿轮直径小于轴承孔时[图 4-10b)],轴上零件可在组装成组件后,一次装入箱体内,从而简化装配过程,缩短装配周期。

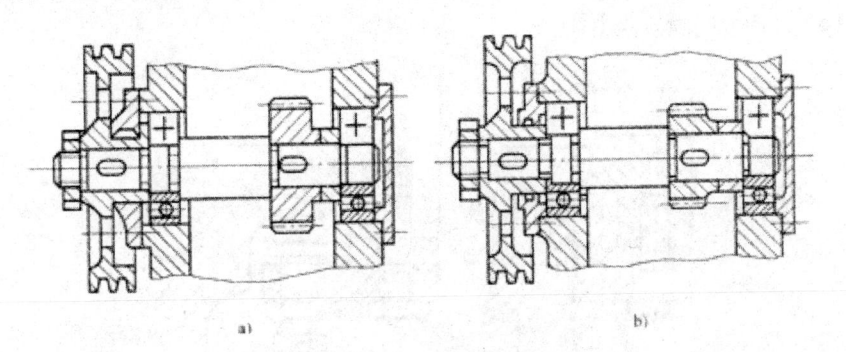

图 4-10 轴的装配的两种结构比较
a)改进前结构 b)改进后结构

二、减少装配时的修配和机械加工

多数机器在装配过程中,难免要对某些零部件进行修配,这些工作多数由手工操作,不仅技术要求高,而且难以事先确定工作量。因此,对装配过程有较大的影响。在机器结构设计时,应尽量减少装配时的修配工作量。为了在装配时尽量减少修配工作量,首先要尽量减少不必要的配合面。因为配合面过大、过多,零件机械加工就困难,装配时修刮量也必然增加。

图 4-11 所示为车床主轴箱与床身的不同装配结构形式。主轴箱如采用图 4-11a)所示山形导轨定位,装配时,基准面修刮工作量很大,现采用图 4-11b)所示平导轨定位,则装配工艺得到明显的改善。

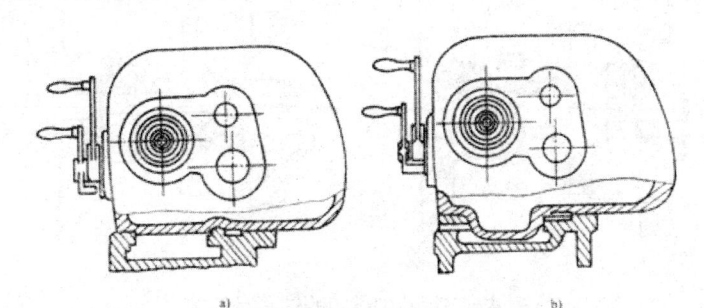

图 4-11 主轴箱与床身的不同装配结构形式
a)改进前结构 b)改进后结构

111

在机器结构设计上，采用调整装配法代替修配法，可以从根本上减少修配工作量。图 4-12a）所示为车床溜板和床身导轨后压板改进前的结构，其间的间隙是靠修配法来保证的。图 4-12b 所示结构是以调整法来代替修配法，以保证溜板压板与床身导轨间具有合理的间隙。

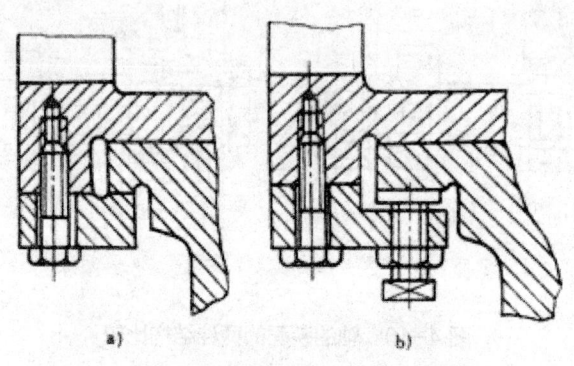

图 4-12 车床溜板后压板的两种结构
a）改进前结构　b）改进后结构

机器装配时要尽量减少机械加工，否则不仅影响装配工作的连续性，延长装配周期，而且还会在装配车间增加机械加工设备。这些设备既占面积，又使装配工作变得杂乱。此外，机械加工所产生的切削如果清除不净而残留在装配的机器中，极易增加机器的磨损，甚至产生严重的事故而损坏整个机器。

图 4-13 所示是两种不同的轴润滑结构，图 4-13a）所示结构需要在轴套装配后，在箱体上配钻油孔，使装配产生机械加工工作量。图 4-13b）所示结构改在轴套上预先加工好油孔，便可消除装配时的机械加工工作量。

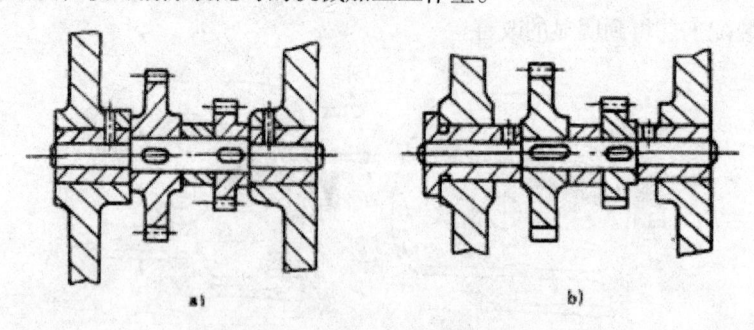

图 4-13 两种不同的轴润滑结构
a）改进前结构　b）改进后结构

第四节　保证装配精度的装配方法

机械产品的精度要求，最终是靠装配实现的。用合理的装配方法来达到规定的装配精度，以实现用较低的零件精度达到较高的装配精度，用最少的装配劳动量来达到较高的装配精度，即合理地选择装配方法，这是装配工艺的核心问题。

根据产品的性能要求、结构特点、生产形式和生产条件等，可采取不同的装配方法。保证产品装配精度的方法有：互换装配法、选择装配法、修配装配法和调整装配法。

一、互换装配法

互换装配法是在装配过程中，零件互换后仍能达到装配精度要求的装配方法。产品采用互换装配法时，装配精度主要取决于零件的加工精度，装配时不经任何调整和修配，就可以达到装配精度。互换装配法的实质就是用控制零件的加工误差来保证产品的装配精度。

根据零件的互换程度不同，互换装配法又可分为完全互换装配法和大数互换装配法。

（一）完全互换装配法

在全部产品中，装配时各组成环不需挑选或改变其大小或位置，装配后即能达到装配精度要求，这种装配方法称为完全互换装配法。

采用完全互换装配法时，装配尺寸链采用极值公差公式计算（与工艺尺寸链计算公式相同）。为保证装配精度要求，尺寸链各组成环公差之和应小于或等于封闭环公差（即装配精度要求），即

$$T_{01} \geq \sum_{i=1}^{m} |\xi_i| T_i \qquad (4-1)$$

对于直线尺寸链，$|\xi_i| = 1$，则

$$T_{01} \geq \sum_{i=1}^{m} T_i = T_1 + T_2 + \cdots + T_m \qquad (4-2)$$

式中 T_{01}——封闭环极值公差；

T_i——第 i 个组成环公差；

ξ_i——第 i 个组成环传递系数；
m——组成环环数。

在进行装配尺寸链反计算时，即已知封闭环（装配精度）的公差%，分配有关零件（各组成环）公差时，可按"等公差"原则（$T_1 = T_2 = \cdots = T_m = T_{av1}$）先确定它们的平均极值公差$T_{av1}$，则

$$T_{av1} = \frac{T_0}{\sum_{i=1}^{m}|\xi_i|}$$

（4-3）

对于直线尺寸链，$|\xi_i| = 1$，则

$$T_{av1} = \frac{T_0}{m}$$

（4-4）

然后根据各组成环尺寸大小和加工的难易程度，对各组成环的公差进行适当调整。在调整时可参照下列原则：

1. 组成环是标准件尺寸（如轴承或弹性挡圈厚度等）时，其公差值及其分布在相应标准中已有规定，应为确定值。

2. 组成环是几个尺寸链的公共环时，其公差值及其分布由其中要求最严的尺寸链先行确定，对其余尺寸链则应成为确定值。

3. 尺寸相近、加工方法相同的组成环，其公差值相等。

4. 难加工或难测量的组成环，其公差可取较大数值。易加工、易测量的组成环，其公差取较小数值。

在确定各组成环极限偏差时，对属于外尺寸（如轴）的组成环和属于内尺寸（如孔）的组成环，按偏差入体标注决定其公差分布，孔中心距的尺寸极限偏差按对称分布选取。

显然，当各组成环都按上述原则确定其公差时，按式（4-2）计算公差累积值常不符合封闭环的要求。因此，常选一个组成环，其公差与分布须经计算后最后确定，以便与其他组成环相协调，最后满足封闭环的精度要求。这个事先选定的在尺寸链中起协调作用的组成环，称为协调环。不能选取标准件或公共环为协调环，因为其公差和极限偏差已是确定值。可选取易加工的零件为协调环，而将难加工零件的尺寸公差从宽选取；也可选取难加工零件为协调环，而将易于加工的零件的尺寸公差从严选取。

解算完全互换装配法的装配尺寸链的基本公式和计算方法与第二章工艺尺寸链的公式和方法相同，这里不再介绍。

这种装配方法的特点是：装配质量稳定可靠；装配过程简单；生产效率高；易于实现装配机械化、自动化；便于组织流水作业和零部件的协作与专业化生产；有利于产品的维护和零部件的更换。但是，当装配精度要求较高，尤其是组成环数目较多时，零件难以按经济精度加工。

这种装配方法常用于高精度的少环尺寸链或低精度的多环尺寸链的大批大量生产装配中。

（二）大数互换装配法

完全互换装配法的装配过程虽然简单，但它是根据极大、极小的极端情况来建立封闭环与组成环的关系式，在封闭环为既定值时，各组成环所获公差过于严格，常使零件加工过程产生困难。由数理统计基本原理可知：首先，在一个稳定的工艺系统中进行大批量加工时，零件加工误差出现极值的可能性很小。其次，在装配时，各零件的误差同时为极大、极小的"极值组合"的可能性更小。在组成环环数多，各环公差较大的情况下，装配时零件出现"极值组合"的机会就更加微小，实际上可以忽视不计。这样，完全互换装配法用严格零件加工精度的代价换取装配时不发生或极少出现的极端情况，显然是不科学、不经济的。

在绝大多数产品中，装配时各组成环不须挑选或改变其大小或位置，装配后即能达到装配精度的要求，但少数产品有出现废品的可能性，这种装配方法称为大数互换装配法（或部分互换装配法）。

采用大数互换装配法装配时，装配尺寸链采用统计公差公式计算。

在直线尺寸链中，各组成环通常是相互独立的随机变量，而封闭环又是各组成环的代数和。根据概率论原理可知，各独立随机变量（组成环）的均方根偏差 σ_i 与这些随机变量之和（封闭环）的均方根偏差 σ_0 的关系可表示为：

$$\sigma_0 = \sqrt{\sum_{i=1}^{m} \sigma_i^2}$$

当尺寸链各组成环均为正态分布时，其封闭环也属于正态分布。此时，各组成环的尺寸误差分散范围 w_i 与其均方根偏差 σ_0 的关系为：

$$w_i = 6\sigma_i \quad \text{即} \quad \sigma_i = \frac{1}{6} w_i$$

当误差分散范围等于公差值，即 $w_i = T_i$ 时，有：

$$T_0 = \sqrt{\sum_{i=1}^{m} T_i^2} \qquad (4\text{-}5)$$

若尺寸链为非直线尺寸链，且各组成环的尺寸分布为非正态分布时，上式适用范围可扩大为一般情况，但须引入传递系数 ξ_i 和相对分布系数 k_i，若 $A_0 = f(A_1、A_2 \cdots A_m)$，则

$$\xi_i = \frac{\partial f}{\partial A_i}$$

$$k_i = \frac{6\sigma_i}{w_i} \text{ 即 } \sigma_i = \frac{1}{6} k_i w_i$$

因此封闭环的统计公差与各组成环公差正的关系为：

$$T_{0s} = \frac{1}{k_0} \sqrt{\sum_{i=1}^{m} \xi_i^2 k_i^2 T_i^2} \qquad (4\text{-}6)$$

式中 k_0——封闭环的相对分布系数；

k_i——第 i 个组成环的相对分布系数。

对于直线尺寸链，$|\xi_i| = 1$，则

$$T_{0s} = \frac{1}{k_0} \sqrt{\sum_{i=1}^{m} k_i^2 T_i^2} \qquad (4\text{-}7)$$

如取各组成环公差相等，则组成环平均统计公差为：

$$T_{avs} = \frac{k_0 T_0}{\sqrt{\sum_{i=1}^{m} \xi_i^2 k_i^2}} \qquad (4\text{-}8)$$

对于直线尺寸链，$|\xi_i| = 1$，则

$$T_{avs} = \frac{k_0 T_0}{\sqrt{\sum_{i=1}^{m} k_i^2}} \qquad (4\text{-}9)$$

上述式中，k_0 也表示大数互换装配法的置信水平 P。当组成环尺寸呈正态分布时，封闭环亦属正态分布，此时相对分布系数 $k_0 = 1$，置信水平 P=99.73%，产品装配后不合格率为 0.27%。在某些生产条件下，要求适当放大组成环公差或组成环为非正

态分布时，置信水平 P 则降低，装配产品不合格率则大于 0.27%，P 与尼 k_0 的对应表见表 4-1 所示。

表 4-1　P 与 k_0 的对应关系

置信水平 P（%）	99.73	99.5	99	98	95	90
封闭环相对分布系数	1	1.06	1.16	1.29	1.52	1.82

组成环尺寸为不同分布形式时，对应不同的相对分布系数 k 和不对称系数 e 见表 4-2。

表 4-2　不同分布形式的 e、k 值

分布特征	正态分布	三角分布	均匀分布	瑞利分布	偏态分布 外尺寸	偏态分布 内尺寸
分布曲线						
e	0	0	0	0.28	0.26	0.26
k	1	1.22	1.73	1.14	1.17	1.17

当各组成环具有相同的非正态分布，且各组成环分布范围相差又不太大时，只要组成环数不太小（m ≥ 5），封闭环亦趋近正态分布，此时，$k_0 = 1$，$k_i = k$，封闭环当量公差 T_{0e} 为统计公差 T_{0s} 的近似值，于是有下列公式：

$$T_{0e} = k\sqrt{\sum_{i=1}^{m} \xi_i^2 T_i^2} \qquad (4\text{-}10)$$

此时各组成环平均当量公差：

$$T_{ave} = \frac{T_0}{k\sqrt{\sum_{i=1}^{m} \xi_i^2}} \qquad (4\text{-}11)$$

对于直线尺寸链，$|\xi_i| = 1$，则

$$T_{0e} = k\sqrt{\sum_{i=1}^{m} T_i^2} \qquad (4\text{-}12)$$

$$T_{ave} = \frac{T_0}{k\sqrt{m}} \tag{4-13}$$

当各组成环在其公差内呈正态分布时，封闭环也呈正态分布时，$k_0 = k_i = 1$，则封闭环平方公差如下：

$$T_{0q} = k\sqrt{\sum_{i=1}^{m} \xi_i^2 T_i^2} \tag{4-14}$$

各组成环平均平方公差为：

$$T_{avq} = \frac{T_0}{\sqrt{\sum_{i=1}^{m} \xi_i^2}} \tag{4-15}$$

对于直线尺寸链，$|\xi_i| = 1$，则

$$T_{0q} = \sqrt{\sum_{i=1}^{m} T_i^2} \tag{4-16}$$

$$T_{avq} = \frac{T_0}{\sqrt{m}} \tag{4-17}$$

这种装配方法的特点是：零件规定的公差比完全互换装配法所规定的公差大，有利于零件的经济加工，装配过程与完全互换装配法一样简单、方便。但在装配时，应采取适当工艺措施，以便排除个别产品因超出公差而产生废品的可能性。这种装配方法适用于大批大量生产，组成环较多、装配精度要求又较高的场合。

二、选择装配法

选择装配法是将尺寸链中组成环的公差放大到经济可行的程度，然后选择合适的零件进行装配，以保证装配精度的要求。选择装配法有三种不同的形式：直接选配法、分组装配法和复合选配法。

（一）直接选配法

在装配时，工人从许多待装配的零件中，直接选择合适的零件进行装配，以保证装配精度的要求。这种装配方法的优点是能达到很高的装配精度。其缺点是装配时，工人是凭经验和必要的判断性测量来选择零件。所以，装配时间不易准确控制，装配精度在很大程度上取决于工人的技术水平。这种装配方法不宜用于生产节拍要

求较严的大批大量流水作业中。

另外，采用直接选配法装配，一批零件严格按同一精度要求装配时，最后可能出现无法满足要求的"剩余零件"，当各零件加工误差分布规律不同时，"剩余零件"可能更多。

（二）分组装配法

当封闭环精度要求很高时，采用完全互换装配法或大数互换装配法解尺寸链，组成环公差非常小，加工十分困难而又不经济。这时，在加工零件时，常将各组成环的公差相对完全互换装配法所求数值放大数倍，使其尺寸能按经济精度加工，再按实际测量尺寸将零件分为数组，按对应组分别进行装配，以达到装配精度的要求。由于同组内的零件可以互换，故这种方法又称为分组互换法。

在大批量生产中，对于组成环环数少而装配精度要求高的部件，常采用分组装配法。例如，滚动轴承的装配、发动机汽缸活塞环的装配、活塞与活塞销的装配、精密机床中某些精密部件的装配等。

（三）复合选配法

复合选配法是分组装配法与直接选配法的复合，即零件加工后先检测分组，装配时，在各对应组内经工人进行适当的选配。这种装配方法的特点是配合件公差可以不等，装配速度较快、质量高，能满足一定生产节拍的要求。如发动机气缸与活塞的装配多采用此种方法。上述几种装配方法，无论是完全互换装配法、大数互换装配法还是分组装配法，其特点都是零件能够互换，这一点对于大批量生产的装配来说，是非常重要的。

选择装配法常用于装配精度要求高而组成环数较少的成批或大批量生产中。

三、修配装配法

在成批生产或单件小批生产中，当装配精度要求较高、组成环数目又较多时，若按互换法装配，对组成环的公差要求过严，从而造成加工困难。而采用分组装配法又因生产零件数量少、种类多而难以分组。这时，常采用修配装配法来保证装配精度的要求。

修配装配法是将尺寸链中各组成环按经济加工精度制造。装配时，通过改变尺寸链中某一预先确定的组成环尺寸的方法来保证装配精度。装配时，进行修配的零件称为修配件，该组成环称为修配环。由于这一组成环的修配是为补偿其他组成环的累积误差以保证装配精度，故又称为补偿环。

采用修配装配法装配时应正确选择补偿环。补偿环一般应满足如下要求。

1.便于装拆,零件形状比较简单,易于修配。如果采用刮研修配时,刮研面积要小。

2.不应为公共环,即该件只与一项装配精度有关,而与其他装配精度无关,否则修配后,虽然保证了一个尺寸链的要求,却又难以满足另一尺寸链的要求。

采用修配装配法装配时,补偿环被去除材料的厚度称为补偿量(或修配量)(F)。

设用完全互换装配法计算的各组成环公差分别为 T_1', T_2', …, T_m',则有:

$$T_{01}' = \sum_{i=1}^{m} |\xi i| T_i' = T_0$$

现采用修配装配法装配,将各组成环公差在上述基础上放大为 T_1', T_2', …, T_m',则:

$$T_{01} = \sum_{i=1}^{m} |\xi i| T_i \ (T_i > T_i')$$

显然,$T_{01} > T_{01}'$,此时最大补偿量是:

$$F_{\max} = T_{01} - T_{01}' = \sum_{i=1}^{m} |\xi i| T_i - \sum_{i=1}^{m} |\xi i| T_i'$$
$$= T_{01} - T_0$$

实际生产中,通过修配来达到装配精度的方法很多,但最常见的方法有如下三种。

1.单件修配法。是在多环装配尺寸链中,选定某一固定的零件作修配件(补偿环),装配时用去除金属层的方法改变其尺寸,以满足装配精度的要求。

2.合并加工修配法。这种方法是将两个或更多的零件合并在一起,再进行加工修配,合并后的尺寸可看作一个组成环,这样就减少了装配尺寸链组成环的数目,并可以相应减少修配的劳动量。合并加工修配法由于零件合并后再加工和装配,给组织装配生产带来很多不便,因此这种方法多用于单件小批量生产中。

3.自身加工修配法。在机床制造中,有些装配精度要求较高,若单纯依靠限制各零件的加工误差来保证,势必要求各零件有很高的加工精度,甚至无法加工,而且不易选择适当的修配件。此时,在机床总装时,用机床加工自己的方法来保证机床的装配精度,这种修配法称为自身加工修配法。例如,在牛头刨床总装后,用自刨的方法加工工作台表面,这样就可以较容易地保证滑枕运动方向与工作台面平行度的要求。

四、调整装配法

对于精度要求高而组成环又较多的产品或部件,在不能采用互换装配法装配时,除了可用修配装配法外,还可以采用调整装配法来保证装配精度。

在装配时,用改变产品中可调整零件的相对位置或选用合适的调整件以达到装配精度的方法称为调整装配法。

调整装配法与修配装配法的实质相同,即各零件公差仍按经济精度的原则来确定,并且仍选择一个组成环为调整环(此环的零件称为调整件),但在改变补偿环尺寸的方法上有所不同:修配装配法采用机械加工的方法去除补偿环零件上的金属层;调整装配法采用改变补偿环零件的位置或更换新的补偿环零件的方法来满足装配精度要求。两者的目的都是补偿由于各组成环公差扩大后所产生的累积误差,以最终满足封闭环的要求。最常见的调整方法有固定调整法、可动调整法和误差抵消调整法三种。

(一)固定调整法

在装配尺寸链中,选择某一零件为调整件,根据各组成环形成累积误差的大小来更换不同尺寸的调整件,以保证装配精度要求,这种方法即为固定调整法。常用的调整件有轴套、垫片、垫圈等。

(二)可动调整法

采用改变调整件的相对位置来保证装配精度的方法称为可动调整法。在机械产品的装配中,采用零件可动调整的方法有很多。

可动调整法能按经济加工精度加工零件,而且装配方便,可以获得比较高的装配精度。在使用期间,可以通过调整件来补偿由于磨损、热变形所引起的误差,使之恢复原来的精度要求。它的缺点是增加了一定的零件数目以及要具备较高的调整技术。这种方法优点突出,因而使用较为广泛。

(三)误差抵消调整法

在产品或部件装配时,通过调整有关零件的相互位置,使其加工误差相互抵消一部分,以提高装配精度,这种方法称为误差抵消调整法。这种方法在机床装配时应用较多,如在装配机床主轴时,通过调整前后轴承的径向圆跳动方向来控制主轴的径向圆跳动;在滚齿机工作台分度涡轮装配中,采用调整二者偏心方向来抵消误差,最终提高了分度涡轮的装配精度。

第五节　机器装配的自动化研究

在机械制造业中，20%左右的工作量是装配工作，有些产品的装配工作量可达到70%左右。但装配又是在机械制造生产过程中采用手工劳动较多的工序。由于装配技术上的复杂性和多样性，导致装配过程不易实现自动化。近年来，在大批量生产中，加工过程自动化获得了较快的发展，大量零件在自动化高速生产出来以后，如果仍用手工装配，则劳动强度大，生产效率低，质量也不能保证，因此，迫切需要发展装配过程的自动化。

国外从20世纪50年代开始发展装配过程的自动化，20世纪60年代发展了数控装配机、自动装配线，20世纪70年代机器人已应用在装配过程中，近年来又研究应用了柔性装配系统等。今后的趋势是把装配自动化作业与仓库自动化系统等连接起来，以进一步提高机械制造的质量和劳动生产率。装配过程自动化包括零件的供给、装配对象的运送、装配作业、装配质量检测等环节的自动化。最初从零部件的输送流水线开始，逐渐实现某些生产批量较大的产品，如电动机、变压器、开关等的自动装配。现在，在汽车、武器、仪表等大型精密产品中已有应用。

一、自动装配机和装配机器人

自动装配机和装配机器人可用于如下各种形式的装配自动化。
1. 在机械加工中工艺成套件装配；
2. 被加工零件的组、部件装配；
3. 用于顺序焊接的零件拼装；
4. 成套部件的设备总装。

在装配过程中，自动装配机和装配机器人可完成以下形式的操作：零件传输、定位及其连接；用压装或由紧固螺钉、螺母使零件相互固定；装配尺寸控制，以及保证零件连接或固定的质量；输送组装完毕的部件或产品，并将其包装或堆垛在容器中等。

为完成装配工作，在自动装配机与装配机器人上必须装备相应的带工具和夹具的夹持装置，以保证所组装的零件相互位置的必要精度，实现单元组装和钳工操作的可能性，如装上—取下，拧出—拧入，压紧—松开，压入，铆接，磨光及其他必要的动作。

第四章 机器装配工艺过程研究

（一）自动装配机

产品的装配过程所包括的大量装配动作，人工操作时看起来容易实现，但如用机械化、自动化代替手工操作，则要求装配机具备高度准确和可靠的性能。因此，一般可从生产批量大、装配工艺过程简单、动作频繁或耗费体力大的零部件装配开始，在经济、合理的情况下，逐渐实现机械化、半自动化和自动化装配。

首先发展的是各种自动装配机，它配合部分机械化的流水线和辅助设备实现了局部自动化装配和全自动化装配。自动装配机因工件输送方式不同，可分为回转型和直进型两类；根据工序繁简不同，又可分为单工位、多工位结构。回转型装配机常用于装配零件数量少、外形尺寸小、装配节拍短或装配作业要求高的装配场合。至于基准零件尺寸较大，装配工位较多，尤其是装配过程中检测工序多，或手工装配和自动装配混合操作的多工序装配时，则以选择直进型装配机为宜。

（二）装配机器人

自动装配机配合部分手工操作和机械辅助设备，可以完成某些部件装配工作的要求。但是，在仪器仪表、汽车、手表、电动机、电子元件等生产批量大、要求装配相当精确的产品时，不仅要求装配机更加准确和精密，而且装配机应具有视觉和某些触觉传感机构，反应更灵敏，对物体的位置和形状具有一定的识别能力。这些功能一般自动装配机很难具备，而20世纪70年代发展起来的工业机器人则完全具备这些功能。

例如，在汽车总装配中，点焊和拧螺钉的工作量很大（一辆汽车有数百甚至上千个焊点），又由于采用传送带流水作业，如果由人来进行这些装配作业，就会紧张到连喘气的时间都没有。如果采用装配机器人，就可以轻松地完成这些装配任务。又如，国外研制的精密装配机器人定位精度可高达 0.02~0.05mm，这是装配工人很难达到的。装配间隙为 10μm 以下，深度达 30mm 的轴、孔配合，采用具有触觉反馈和柔性手腕的装配机器人，即使轴心位置有较大的偏离（可达5mm），也能自动补偿。准确装入零件，作业时间仅在 4s 以内。

二、装配自动线

相对于机械加工过程自动化而言，装配自动化在我国发展较晚。20世纪50年代末以来，在轴承、电动机、仪器仪表、手表等工业中逐步开始采用半自动和自动装配生产线。如球轴承自动装配生产线，可实现零件的自动分选、自动供料、自动装配、自动包装、自动输送等环节。

现代装配自动化的发展，使装配自动线与自动化立体仓库，以及后一工序的检验试验自动线连接起来，用以同时改进产品质量和提高生产率。美国福特汽车公司ESSEX发动机装配厂就采用这种先进的装配自动线生产3.8LV-6型发动机。该厂每日班产1300台V-6型发动机，这样每天有数百万零部件上线装配，这些零部件中难免有不合格或损坏的。为了在线妥善处理这一复杂的技术问题，采用了装配和试验装置计算机控制系统。该系统改进了设计、制造、试验等部门之间的联系，建立了计算机系统，以监视或控制各生产部门。在库存控制、生产计划、零件制造、装配和试验等环节采用计算机控制，形成管理信息系统，又采用多台可编程序控制器来自动控制生产线各机组，以保证其均衡生产。

PLC及智能装配机和试验机可进行在线数据采集并与主计算机联系，并对各装配过程和零部件的缺陷进行连续监视，最后做出"合格通过"或"不合格剔除"的判定。不合格产品的缺陷数据自动打印输出给修理站，修复后的零件或产品可以再度送入自动线。

为了适应产品批量和品种的变化，国外研制了柔性装配系统（FAS），这种现代化的自动装配线采用各种具有视觉、触觉和决策功能的多关节装配机器人及自动化的传送系统。它不仅可以保证装配质量和生产率，也可以适应产品种类和数量的变化。

第六节　机器的虚拟装配研究

随着计算机技术在制造业的应用和发展，把信息技术应用到机器装配过程中有了很大进展，形成了以虚拟装配为主的装配新技术。虚拟现实技术的应用为解决装配规划问题提供一种新的方法和手段，基于此技术的虚拟装配技术已经应用到机器装配过程之中，而且具有很好的发展前景。早在1995年，福特汽车公司已经把虚拟装配技术用于轿车的装配设计中，使设计改动减少了20%，新车的开发周期从36周缩短到24周，每年为公司节约2亿美元成本。由此可见，虚拟装配技术对产品的开发具有重大意义。

一、虚拟现实与虚拟装配

1. 虚拟现实。它是采用计算机、多媒体、网络技术等多种高科技手段来构造虚拟境界，通过视、听、触觉等作用于人，使之产生身临其境感的交互仿真场景，进而使参与者获得与现实世界相类似的感觉，是一种可以创造和体验虚拟世界的计算机系统。

第四章 机器装配工艺过程研究

2.虚拟制造。它是采用数字化技术对机械产品的设计、制造及其性能进行全面仿真的过程,是在计算机上进行设计与加工过程,是在实际物理样机的加工之前建立虚拟样机的过程。

虚拟制造虽然不是实际的制造过程,但却实现了实际制造的本质过程,是一种通过计算机虚拟模型来模拟和预估机器功能、性能、可加工性等方面可能存在的问题,提高人们的预测和决策水平,使制造走出主要依靠经验的狭小天地,发展到全方位预报的新阶段。

3.虚拟装配。它是无需产品或支撑过程的物理实现,只需通过在虚拟现实环境下,以零部件的三维实体模型为基础,通过虚拟的实体模型在计算机上仿真操作装配的全过程及其相关特性的分析,实现产品的装配规划和评价,生成指导实际装配现场的工艺文件。

由于机器需要成千上万零件装配在一起,其配合设计和可装配性方面是常常出现的错误,这些错误往往到装配时才能发现,导致零件报废和工期延误,造成企业的经济损失。

虚拟装配是虚拟现实在制造业中应用较早、较多的虚拟制造技术,在虚拟的装配环境中,用户根据需要能进行下述工作:装配工艺的规划与设计;在屏幕上实现零件到产品的预装配;装配过程的碰撞、干涉检查;可装配性评估;装配过程的优化分析;装配经济指标评价;装配可靠性评估等。

应用虚拟装配技术,可以从产品装配设计的角度出发,通过听觉、视觉、触觉的多模式虚拟环境,借助于虚拟现实的输入输出设备,设计者在虚拟环境中人机交互式地进行零件和产品的装配和拆卸操作,检验和评价产品的整体装配、拆卸和维护等装配性能,尽早发现设计上的错误,以保证制造的顺利进行。这样,在产品开发初期,采用虚拟装配技术,能为设计人员提供用于分析生产、装配和评价的虚拟样机,能及早发现和避免设计缺陷,提高设计质量,避免或减少物理样机的制造,有利于优化产品设计、缩短设计与制造的周期,对提高装配操作人员的培训速度、提高装配质量和效率、降低装配成本具有重要意义。

虚拟装配研究的主要内容是:虚拟装配环境的建立、虚拟装配关键技术和虚拟装配应用系统。

虚拟装配环境的建立是研究的基础和前提,一个良好的虚拟环境平台能使虚拟装配操作更加符合实际装配过程,虚拟装配结果对实际装配生产更具有指导意义。虚拟装配关键技术是研究的核心,只有解决虚拟装配过程中的各项关键技术,虚拟装配才能更加科学、更加适用。两者结合得是否合理,决定着虚拟装配应用系统是否成功和有实际意义。

二、虚拟装配类型

按照实现功能和目的的不同，虚拟装配可以分为如下三种类型。

（一）以产品设计为中心的虚拟装配

虚拟装配是在产品设计过程中，为了更好地进行与装配有关的设计决策，在虚拟环境下对计算机数据模型进行装配关系分析的一项计算机辅助设计技术。

结合面向装配设计（DFA）的理论和方法，从设计方案出发，在各种因素制约下寻求装配结构的最优化，由此拟定装配草图。以产品可装配性的全面改善为目的，通过模拟试装和定量分析，找出零部件结构设计中不适合装配或装配性能不好的结构特征，进行设计、修改，最终保证设计的产品具有良好的可装配性。

（二）以装配工艺规划为中心的虚拟装配

基于产品的装配工艺规划问题，利用产品信息模型和装配资源模型，采用计算机仿真和虚拟现实技术进行产品的装配工艺规划，从而获得可行且较优的装配工艺方案，以指导实际装配生产。

根据涉及范围和层次的不同，虚拟装配又分为装配总体规划和装配工艺规划。

装配总体规划主要包括市场需求、投资状况、生产规模、生产周期、资源分配、装配车间布置、装配生产线平衡等内容，是装配生产的纲领性文件。

装配工艺规划主要指具体装配作业与过程规划，主要包括装配顺序的规划、装配路径的规划、工艺路线的制定、操作空间的干涉验证、工艺卡和文档的生成等内容。

以工艺规划为中心的虚拟装配，以操作仿真的高逼真度为特色，主要体现在虚拟装配实施对象、操作过程以及所用的工装工具，均与生产实际情况高度吻合，因而可以生动、直观地反映产品装配的真实过程，使仿真结果具有高可信度。

（三）以虚拟原型为中心的虚拟装配

虚拟原型是利用计算机仿真系统在一定程度上实现产品的外形、功能和性能模拟，以产生与物理样机具有可比性的效果来检验和评价产品特性。

传统的虚拟装配系统都是以理想的刚性零件为基础，虚拟装配和虚拟原型技术的结合，可以有效分析零件制造和装配过程中的受力变形对产品装配性能的影响，为产品形状精度分析、公差优化设计提供可视化手段。

以虚拟原型为中心的虚拟装配主要的研究内容包括考虑切削力、变形和残余应力的零件制造过程建模、有限元分析与仿真、配合公差与零件变形以及计算结果可视化等方面。

三、虚拟装配环境的建立

虚拟装配环境是将人与计算机系统集成到一个环境之中，由计算机生成交互式三维视景仿真，借助多种传感设备，用户通过视、听、触觉、动感等直观的实时感知，利用人的自然技能对虚拟环境中的零件进行观察和操作，来完成虚拟装配过程。

根据使用的显示设备和产生沉浸感程度的不同，虚拟环境可分为如下四种，它们各有不同的特点，可广泛应用于不同的场合。

（一）桌面式虚拟装配环境

桌面式虚拟现实系统采用普通计算机或低端工作站的显示器屏幕作为观察虚拟场景的窗口，操作者佩戴立体眼镜来观察三维图像。这种方式成本比较低、使用简单、操作方便，在不太复杂的机械产品装配设计与规划中得到广泛应用。但由于显示设备仅是相对比较小的计算机屏幕，因此沉浸感比较差，没有充分体现虚拟现实技术的交互性和想象性，不便于人的装配经验和知识的发挥。

（二）头盔式虚拟装配环境

头盔式虚拟装配系统利用头盔显示器和数据手套等交互设备，把用户的视觉、听觉和其他感觉封闭起来，从而使用户真正成为系统的一个参与者，并让其产生比较强的沉浸感。

但是，由于现有虚拟现实硬件能力的不足，导致目前头盔式显示器存在约束感较强，分辨率偏低，长时间使用易引起疲劳等问题而限制了头盔式系统的广泛应用。

（三）洞穴式（CAVE）虚拟装配环境

洞穴式（CAVE）虚拟装配环境的主体是由显示屏包围而成的一种像小房子一样的空间，这个空间通常是边长大于 2m 的立方体。房间的每一面墙、天花板、地板均由大屏幕组成，高分辨率投影仪将图像投影到这些屏幕上，用户戴上立体眼镜便能看到立体图像。洞穴式（CAVE）虚拟装配环境实现了大视角、全景、立体且支持多人共享的一个虚拟环境，但其价格昂贵，要求更大的空间和更多的硬件设备，同时参与者仍被限制在一个有限的狭小空间内，不能大距离行走。

（四）可实现操作者自由行走的新型虚拟装配环境

以上三种虚拟装配系统存在的共同问题是操作人员或者被限制在原地不动，或者只能在有限的空间内行走，而现实世界中，人应该能够在更广阔的空间内活动，现有虚拟装配系统与之相比存在较大差距。特别是在大型复杂产品（如飞机、火箭、卫星等）的装配规划与训练中，这一问题更加突出，制约了虚拟装配技术的应用。

新型虚拟系统采用半透明的球形幕作为显示装置，操作者处于球体内部，自由行走要通过专门设计的全方位反行走机构完成。操作者的头部、手部与双脚分别装有 3D 位置跟踪器，反映其位置变化，计算机根据操作者的肢体动作产生不断变化的图像，并通过投影系统显示在球体表面，操作者通过佩戴立体眼镜、数据手套与虚拟环境交互。

四、虚拟装配的关键技术

作为新兴的研究领域，虚拟装配技术的发展与虚拟现实技术、计算机技术、人工智能技术、工艺设计技术等多学科紧密相关，它涉及的关键技术可分为三大类。

（一）虚拟环境下的装配建模技术

第一类关键技术主要包括仿真与可视化、装配建模、约束定位、碰撞检测、路径规划等，这类技术目前基本成熟，在工业生产中得到广泛应用。

1.CAD 系统和虚拟现实系统之间的数据转换技术。仿真与可视化、装配建模是虚拟装配的基础和信息来源，虚拟环境下的产品装配建模和 CAD 系统存在很大不同，由于虚拟现实软件建模能力的限制，CAD 系统仍是虚拟装配的主要建模手段，大多数虚拟装配系统需要将 CAD 系统中的相关信息转换到虚拟环境中，实现二者之间的集成。

2.基于几何约束的虚拟装配或拆卸过程仿真技术。虚拟装配过程中零件之间依靠几何约束进行精确定位，由于虚拟环境缺乏像现实环境中存在的各种物理约束和感知能力，零件是依靠几何约束相互装配到一起，工装工具操作仿真、零件自由度模拟、装配运动仿真都依赖于几何约束信息来实现。

3.基于虚拟现实的交互式装配规划技术。设计人员在虚拟环境中，根据经验知识，采用人机交互对产品的三维模型进行试装，规划零部件装配顺序，记录并分析装配路径、选择工装夹具并确定装配操作方法，最终得到经济、合理、实用的装配方案。

（二）基于虚拟现实的交互式装配工艺规划与评价决策技术

第二类关键技术包括质量分析、工装夹具设计、工艺规划、人机交互、评价决策等，这类技术目前只能说初步成熟，在工业生产中还未获得大量应用。

1.基于虚拟装配的装配工艺规划技术。根据经验、知识在虚拟装配环境中交互地对产品的三维模型进行试装/拆卸，规划零部件装配/拆卸顺序，记录并检查装配/拆卸路径，验证工装夹具的工作空间，并确定装配/拆卸操作方法，验证装配、拆卸方案，最终得到合理的装配工艺规划方案。

2.基于虚拟装配的评价决策技术。装配的评价决策主要包括可装配/拆卸性评价、装配结果评价，以及与装配相关的人机工程学分析等内容，其首要任务是零部件的可装配性评价，验证零部件设计的合理性。

采用虚拟装配规划技术可以大大缩短实际装配时间，减少实际装配过程中出现问题的数量和复杂工序的数量。

3. 基于网络的协同装配规划技术。随着产品复杂性的增加，单个企业不可能完成整个产品的开发任务，不同企业之间的协同和交互成为必然趋势。装配作为产品功能的最终实现，要求设计、分析、规划、验证等团队人员通过网络进行协同，大家共同完成装配规划。

（三）装配过程中人机因素分析技术

第三类技术主要包括装配知识与智能、人机功效分析、过程控制与优化、产品设计改进等方面，这类技术目前还不成熟，在工业实际中未获得应用。

基于知识与智能的装配规划技术。通过虚拟现实技术，从人工智能的角度提出基于知识的虚拟装配规划，虚拟环境中，设计者仅对复杂零件进行交互装配，简单零部件通过推理机自动规划，从而实现自动规划和交互规划相结合。

开发人员可以在产品开发阶段就对装配过程中涉及的人机因素进行分析，采用虚拟现实技术，定量评估人工装配中操作者的装配力与装配姿态，并分析装配所需的最大装配力，以及每个装配循环过程中的平均装配力，以避免装配工人肌体的重复性劳损。

五、虚拟装配应用系统的实现

（一）虚拟装配应用系统的体系结构

建立一个完整的虚拟现实系统是成功进行虚拟装配应用的关键。一个完整的虚拟装配系统需要有一套功能完备的虚拟现实应用开发平台，该平台一般包括两部分，一部分是硬件开发平台，即高性能图像生成及处理系统，通常为高性能的图形计算机或虚拟现实工作站；另一部分为软件开发平台，即面向应用对象的虚拟装配应用软件平台。

虚拟装配应用系统的体系结构一般具有三个环境模块和两个接口部分。

1. 虚拟装配应用系统软件平台的组成模块

（1）CAD 建模环境。零件及工装工具首先在 CAD 系统中设计完成，通过定义一系列配合约束关系，这些零件被组装在一起，得到产品的装配模型。该装配建模过程只考虑零件的装配位置和约束关系，装配顺序过程等细节暂不考虑。

（2）虚拟装配规划环境。建立基于几何约束的虚拟装配规划环境，用户根据经验和知识在该环境中进行交互式装配与拆卸，对装配顺序和路径进行规划、评价和优化，最后生成经济、合理、实用的装配方案。

（3）现场应用和示教环境。基于虚拟现实的装配过程仿真，提供了一种极好的培训手段，可以先在虚拟环境中进行装配任务培训，然后再进行产品的实际装配。

2.虚拟装配应用系统软件平台的接口

（1）CAD接口。CAD系统的设计模型装入虚拟环境后，一些有用的信息必须提取出来，包括零件的几何信息、拓扑信息以及装配约束信息等。

（2）虚拟装配（VA）接口。虚拟环境下，交互式规划得到产品的优化装配方案，相关的装配顺序、装配路径、工艺路线等过程信息应从虚拟环境中输出，输入培训和示教模块，一方面用来生成装配动画文件指导现场装配，另一方面生成装配工艺文件。

在虚拟装配应用系统中，常用的软件产品有CATIA、UG、Pro/E等，它们提供了对虚拟装配的支持。

（二）虚拟装配技术的实际应用

（1）装配仿真建模。产品研发部门提供产品、工装、工具等三维模型，根据产品配合信息，按照运动部件、固定部件简化模型，并转换为装配仿真软件可识别的轻量化格式文件，同时，提供厂房的二维布局图（包括地面、墙壁工具等障碍物的几何尺寸和位置）。

（2）装配序列设计。工艺人员将所需装配的零部件、工装、工具等轻量化格式文件导入装配仿真环境，以人机交互的方式，直观、快速地完成仿真环境中的模型映射和模型定位，构建一个与装配现场高度相似的虚拟装配场景。

（3）虚拟环境中装配语义识别。

（4）可装配性分析。以装配精度模型为基础，利用属性拓扑图进行装配公差传播方向和公差累积的分析计算，解决产品的可装配性分析。

（5）交互式装配顺序规划。

（6）人体位置分析。

（7）装配仿真。基于虚拟环境，以装配顺序为基础，对初始路径及其关键点位置、装夹工具的可达性、装配空间的可操作性进行仿真，检查各条装配路径上零件在装配过程中是否存在干涉情况。

（8）输出仿真结果。通过对仿真平台的二次开发，输出能够被CAPP系统直接读取的装配工艺设计文件。

第五章
机械加工工艺验证的研究

工艺验证是机械加工重要组成部分,通过试验小批量新产品,可以更好地对产品进行试验,以发现其优点与不足,更好地节约成本及控制产品质量。本章对机械加工的工艺验证进行了探究。

第一节 工艺验证概述

一、工艺验证的范围

凡需批量生产的新产品,在样机试制鉴定后批量生产前,均须通过小批试制进行工艺验证。

二、工艺验证的基本任务

通过小批试生产考核工艺文件和工艺装备的合理性和适应性,以保证今后批量生产中产品质量稳定、成本低廉,并符合安全和环境保护要求。

三、工艺验证的主要内容

1. 工艺关键件的工艺路线和工艺要求是否合理、可行。
2. 所选用的设备和工艺装备是否能满足工艺要求。
3. 检验手段是否满足要求。
4. 装配路线和装配方法能否保证产品精度。
5. 劳动安全和污染情况。

第二节 工艺验证的具体程序

一、制订验证实施计划

验证实施计划的内容应包括：主要验证项目、验证的技术、组织措施、时间安排、费用预算等。

二、验证前的准备

验证前各有关部门应按验证实施计划做好以下各项准备工作：
1. 生产部门负责下达验证计划。
2. 工艺部门负责提供验证所需的工艺文件和有关资料。
3. 工具部门提供所需的全部工艺装备。
4. 供应部门和生产部门应准备好全部材料和毛坯。
5. 检验部门应做好检查准备。
6. 生产车间应做好试生产准备。

三、实施验证

1. 验证时必须严格按工艺文件要求进行试生产。
2. 验证过程中，有关工艺和工装设计人员必须经常到生产现场进行跟踪考察，发现问题及时解决，并详细记录问题发生的原因和解决措施。
3. 验证过程中，工艺人员应认真听取生产操作者的合理化意见，对有助于改进工艺、工装的建议要积极采纳。

四、验证总结与鉴定

1. 验证总结。小批试制结束后，工艺部门应写出工艺验证总结，其内容包括：①产品型号和名称。②验证前生产工艺准备工作情况。③试生产数量及时间。④验证情况分析，包括与国内外同类产品工艺水平对比分析。⑤验证结论。⑥对今后批量生产的意见和建议。

2. 验证鉴定：①一般产品由企业主要技术负责人主持召开，由各有关科（室）和车间参加的工艺验证鉴定会，根据工艺验证总结和各有关方面的意见，确定该产品的工艺验证是否合格，能否马上进行批量生产。参加鉴定会的各有关方面负责人应在《工艺验证书》的会签栏内签字。《工艺验证书》格式见 JB/T9165.3—1998。

②对纳入上级主管部门验证计划的重要产品，在通过企业鉴定后，还须报请上级主管部门，由下达验证的主管部门组织验收。验收合格后发给《产品小批试制鉴定证书》，其格式按《机械工业产品小批试制管理试行办法》中的规定。

第三节　工艺文件的标准化审查及修改

一、工艺文件的标准化审查

（一）工艺文件标准化审查的基本任务
1. 保证工艺标准和相关标准的贯彻。
2. 保证工艺文件的完整、统一。
3. 提高工艺文件的通用性。

（二）审查对象
工艺文件标准化审查主要应审查产品工艺规程和工艺装备设计图样。

（三）审查依据
1. 有关国家标准和行业标准。
2. 企业标准和有关规定。

（四）审查内容
1. 工艺规程审查

（1）文件格式和幅面是否符合标准规定。

（2）文件中所用的术语、符号、代号和计量单位是否符合相应标准，文字是否规范。

（3）所选用的标准工艺装备是否符合标准。

（4）毛坯材料规格是否符合标准。

（5）工艺尺寸、工序公差和表面粗糙度等是否符合标准。

（6）工艺规程中的有关要求是否符合安全和环保标准。

2. 专用工艺装备图样审查

（1）图样的幅面、格式是否符合有关标准的规定。

（2）图样中所用的术语、符号、代号和计量单位是否符合相应标准的规定，文字是否规范。

（3）标题栏、明细栏的填写是否符合标准。

（4）图样的绘制和尺寸标注是否符合机械制图国家标准的规定。

（5）有关尺寸、尺寸公差、形位公差和表面粗糙度是否符合相应标准。

（6）选用的零件结构要素是否符合有关标准。

（7）选用的材料、标准件等是否符合有关标准。

（8）是否正确选用了标准件、通用件和借用件。

（五）审查程序

1. 工艺文件的标准化应由专职或兼职工艺标准化人员进行审查。

2. 工艺文件须由"设计""审核"（专用工艺装备图样还需"工艺"）签字后，才能进行标准化审查。

3. 标准化人员在审查过程中发现问题要做出适当标记和记录，审查合格后签字，对有问题的文件要连同审查记录一起返给原设计人员，经修改合格后再交标准化人员签字。

4. 对审查中有争议的问题，要协商解决。

二、工艺文件修改的一般原则

1. 工艺文件需要修改时，一般应由工艺部门下达工艺文件更改通知单，凭更改通知单修改。

2. 在修改某一工艺文件时，与其相关的文件必须同时修改，以保证修改后的文件正确、统一。

3. 工艺文件修改通知单下达后，需要修改的文件应在规定日期内修改完毕。

4. 工艺文件临时修改，由于临时性的设备、工艺装备或材料等问题须变更工艺时，应填写"临时脱离工艺通知单"，经有关部门会签和批准后生效，但不能修改正式工艺文件。

三、工艺文件修改的程序

1. 填写工艺文件更改通知单，其格式应符合 JB/T9165.3—1998 的规定。

2. 工艺文件更改通知单应经有关部门会签并经审核和批准后才能下发。

3. 按批准的工艺文件更改通知单要求进行修改。

四、修改方法

1. 修改时不得涂改，应将更改部分用细实线画去，使画去部分仍能看清，然后在附近填写更改后的内容。

2. 在更改部位附近标注本次修改所用的标记，标记符号应按更改通知单中的规定。

3. 修改时必须在被修改文件表尾的更改栏内填写本次更改用的标记、更改处数、更改通知单的编号日期和修改人签字。

4. 在下列情况下，工艺文件修改后须重新描晒：

（1）经多次修改，文件已模糊不清。

（2）虽初次修改，但修改内容较多，修改后文件已不清晰。

5. 重新描的底图更改栏应按以下规定填写：

（1）"标记"栏填写重描前本次更改所用的标记。

（2）"处数"栏填写"重描"字样。

（3）"更改文件号"栏填写重描前本次更改通知单编号。

（4）"签字"和"日期"栏由负责复核的工艺人员签上姓名和日期。

6. 换发新描晒的工艺文件时，旧工艺文件必须收回存档备查，而且新旧文件应加区分标记，严禁新旧两种文件混用。

第六章
现代机械加工工艺技术以及技术革新研究

随着科学技术的发展和经济的快速增长,现代机械加工工艺技术也取得了长足的发展与进步。本章对现代机械加工工艺的技术及革新进行了研究,对工艺理论及工艺方法等进行了较为全面的论述。

第一节 制造单元和制造系统概述

一、制造单元和制造系统的自动化

（一）制造单元和制造系统自动化的目的和举措

1. 制造单元和制造系统自动化的目的

（1）加大质量成本的投入,提高或保证产品的质量。

（2）提高对市场变化的响应速度和竞争能力,缩短产品上市时间。

（3）减少人的劳动强度和劳动量,改善劳动条件,减少人为因素对生产的影响。

（4）提高劳动生产率。

（5）减少生产面积、人员,节省能源消耗,降低生产成本。

2. 制造单元和制造系统自动化的举措

制造单元和制造系统的自动化大多体现在与计算机技术和信息技术的结合上,形成了计算机控制的制造系统,即计算机辅助制造系统。但系统规模、功能和结构要视具体需求而定,可以是一个联盟、一个工厂、一个车间、一个工段、一条生产线,甚至是一台设备（机床等）。制造系统自动化可分为单一品种大批量生产自动化和多品种单件小批生产自动化,由于两类生产的特点不同,所采用的自动化手段也各异。

(1)单一品种大批量生产自动化。

单一产品大批量生产时,可采用自动机床、专用机床、专用流水线、自动生产线等措施来实现。早在20世纪30年代开始便在汽车制造业中逐渐发展,成为当时先进生产方式的主流,但其缺点是一旦产品变化,则不能适应,一些专用设备只能报废。而产品总是要不断更新换代的,生产者总希望能使生产设备有一定的柔性,能适应生产品种变化时的自动化要求。

通常单一品种大批量生产自动化所采取的措施有:①通用机床的自动化改造。②采用半自动机床和自动机床。③采用组合机床。④采用数控机床或加工中心。⑤构建自动生产线。⑥构建柔性生产线等。

(2)多品种单件小批生产自动化。

在机械制造业中,大部分企业都是多品种单件小批生产。但多年来,实现多品种单件小批生产的自动化是一个难题。由于计算机技术、数控技术、工业机器人和信息技术的发展,使得多品种单件小批生产自动化的举措十分丰富,主要有:①成组技术。可根据零件的相似性进行分类成组,编制成组工艺,设计成组夹具和成组生产线。②数控技术和数控机床。现代数控机床已向多坐标、多工种、多面体加工和可重组(更换主轴箱等部件)等方向发展,如车铣加工中心、铣镗磨加工中心、五面体加工中心和五坐标(多坐标)加工中心等,数控系统也向开放式、分布式、适应控制、多级递阶控制、网络化和集成化等方向发展,因此数控加工不仅可用于单件小批生产自动化,同时也可用于单一产品大批量生产的自动化。③制造单元。将设备按不同功能布局,形成各种自动化的制造单元,如装配、加工、传输、检测、储存、控制等,各种零件按其工艺过程在相应制造单元上加工生产。④柔性制造系统。它是针对刚性自动生产线而提出的,全线由数控机床和加工中心组成,无固定的加工顺序和节拍,能同时自动加工不同工件,具有高度的柔性,它体现了生产线(工段)的柔性自动化。⑤计算机集成制造系统。它由网络、数据库、计算机辅助设计、计算机辅助制造和管理信息系统组成,强调了功能集成、信息集成,是产品设计和加工的全盘自动化系统。

(二)计算机辅助制造系统的概念

计算机辅助制造系统是一个计算机分级结构控制和管理制造过程中多方面工作的系统,是制造系统自动化的具体体现,是制造技术与信息技术相结合的产物。

图6-1所示是一个典型的计算机辅助制造系统的分级结构,具有工程分析与设计、生产管理与控制、财会与供销三大功能。该子系统功能全面、广泛,涉及面大。

但不是所有的计算机辅助制造系统都如此复杂。

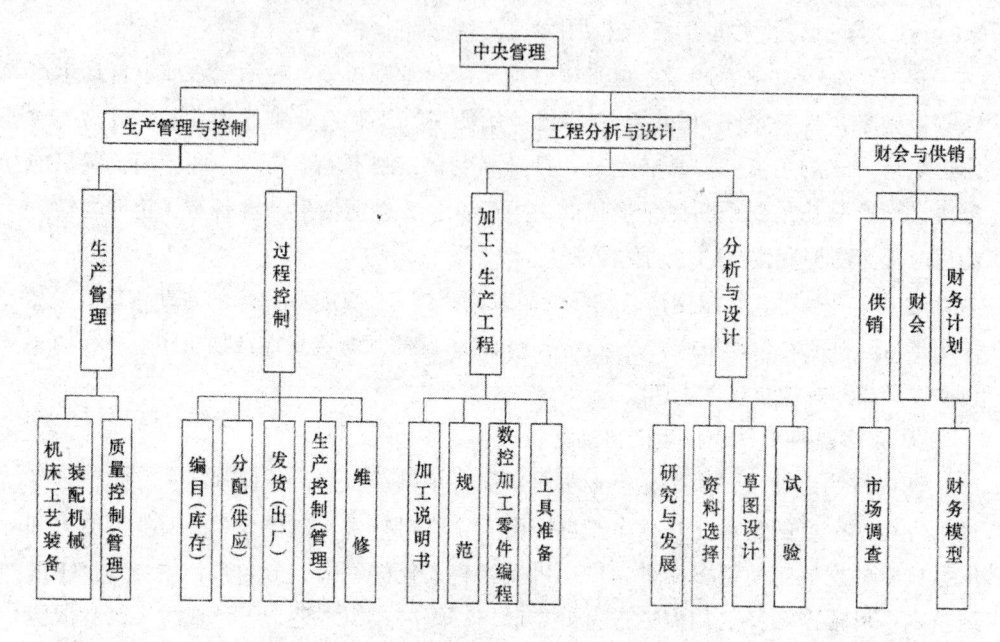

图6-1 计算机辅助制造系统的分级结构

（三）制造单元和生产单元

现代制造业多采用制造单元的结构形式。各制造单元在结构和功能上有并行性、独立性和灵活性，通过信息流来协调各制造单元间协调工作的整体效益，从而改变了制造企业传统生产的线性结构。制造单元是制造系统的基础，制造系统是制造单元的集成，强调各单元独立运行、并行决策、综合功能、分布控制、快速响应和适应调整等。制造单元的这种结构使生产具有柔性，易于解决多品种单件小批生产的自动化。

现代制造业的发展，对机械产品的生产提出了生产系统的概念，强调生产是一个系统工程，认为企业的功能应依次为销售—设计—工艺设计—加工—装配，把销售放在第一位，这对企业的经营是一个很大的变化，强调了商品经济意识。从功能结构上看，加工系统是生产系统的一部分，可以认为加工系统是一个生产单元，今后的生产单元将是一个闭环自律式系统。

第六章　现代机械加工工艺技术以及技术革新研究

二、自动生产线

（一）自动生产线的组成

自动生产线简称自动线，它由若干台组合机床、工件传输系统和控制系统等组成，如图6-2所示。它具有严格的加工顺序和生产节拍，是一种专用的零件自动生产线，即刚性自动生产线。

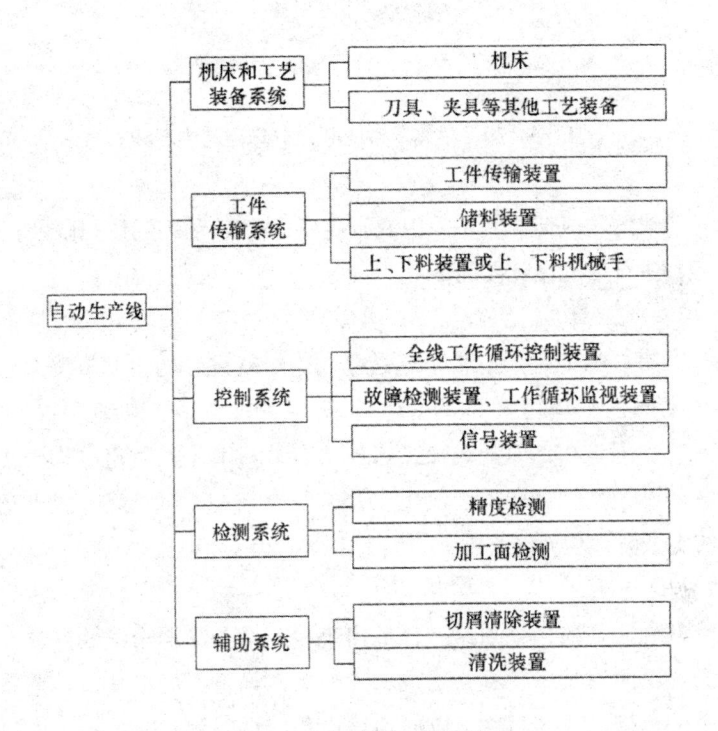

图6-2　自动生产线的组成

为了使工件在自动生产线上能进行多面加工，一方面采用多面组合机床，如双面卧式组合机床、三面卧式组合机床、立卧三面组合机床（一立两卧），以及带一定角度的斜台组合机床等，另一方面在机床之间配置转台和鼓轮，转台使工件绕垂直轴转位，鼓轮使工件绕水平轴转位，如图6-3所示。

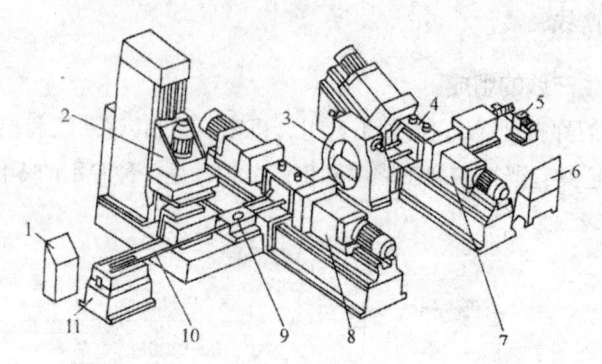

图 6-3 加工箱体零件的组合机床自动生产线

通常，自动线的物流传输大多采用液压传动，从传动来说还是比较方便的。

（二）自动生产线的设计要点

1. 生产节拍

自动生产线有严格的生产节拍，它是自动生产线设计的主要依据之一。要根据产品的生产纲领来计算自动生产线的生产节拍，必须按节拍来拟订零件的工艺过程，安排工序、工位、工步和走刀。在加工过程中，某一工序时间超过节拍就意味着整个自动生产线的不平衡，会严重影响生产效率，而某一工序时间过短也意味着整个自动生产线的不平衡，须加以改进。

2. 全线分段

自动生产线在工作时，如果某一环节出现故障就会影响全线的正常工作，自动线会被迫停工。因此对于一些容易出现故障的关键设备，可在其旁设置储料装置，存储一定数量的合格工序间工件，以便当该设备出现问题时能维持一定时间的正常生产运行，并在这段时间内进行故障排除。对于比较长的自动线（通常其组成设备可达到100台左右），在设计时，按工艺可将其分成若干段，每段设备数不等（大约6~10台），每段之间配置储料装置，以便于分段生产，这样可以避免因故障造成全线停工而带来的重大损失。

3. 定位和安装

在自动生产线上加工时，多采用单一基准原则，工件在机床夹具上直接定位夹紧。若工件不能用单一基准，则可将工件安装在随行夹具（又称托盘或托板）上，工件连同随行夹具一起在自动线上传输，由随行夹具在机床上进行单一基准的定位夹紧，这样使得全线的传输装置结构简单，但要制造若干套随行夹具。

4. 结构布局形式

自动生产线的结构布局形式应考虑零件工艺过程、机床数量、厂房面积大小和形状等因素，有直线形、折线形、框形和环形等。机床可排列在线的一边，即单面排列，也可排列在线的两边，即双面排列。

（三）自动生产线的应用

20世纪30年代的汽车工业，由于大量生产，在生产中大量使用了零件生产流水线的形式，逐渐形成了自动生产线，以后在拖拉机、轴承等制造业中也得到广泛应用。图6-3所示就是一个加工箱体零件的典型组合机床自动生产线。

我国1957年建成的第一汽车制造厂的发动机车间，有了第一条气缸加工自动生产线，而到了20世纪60年代中期，我国自行建设的第二汽车制造厂中就有了一百多条自动生产线，可见其发展速度十分惊人。由于自动生产线仅适用于大批量生产，从而限制了其应用范围，制造工作者一直在寻求新的柔性生产线方式，出现了柔性制造系统，但直至现在，在大批量生产中自动生产线仍是主要的、有效的生产形式之一。

三、柔性制造系统

（一）柔性制造系统的概念、特点和适应范围

柔性制造系统由多台加工中心或数控机床，自动上、下料装置，储料和输送系统等组成，没有固定的加工顺序和节拍，受到计算机及其软件系统的集中控制，能在不停机的情况下进行调整、更换工件和工夹具，实现加工自动化。它在时间和空间（多维性）上都有高度的柔性，是一种由计算机直接控制的自动化可变加工系统。

与传统的刚性自动生产线相比，它具有以下突出的特点：

1. 具有高度的柔性，能实现有多种不同工艺要求的不同"类"的零件加工，进行自动更换工件、夹具、刀具和自动装夹，有很强的系统软件功能。为了简化系统结构，提高加工效率，降低成本，最好还是构成进行同"类"零件的加工系统。

2. 具有高度的自动化程度、稳定性和可靠性，能实现长时间的无人自动连续工作（如连续24h工作）。

3. 提高设备利用率，减少调整、准备和终结等辅助时间。

4. 具有高生产率。

5. 降低直接劳动费用，增加经济收益。

柔性制造系统的适应范围很广，如果零件的生产批量很大而品种较少，则可用专用机床或自动生产线生产；如果零件生产批量很小而品种较多，则可用数控机床或通用机床生产；介于两者中间这一段，均适于用柔性制造系统来加工。

柔性制造系统包括的范围很广，它将高柔性、高质量和高效率结合和统一起来，具有很强的生命力，是当前最有生产实效的生产手段之一。它解决了单件小批生产的自动化，并逐渐向中大批、多品种生产的自动化发展。

（二）柔性制造系统的类型

柔性制造系统是一个统称，其类型很多，可分为柔性制造单元、柔性制造系统、柔性传输线、可变生产线和可重组生产线等，现分述如下：

1. 柔性制造单元

柔性制造单元是一个可变加工单元，由单台计算机控制的加工中心或数控机床、环形（圆形、角形或长圆形等）托盘输送装置或机器人组成。它采用实时监控系统实现自动加工，能在不停机的情况下更换工件，进行连续生产（图6-4）。它是组成柔性制造系统的基本单元。

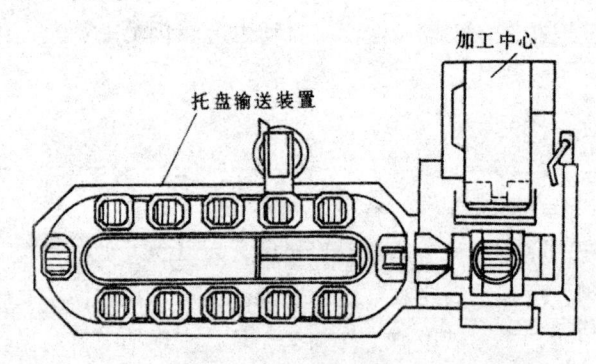

图 6-4 柔性制造单元

2. 柔性制造线

它由两台或两台以上的加工中心、数控机床或柔性制造单元组成，配置有自动输送装置（有轨、无轨输送车或机器人），工件自动上、下料装置（托盘交换或机器人）和自动化仓库等，并具有计算机递阶控制功能、数据管理功能、生产计划和调度管理功能，以及实时监控功能等。图6-5所示是典型的柔性制造系统，通常所说的柔性制造系统就是指的这种类型。

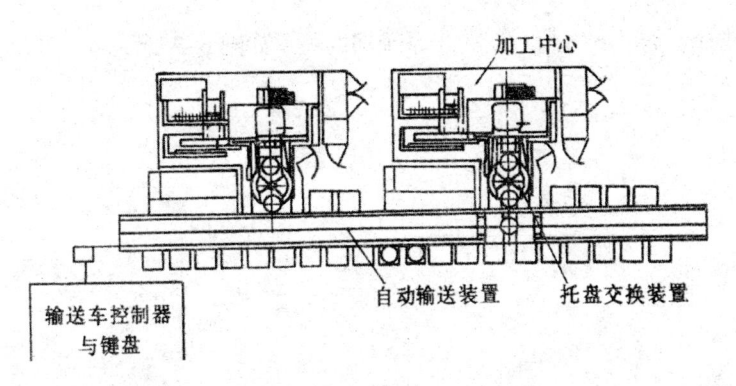

第六章 现代机械加工工艺技术以及技术革新研究

图6-5 柔性制造系统

3. 柔性传输线

柔性传输线是由若干台加工中心组成。但物料系统不采用自动化程度很高的自动输送车、工业机器人和自动化仓库等，而是采用自动生产线所用的上、下料装置，如各种送料槽等。它不追求高度的柔性和自动化程度，而取其经济实用。这种柔性制造系统又称为准柔性制造系统或柔性生产线。

4. 可变生产线

可变生产线是一种有限柔性制造系统。它由若干台带有可更换部件的加工中心或数控机床组成，可用于成批生产。当加工工件变化时，可更换机床的某些部件，如主轴箱等，以形成另一种零件的生产线，进行零件的自动加工。目前对于一些品种有限的批量生产产品多采用这种形式。它的好处是既有较高的自动化程度，又能适应品种需求，比较经济实用。如摩托车发动机、拖拉机等的箱体零件生产中已广泛采用，且效益显著。

5. 可重组生产线

可变组生产线中的设备可按所加工范围内零件的工艺过程来安排，机床布局确定后不再变动。加工不同零件时，根据该零件的加工工艺过程，由计算机调度在所要加工的机床上加工，因此这些零件就不一定是在生产线布局排列的机床上顺序加工，而是跳跃式地和选择性地穿梭在机群之间，具有柔性。

这种柔性制造系统根据零件的品种、数量和加工工艺，决定机床的品种和数量，而且机床的负荷率要进行平衡，计算机的调度功能应比较强，这是一种柔性物料输送的制造系统。

（三）柔性制造系统的组成和结构

柔性制造系统由物质系统、能量系统和信息系统三部分组成，各个系统又由许多子系统构成，如图6-6所示。各个系统间的关系如图6-7所示。

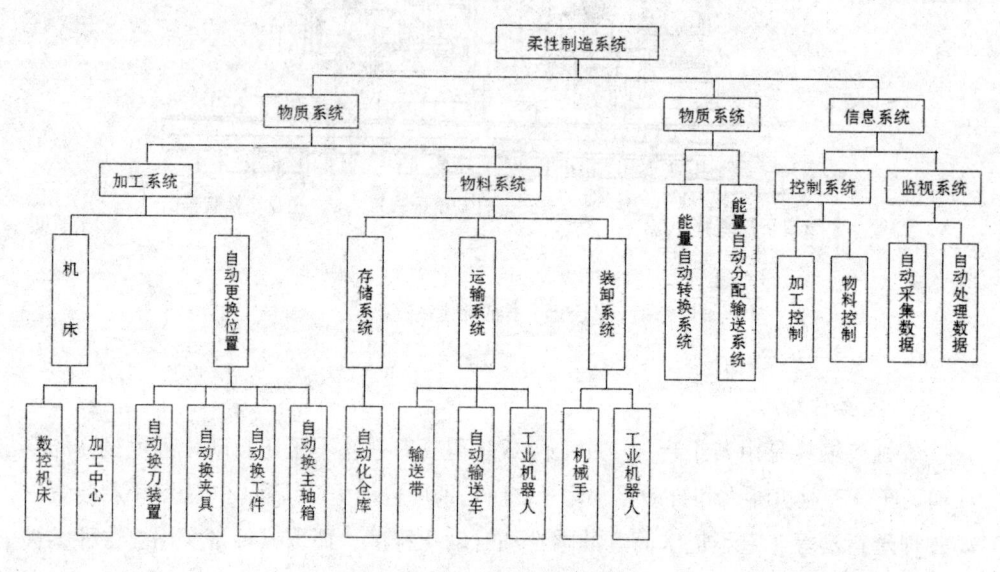

图6-6 柔性制造系统的组成

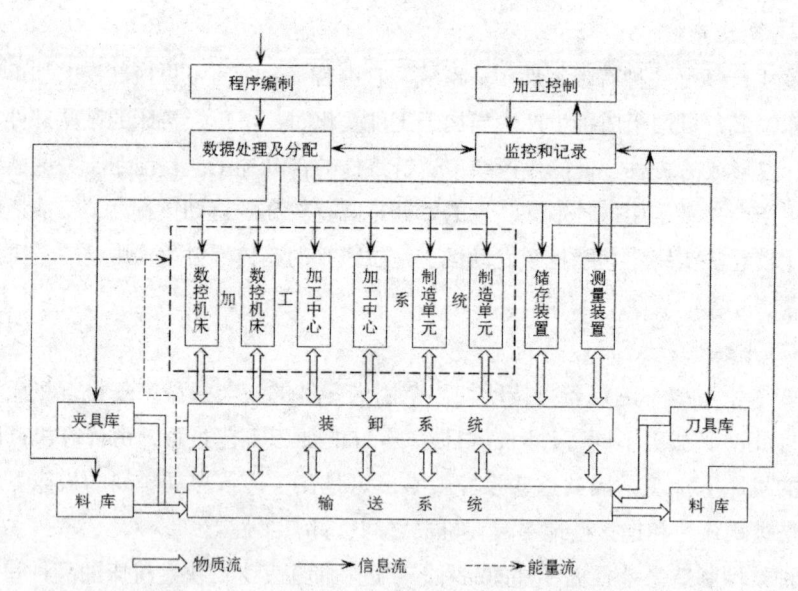

图6-7 柔性制造系统中各个系统间的关系

柔性制造系统的主要加工设备是加工中心和数控机床，目前以铣镗加工中心（立式和卧式）和车削加工中心占多数，一般由3~6台组成。柔性制造系统常用的输送

第六章　现代机械加工工艺技术以及技术革新研究

装置有输送带、有（无）轨输送车、行走式工业机器人等，也可用一些专用输送装置。在一个柔性制造系统中可以同时采用多种输送装置形成复合输送网。输送方式可以是线形、环形和网形的。柔性制造系统的储存装置可采用立体仓库和堆垛机，也可采用平面仓库和托盘站。托盘是一种随行夹具，其上装有工件夹具（组合夹具或通用、专用夹具），工件装夹在工件夹具上，托盘、工件夹具和工件形成一体，由输送装置输送，托盘装夹在机床的工作台上。托盘站还可以起暂时的存储作用；若配置在机床附近，可起缓冲作用。仓库可分为毛坯库、零件库、刀具库和夹具库等。其中，刀具库有集中管理的中央刀具库和分散在各机床旁边的专用刀具库两种类型。柔性制造系统中除主要加工设备外，还应有清洗机、去毛刺机和测量机等，它们都是柔性制造单元。柔性制造系统多由小型计算机、计算机工作站、设备控制装置（如机床数控系统）形成递阶控制、分级管理，其工作内容有以下几方面。

1. 生产工程分析和设计。根据生产纲领和生产条件，对产品零件进行工艺过程设计，对整个产品进行装配工艺过程设计。设计时应考虑工艺过程优化，能适应生产调度变化的动态工艺等问题。

2. 生产计划调度制订。生产作业计划，保证均衡生产，提高设备利用率。

3. 工作站和设备的运行控制。工作站由若干设备组成，如车削工作站由车削加工中心和工业机器人等组成。工作站和设备的运行控制是指对机床、物料输送系统、物料存储系统、测量机、清洗机等的全面递阶控制。

4. 工况监测和质量保证。对整个系统的工作状况进行监测和控制，保证工作安全可靠，运行连续正常，质量稳定合格。

5. 物资供应与财会管理。使柔性制造系统产生实际运行的技术、经济效果。因为柔性制造系统的投资比较大，实际运行效果是必须要考虑的。

（四）柔性制造系统的实例分析

图 6-8 所示为一个比较完善的柔性制造系统平面布置图，整个系统由三台组合铣床、二台双面镗床、一台双面多轴钻床、一台单面多轴钻床、一台车削加工中心、一台装配机、一台测量图机、一台装配机器人和清洗机等组成，用于加工箱体零件并进行装配。物料输送系统由主通道和区间通道组成，通过沟槽内隐藏着的拖曳传动链带动无轨输送车运动。若循环时间较短，区间通道还可作为临时寄存库。整个系统由计算机控制，有些工作由手工完成，如工件在随行夹具上的安装、组合夹具的拼装等。

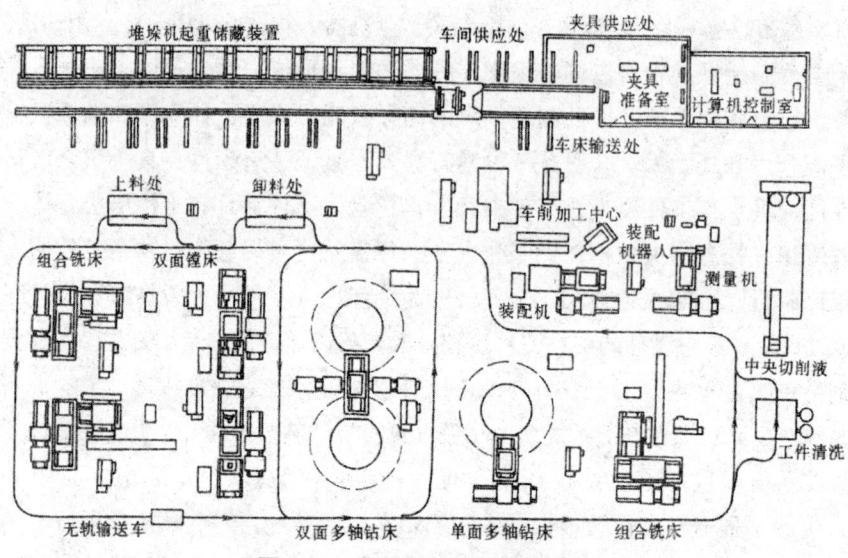

图 6-8 典型柔性制造系统实例

第二节 先进制造模式研究

自 20 世纪 60 年代以来,制造技术飞速发展,涌现出各种各样的生产模式及其制造系统,如柔性制造、集成制造、并行工程、协同制造、精良生产、敏捷制造、虚拟制造、智能制造、大规模定制制造、企业集群制造、网络化制造、全球制造,以及绿色制造等,非常丰富。它们强调的重点和特色不同,但有很多在思路上是相通的,现择其主要的内容进行论述。

一、计算机集成制造系统

(一)计算机集成制造系统的概念

计算机集成制造系统又称为计算机综合制造系统,它是在制造技术、信息技术和自动化技术的基础上,通过计算机硬软件系统,将制造工厂全部生产活动所需的分散自动化系统有机联系起来,进行产品设计、加工和管理的全盘自动化。

计算机集成制造系统是在网络、数据库的支持下,由以计算机辅助设计(Computer Aided Desing,CAD)为核心的产品设计和工程分析系统,以计算机辅助制造(Computer Aided Manufacturing,CAM)为中心的加工、装配、检测、储运、监控自动化工艺系统和以计算机辅助生产经营管理为主的管理信息系统(Management Information system——MIS）所组成的综合体。

（二）计算机集成制造系统的结构体系

计算机集成制造系统的结构体系可以从层次、功能和学科等不同角度来论述。

1. 层次结构

企业采用层次结构可便于组织管理，但各层的职能及其信息特点有所不同。计算机集成制造系统可以由公司、工厂、车间、单元、工作站和设备六层组成，也可由公司以下的五层或工厂以下的四层组成。设备是最下层，如一台机床、一台输送装置等；工作站是由两台或两台以上设备组成；两个或两个以上工作站组成一个单元，单元相当于生产线，即柔性制造系统（"单元"名称是由英文"Cell"翻译过来的）；两个或两个以上单元组成一个车间，以此类推就组成了工厂、公司。总的职能有计划、管理、协调、控制和执行等，各层有所不同，"层"又可称为"级"。计算机集成制造系统的各层之间进行递阶控制，公司层控制工厂层，工厂层控制车间层，车间层控制单元层，单元层控制工作站层，工作站层控制设备层。递阶控制是通过各级计算机进行的。上层的计算机容量大于下层的计算机容量。

2. 功能结构

计算机集成制造系统包含了一个制造工厂的设计、制造和经营管理三大基本功能，在分布式数据库和计算机网络等支撑环境下将三者集成起来。图6-9所示为计算机集成制造系统的功能结构，通常可归纳为五大功能。

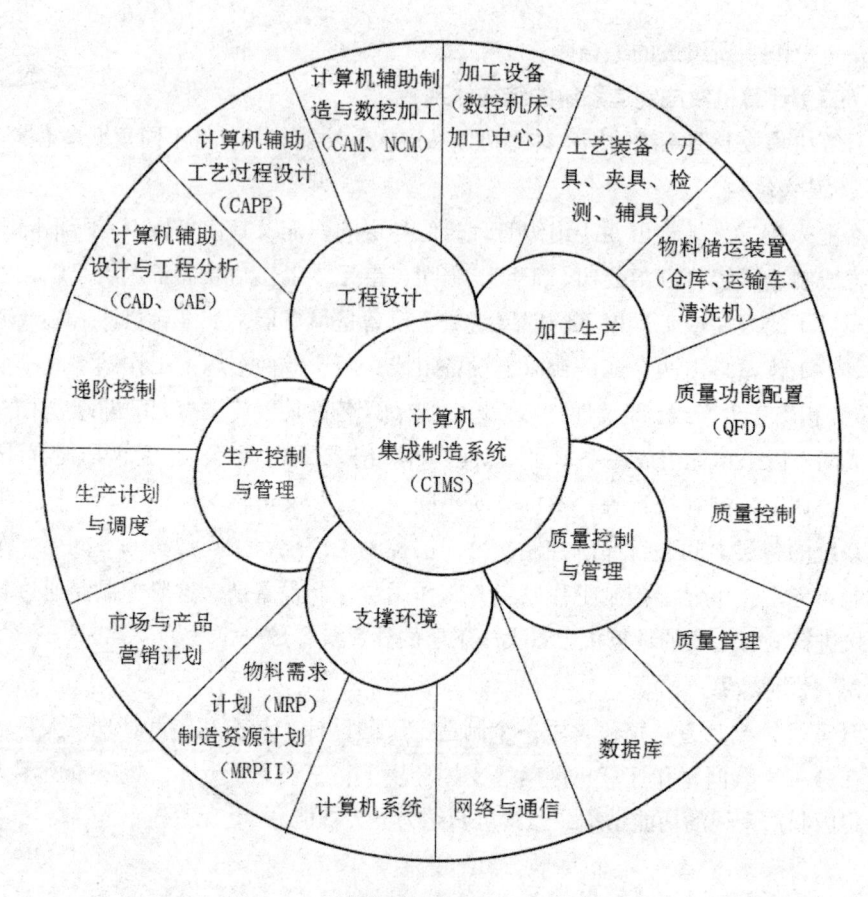

图6-9 计算机集成制造系统的功能结构

（1）工程设计功能。包括计算机辅助设计、计算机辅助工艺过程设计、计算机辅助制造、计算机辅助装备（机床、刀具、夹具、检具等）设计和工程分析（有限元分析和优化等）。

（2）加工生产功能。实际上它是一个柔性制造系统，由若干加工工作站、装配工作站、夹具工作站、刀具工作站、输送工作站、存储工作站、检测工作站和清洗工作站等完成产品的加工制造。同时应有工况监测和质量保证系统，以便稳定、可靠地完成加工制造任务。加工的任务一般比较复杂，涉及面广，物料流与信息流交汇，要将加工信息传输到各有关部门，以便及时处理，解决加工制造中发生的问题。

（3）生产控制与管理功能。其任务主要有市场需求分析与预测、制订发展战略计划、产品经营销售计划、生产计划（年、季、月、周、日、班）、物料需求计划（Manufacturing Resource Planning, MRP）和制造资源计划（Manufacturing Resource

第六章 现代机械加工工艺技术以及技术革新研究

Planning Ⅱ，MRP Ⅱ）等，进行具体的生产调度、人员安排、物资供应管理和产品营销等管理工作。

制造资源计划是将物料需求计划、生产能力（资源）平衡和仓库、财务等管理工作结合起来而形成的，是更实际、更深层次的物料需求计划。

（4）质量控制与管理功能。它是用质量功能配置（Quality Function Deployment，QFD）方法规划产品开发过程中各阶段的质量控制指标和参数，以保证产品的用户需求。当前已发展为包括全面质量管理和产品全生命周期的质量管理。全面质量管理是指"一个组织以质量为中心，以全员参加为基础，目的在于通过让顾客满意和本组织所有成员及社会受益而达到长期成功的管理途径"。它是质量管理更高层次、更高境界的管理。

（5）支撑环境功能。它主要是指计算机系统、网络与通信、数据库，以及一些工程软件系统和开发平台等。

3. 学科结构

从学科看，计算机集成制造系统是制造技术与系统科学、计算机科学技术、信息技术等交叉融合的集成。

此外，计算机集成制造系统的集成结构还有多方面的含意，如信息集成、物流集成、人机集成等。

（1）信息集成。

信息集成是指在工程信息、管理信息、质量管理等方面的集成，并通过信息集成做到从设计到加工的无图样自动化生产。

（2）物流集成。

物流集成是指在从毛坯到成品的制造过程中，各个组成环节的集成，如储存、运输、加工、监测、清洗、检测、装配以及刀、夹、量具工艺装备等的集成，通常又称为底层集成。

（3）人机集成。

人机集成强调了"人的集成"的重要性以及人、技术和管理的集成，提出了"人的集成制造（Human Integrated Manufacturing，HIM）"和"人机集成制造（Human and Computer integrated Manufacturing，HCIM）"等概念，代表了今后集成制造的发展方向。

（三）计算机辅助设计、计算机辅助工艺过程设计和计算机辅助制造之间的集成

计算机辅助设计（CAD）、计算机辅助工艺过程设计（CAPP）和计算机辅助制造（CAM）称为3C工程，它们之间的集成是计算机集成制造系统的信息集成主体和关键技术。

机械加工工艺与技术研究

在计算机集成制造系统中,计算机辅助设计是计算机辅助工艺过程设计的输入,它的输出主要有零件的工艺过程和工序内容。因此,计算机辅助工艺过程设计的工作是属于设计范畴的。而在集成制造系统中的计算机辅助制造,从狭义来说,主要指数控加工,它的输入是零件的工艺过程和工序内容,输出是刀位文件和数控加工程序。

工艺过程设计是设计与制造之间的桥梁,设计信息只能通过工艺过程设计才能形成制造信息。因此,在集成制造系统中,自动化的工艺过程设计是一个关键,占有很重要的地位。

图 6-10 所示为采用集成的计算机辅助制造定义 [IDEF0 (Integrated Computer Aided Manufacturing, ICAM) DEFINITION] 方法绘制的 CAD、CAPP 和 CAM 之间的集成关系。

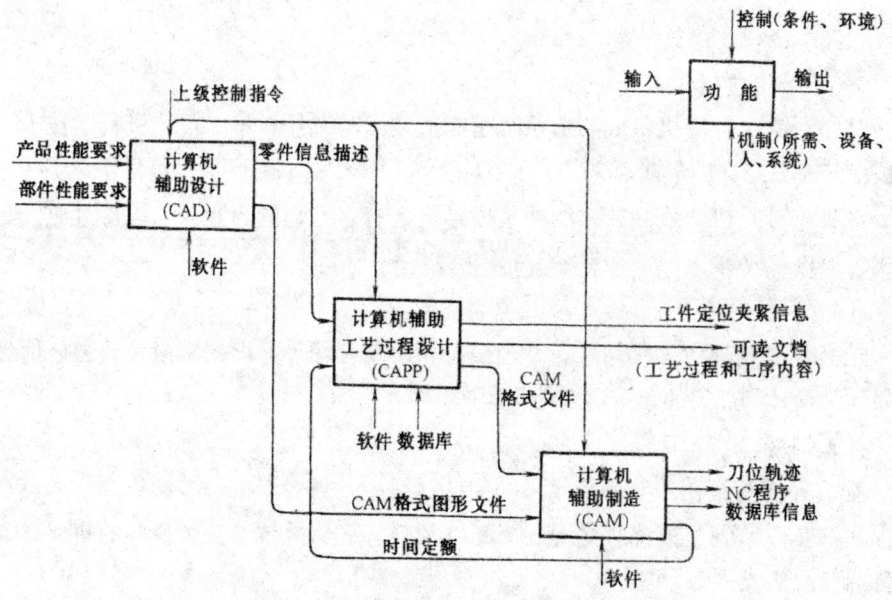

图 6-10 CAD、CAPP 和 CAM 之间的集成

1. CAD、CAPP 与 CAM 之间的集成过程

(1) CAD 和 CAPP 之间的集成。

在 CAD 时,其输出主要是零件的几何信息,缺少工艺信息,这是由于设计与工艺的分离,设计人员不熟悉工艺而造成的,从而使得在进行 CAPP 时,由于缺少工艺信息而不能进行;另外,由于 CAD 和 CAPP 分别由各自的人员开发,使得 CAD 的输出信息,其数据内涵和格式不能被 CAPP 所接收。以上两点造成了 CAD 和 CAPP 之

第六章 现代机械加工工艺技术以及技术革新研究

间集成的困难,至今未能很好地解决,成为关键技术问题。

(2) CAPP 和 CAM 之间的集成。

由于 CAPP 和 CAM 都是制造工艺方面的问题,信息上易于集成;同时两者大多由工艺技术人员开发,数据内涵和格式易于统一,因此两者之间的集成易于解决。

2. CAD、CAPP、CAM 三者之间的信息集成途径

(1) 采用统一数据交换标准进行相互间的直接交换。

初始图形交换规范是美国制定的中性格式数据交换标准,可以用它来进行信息集成,但由于它主要是传输几何图形及其尺寸标注(即几何信息),缺少工艺信息因此不能满足信息集成的要求。解决的办法是在 CAD 中,自行开发符合 IGES 的工艺信息,并提供给 CAPP 进行集成。这是一种可行的方法,早期的信息集成有所采用。

产品模型数据交换标准是近年来由国际标准化组织(ISO)制定的一个比较理想的国际标准,现正在进一步开发中。它采用应用层(信息结构)、逻辑层(数据结构)、物理层(数据格式)三级模式,定义了 EXPRESS 语言作为描述产品数据的工具;它包含了几何信息、工艺信息、检测和商务信息等,在当前的集成制造系统中已广泛采用。它不仅使所有的集成环节均有统一的数据标准,而且在进行 CAD 时,可输出几何信息和工艺信息,解决了 CAD 与 CAPP 之间的信息集成问题。因此采用统一的产品模型数据交换标准是解决信息集成的根本出路。

(2) 采用数据格式变换模块来进行相互间的数据交换。

在两个集成环节之间,开发一个数据格式变换模块,并通过它进行数据交换。例如,在 CAD 之后,要开发一个后置处理模块,或在 CAPP 之前,要开发一个前置处理模块,进行相互间的数据格式变换。其关键问题是变换时数据不得丢失和失真。这一办法是可行的,而且至今还是比较有效的,但比较麻烦,不太理想。上述两种办法的数据交换情况如图 6-11 所示。

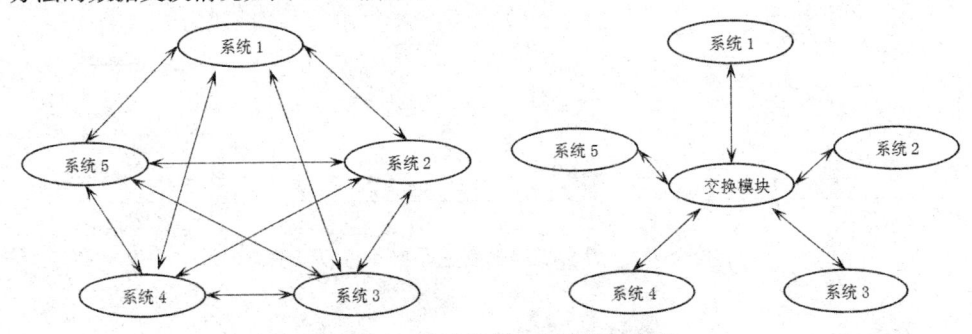

图 6-11 集成环节之间的数据交换

a) 点对点的数据交换　b) 基于中性数据的数据交换

3. 计算机集成制造环境下的 CAPP

计算机集成制造环境下的 CAPP 如图 6-12 所示，其输入方式有两种：一种是由 CAD 直接输入零件的几何信息和工艺信息，进行工艺过程设计工作；另一种是根据零件图样，用本系统中的零件信息描述方法，通过人机交互输入零件信息，这主要是在无 CAD 集成系统的情况下采用。

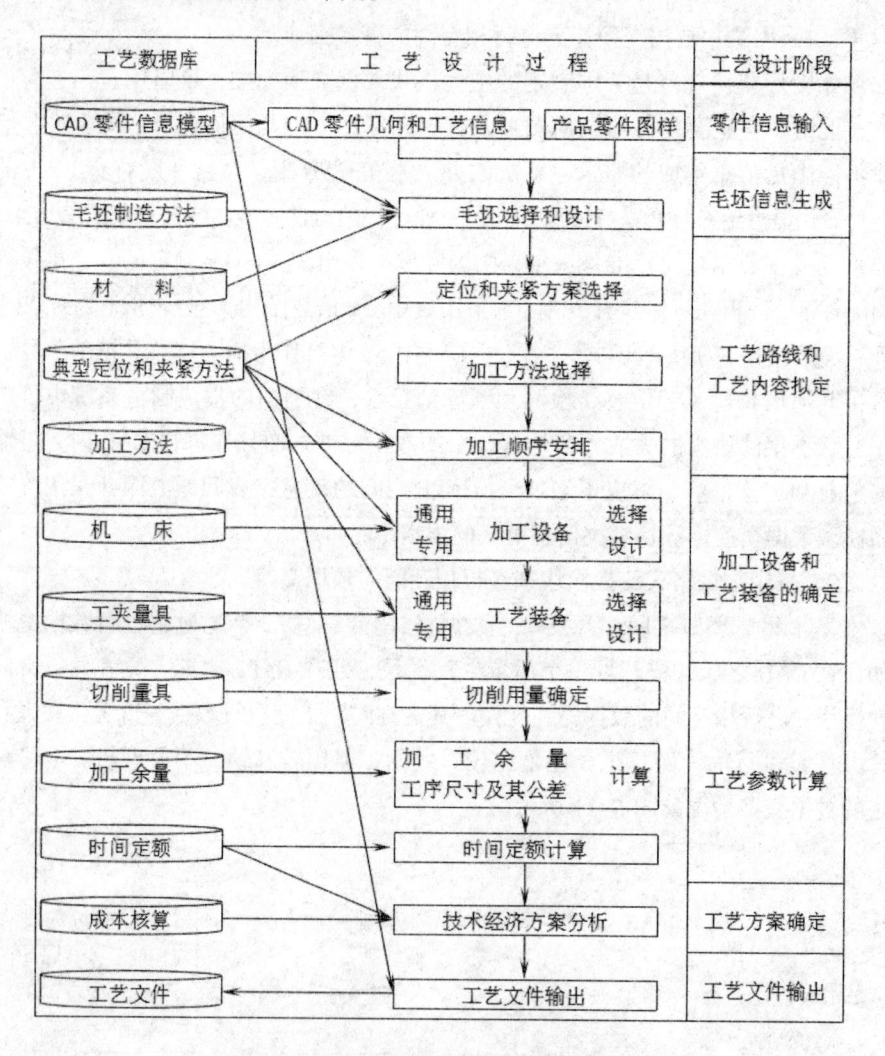

图 6-12 计算机集成制造环境下的 CAPP

图 6-13 所示为用该集成的计算机辅助制造定义（IDEFO）方法绘制的 CAPP 的功能模块图。该系统共有六个功能模块。

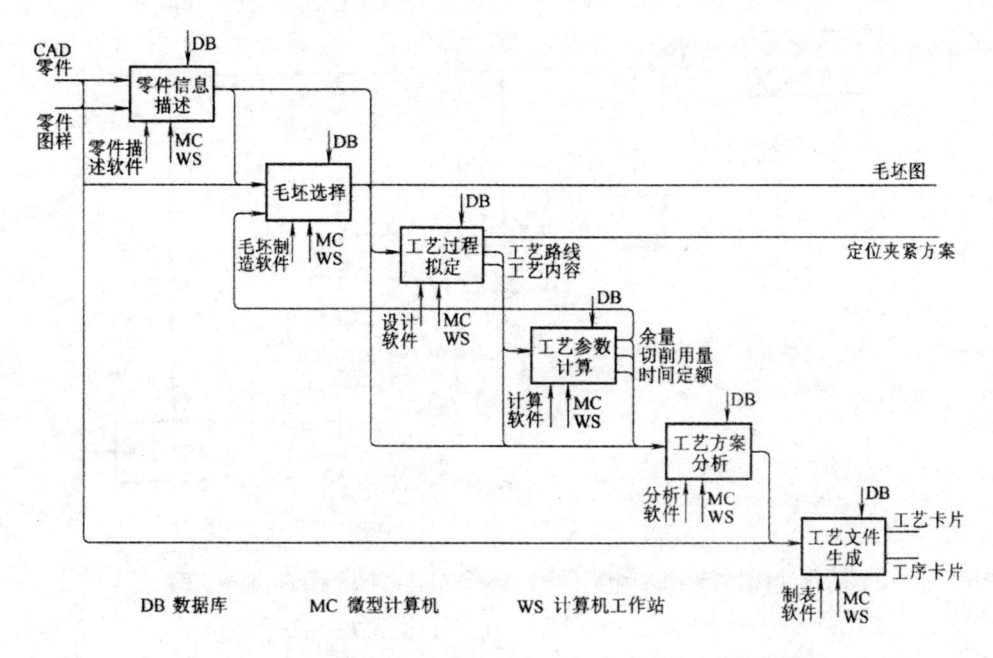

第六章 现代机械加工工艺技术以及技术革新研究

图 6-13 计算机集成制造环境下的 CAPP 的功能模块图

4. 计算机集成制造环境下的 CAM

图 6-14 所示为集成的计算机辅助制造定义（IDEFO）方法绘制的计算机辅助制造系统功能模块图。实际上它是计算机数控加工的主要工作内容，共有六个功能模块。其中工艺分析和加工参数设置模块是对工艺过程中各工序设定切削用量、刀具补偿和刀具起点等；几何分析模块是分析零件的图形文件，得到图形的一些特征参数，并将这些参数传递给需要它的加工子程序，用以协助加工的自动完成；刀位轨迹生成模块是设计刀具运动轨迹，产生历史文件 [用数控语言，如自动编程语言（APT 语言），描述的文件] 和刀位文件（用二进制或 ASC Ⅱ 格式描述文件）；加工仿真模块是检验刀位轨迹，避免刀具与工件被加工轮廓干涉，优化刀具行程路径等；后置处理模块是产生所用具体数控机床的数控程序；加工仿真模块是检查数控程序编制的加工正确性和刀具与机床、夹具、工件之间的运动干涉碰撞。

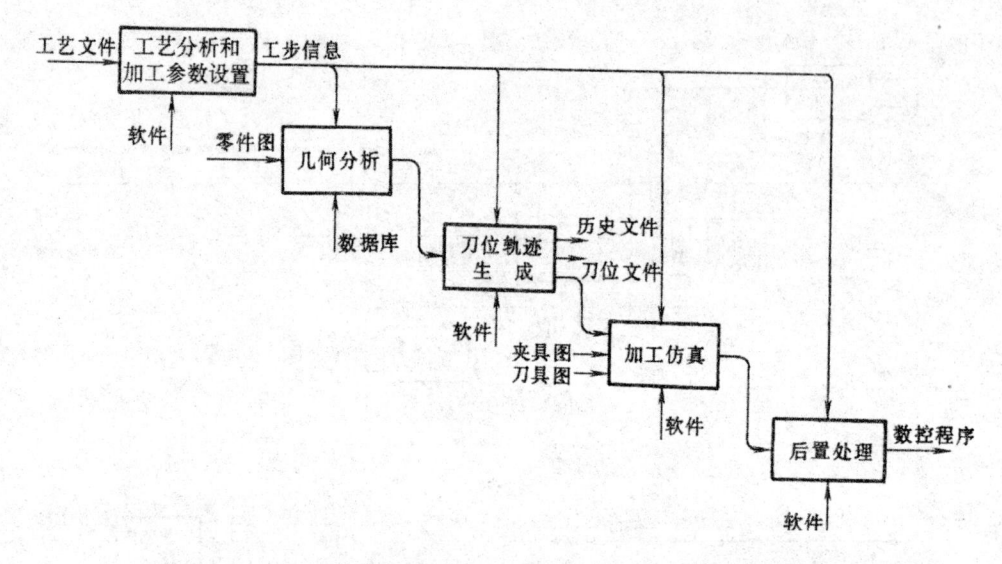

图 6-14 计算机集成制造环境下的计算机辅助制造系统功能模块图

(四) 计算机集成制造的发展和应用

1. 计算机集成制造的发展

20 世纪 70 年代初期,美国 Joseph Harrington 博士首先提出了计算机集成制造的概念,其核心思想就是强调在制造业中充分利用计算机的网络、通信技术和数据处理技术,实现产品信息的集成。他提出的概念基于两个观点:①企业的各个环节是不可分割的,需要统一考虑。②整个生产过程的实质是对信息的采集、传递和加工处理过程。此后,计算机集成制造在世界各国发展起来。美国商业部原国家标准局,现为国家标准和技术研究所的自动化制造研究实验室基地,于 1981 年提出研究计算机集成制造的计划并开始实施,随后于 1986 年底完成全部工作。由此 AMRF 成为美国计算机集成制造技术的实验研究中心。欧洲共同体把工业自动化领域的计算机集成制造作为信息技术战略的一部分,制订了欧洲信息技术研究发展战略计划(Europe Strategic Programmed. for Research and Development in Information Technology-ESPRIT),以及有欧洲 19 个国家参加的高技术合作发展计划(European Research Combination Agency, EURECA),即尤里卡计划。ESPRIT 计划包括微电子技术、软件技术、先进信息处理技术、办公室自动化、计算机集成化生产五个部分。

我国从 1986 年开始酝酿、筹备进行计算机集成制造的研究工作,将它列入高技术研究发展计划(863 计划)的自动化领域中,成立了计算机集成制造系统(CIMS)主题专家组,提出了建立计算机集成制造系统实验研究中心(Computer Integrated

Manufacturing System Experiment Research Center，CIMS．ERC）、单元技术网点和应用工厂等举措。

2. 计算机集成制造系统的实例分析

1987—1992 年建立在国家计算机集成制造系统工程技术研究中心的计算机集成制造系统实验工程是由清华大学等 12 个单位共 200 多位工程技术人员参加研究的，总共投资 3700 万人民币，是我国第一个计算机集成制造系统。图 6-15 所示为该系统的主要结构示意图，该系统由车间、单元、工作站、设备四层组成，在网络和分布式数据库管理的支撑环境下，进行计算机辅助设计、计算机辅助制造、仿真、递阶控制等工作。网络通信采用传输控制协议和内部协议、技术和办公室协议以及制造自动化协议。网络为以太网。

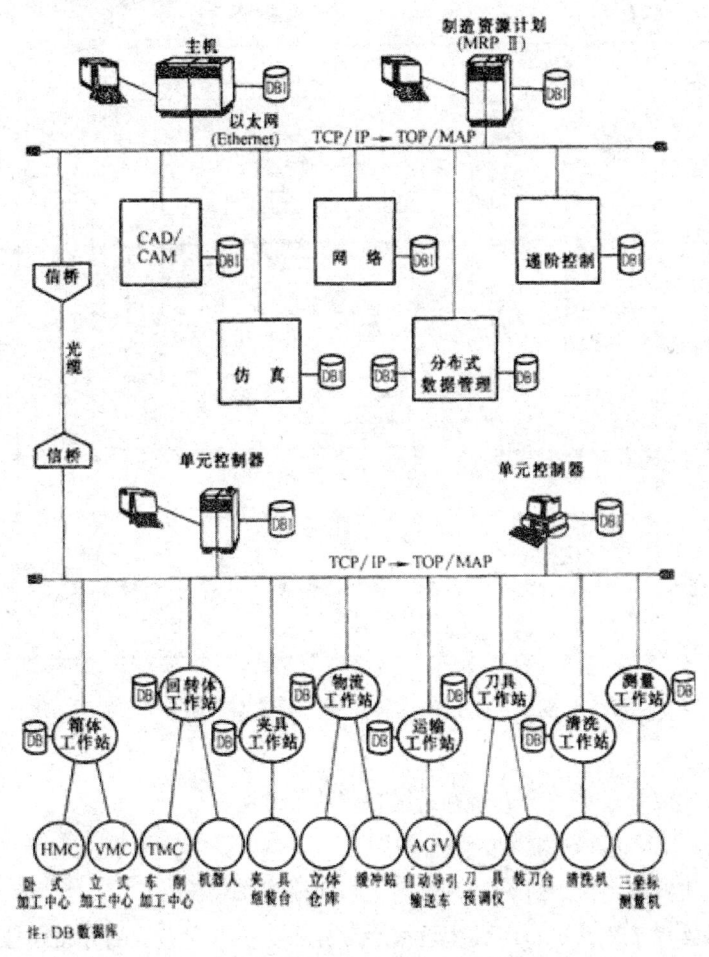

图 6-15 计算机集成制造系统实验工程系统结构

车间层由两台计算机控制，其中一台为主机，一台为专管制造资源计划。单元层由两台计算机（单元控制器）来控制各工作站及设备。单元是一个制造系统，用于加工回转体零件（如轴类、盘套类）和非回转体零件（如箱体），故有一台卧式加工中心、一台立式加工中心和一台车削加工中心来完成加工任务。加工后进行清洗，清洗完毕后在三坐标测量机（测量工作站）上检测。夹具在装夹工作站上进行计算机辅助组合夹具设计及人工拼装。卧式加工中心和立式加工中心都是铣镗类机床，其所用刀具由中央刀具库提供，并由刀具预调仪测量尺寸，所测尺寸应输入刀具数据库内。单元内有立体仓库，由自动导引输送车输送工作、夹具和托盘等物体。对于卧式和立式加工中心，用托盘装置进行上、下料；对于车削加工中心，则用机器人进行下料。图6-16所示是其单元平面布局图。

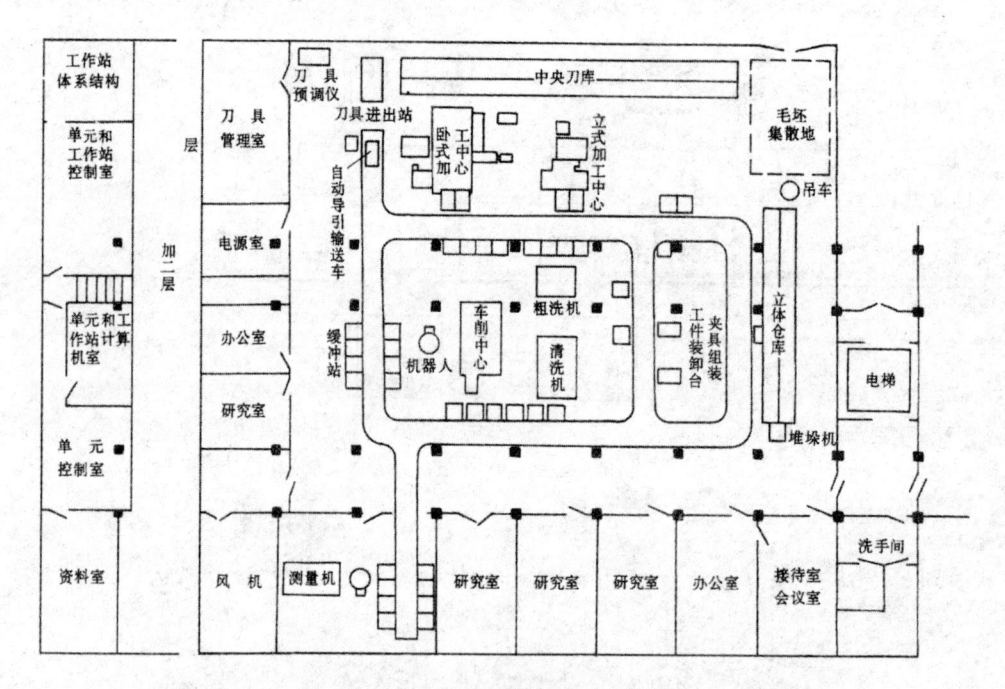

图6-16 计算机集成制造系统实验工程制造系统单元平面布局图

计算机集成制造系统分为信息系统和制造系统两大部分。
（1）信息系统。它由六个系统组成。
①计算机网络系统，进行计算机网络与通信工作。
②数据管理系统，进行由共享数据库和分布式数据库组成的分布式数据管理。
③信息管理与决策系统，即管理信息系统，进行物料、生产等管理。

第六章　现代机械加工工艺技术以及技术革新研究

④仿真系统，进行生产调度、生产计划加工过程等仿真工作。

⑤软件工程系统，负责整个工程在功能、信息等方面的软件设计，协调各系统工作。

⑥计算机辅助设计和计算机辅助制造系统，进行 CAD、CAPP、CAM 及其之间的集成工作。

（2）制造系统。它由两个系统组成。

①递阶控制系统，进行车间、单元、工作站、设备等各层的控制。

②柔性制造系统，是一个单元级的、由一条柔性制造系统构成的系统。

计算机集成制造系统实验工程是一个新事物，研究工作所占比例较大，因此建立了网络、数据管理、递阶控制、仿真技术、信息管理与决策、CAD/CAM、柔性制造系统、软件工程等八个研究室，开展相应的研究工作。整个计算机集成制造系统缺少工况监控系统，在保证系统安全、正常、可靠工作上有缺陷；同时中央刀具库与各加工中心刀库间的刀具交换靠手工进行，不够理想，这些都应该改进。

二、并行工程

（一）并行工程的概念

并行工程又称为同步工程（Simultaneous Engineering，SE）或同期工程，是针对传统的产品串行开发过程而提出的一个强调并行的概念、哲理和方法。

可以认为，并行工程是在集成制造的环境下，集成地、并行有序地设计产品全生命周期及其相关过程的系统方法，应用产品数据管理（Production Date Management PDM）和数字化产品定义（Digital Product Definition，DPD）技术，通过多学科的群组协同工作，使产品在开发的各阶段既有一定的时序，又能并行交错。

并行工程采用计算机仿真等各种计算机辅助工具、手段、使能技术和上、下游共同决策方式，通过宏循环和微循环的信息流闭环体系进行信息反馈，在开发的早期就能及时发现产品开发全过程中的问题。并行工程要求产品开发人员在设计的一开始就考虑产品在整个生命周期中，从概念形成到报废处理的所有因素，包括用户需求、设计、生产制造计划、质量和成本等。

综上所述，并行工程缩短了产品开发周期，提高了产品质量，降低了成本，缩短了产品上市时间，增强了企业的竞争能力，具有显著的经济效益和社会效益。并行工程的主体是并行设计，是用计算机仿真技术设计开发产品的全过程。

（二）并行工程的体系结构

并行工程通常由过程管理与控制、工程设计、质量管理与控制、生产制造和支撑环境等五个分系统组成，如图 6-17 所示。

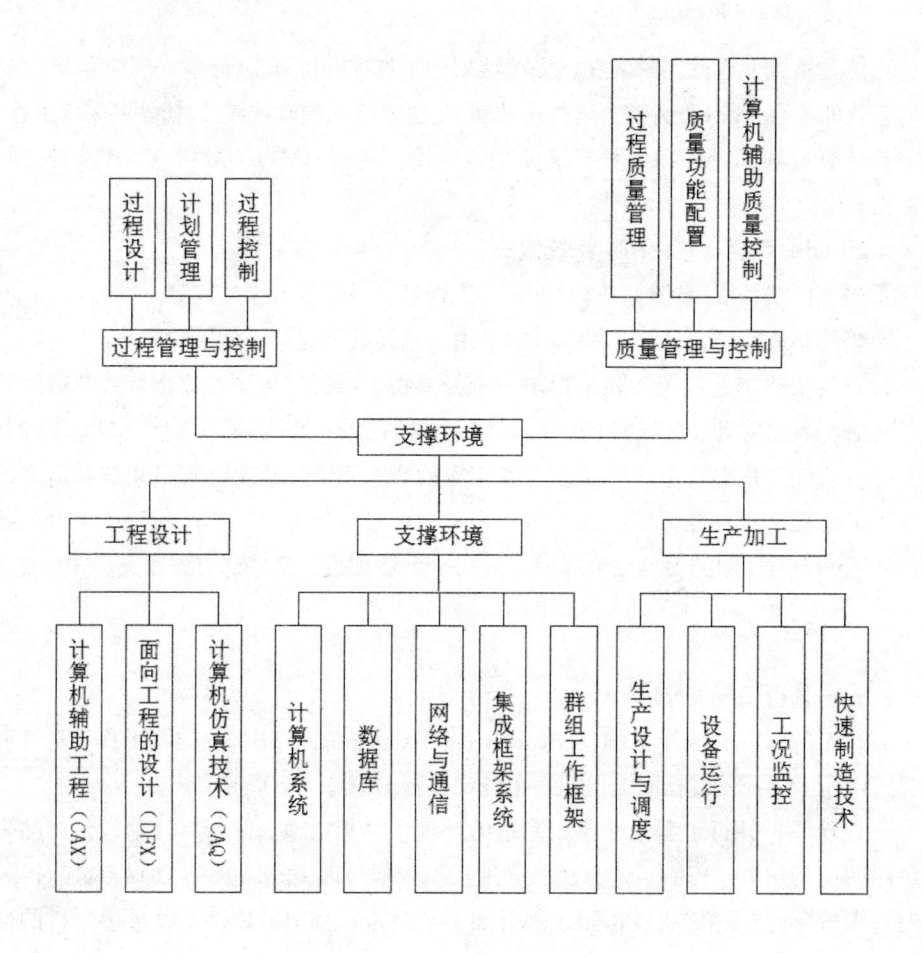

图 6-17 并行工程的体系结构

并行工程是在计算机集成制造的基础上发展起来的。并行并非指齐头并进，而是并行有序地工作，具有并行处理产品全生命周期各阶段问题的能力。并行工程强调了过程管理与控制、群组协同工作（Teamwork）和上、下游共同决策的机制，以及计算机仿真等使能技术。

（三）并行工程的应用和发展

并行工程问世以后，受到国内外工业界、学术界和政府部门的高度重视，在一些企业获得了成功的应用，在航空、航天、机械、电子、汽车、建筑、化工等行业中的应用也越来越广泛，成为现代制造技术的重要内容之一。

1. 波音 777 大型民用客机并行工程

波音公司是美国民航喷气飞机制造的最大基地，也是最早开发应用计算机集成

第六章　现代机械加工工艺技术以及技术革新研究

制造和并行工程的航空企业。但它的地理位置分布广泛，因此造成信息集成和群组协同工作的困难。由于计算机辅助技术的高速发展和广泛应用，在 20 世纪 90 年代针对波音 777 大型民用客机的研制，进行了以国际流行的 CATIA 三维实体造型系统为核心的同构 CAD／CAM 系统的信息集成。波音 777 大型民用客机的研制具有以下特点：

（1）对产品进行数字化定义，为"无图样"研制的飞机。

（2）建立电子样机，取消原型样机的研制，仅对一些关键部件，如起落架轮舱作了全尺寸模型，采用计算机预装配，查出零件干涉 2500 多处，使工程更改减少 50%。

（3）采用群组协同工作。参加该飞机研制的工程技术人员、部门代表、用户、供应商及转包商等各类人员共有 7000 多人，组成了 200 多个研制小组。

（4）利用并行工程，使该飞机在设计时就能充分考虑工艺、加工、材料等下游的各种因素，提高了飞机研制的成功率。

（5）改变研制流程，缩短研制周期。将波音 777 飞机的研制周期相比，比波音 767 飞机缩短了一年以上，其中装配和飞行试验时间相同，而主要差别在设计和出图上，波音 767 飞机用了 40 个月，而波音 777 飞机只用了 27 个月。

2. 典型复杂机械结构件并行工程

该项目是我国在 1995 年由国家科学技术委员会立项的关键技术攻关项目，是针对某航天典型复杂机械结构件的并行工程，由清华大学、航天工业总公司第二研究院等单位承担。

并行工程的体系结构如图 6-18 所示，由管理与质量、工程、制造、支撑环境四个分系统组成。协同工作环境由计算机系统、网络与通信、数据库、集成框架系统、群组工作集成框架等层次构成。

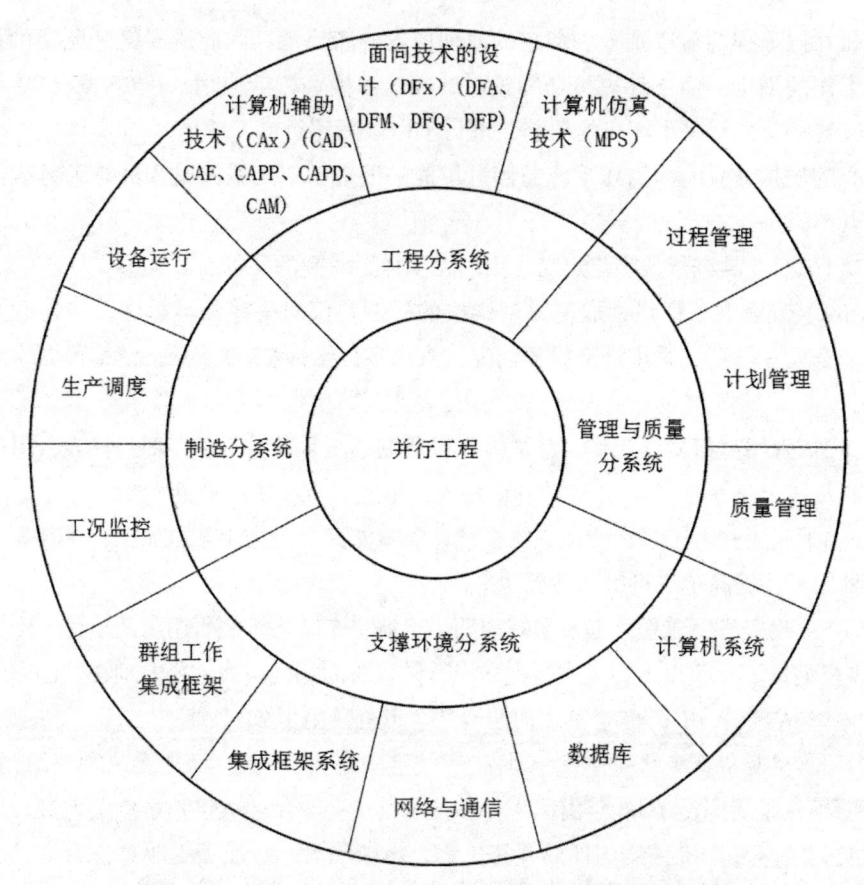

图6-18 某航天典型复杂机械结构件并行工程的体系结构

并行工程实施后效益显著，其中产品设计周期缩短了60%，工程绘图周期从两个月减少到三周，工艺检查周期缩短了50%，更改反馈工艺设计（规划）时间减少30%，工装准备周期减少30%，数控加工编程与调试周期减少50%，毛坯成品率由30%~50%提高到70%~80%，成本降低20%。同时提高了产品开发能力，加强了团队协作精神，实现了网络环境下的并行设计工作。

三、精良生产

精良生产是20世纪50年代由日本丰田汽车公司工程师丰田英二和大野耐一根据当时日本的实际情况所提出的一种新的生产方式。当时日本正处于第二次世界大战之后，国内市场很小，汽车种类繁多，无足够资金和外汇购买西方的生产技术。精良生产综合了单件生产和批大量生产方式的优点，使工人、设备投资以及开发新产品的时间等一切投入都大为减少，而生产出的产品品种和质量却又多又好。这种生产方式到 20 世纪 60 年代已发展成熟，到 20 世纪 80 年代中期受到美国重视，认为它会真正改变世界的生产和经济形势，对人类社会产生深远影响。分析表明，当今世界汽车制造业的生产水平相差甚为悬殊的根本原因不在于企业自动化水平的高低，不在于生产批量的大小，也不在于产品品种的多少，而在于生产方式的不同。日本汽车业之所以能发展到今天的水平是因为采用了这种新型生产方式。这种生产方式被称为精良生产，也有人称为无故障生产。

精良生产的主导思想是以"人"为中心，以"简化"为手段，以"尽善尽美"为最终目标，因此，精良生产的特点如下：

1. 强调人的作用，以"人"为中心。工人是企业的主人，他们在生产中享有充分的自主权。所有工作人员都是企业的终身雇员，企业把雇员看作是比机器更为重要的固定资产。要充分发挥他们的创造性。

2. 以"简化"为手段，去除生产中一切不增值的工作。要简化组织机构，简化与协作厂的关系，简化产品的开发过程、生产过程和检验过程。减少非生产费用，强调一体化质量保证。

3. 精益求精，以"尽善尽美"为最终目标。持续不断地改进生产、降低成本，力争无废品、无库存和产品品种多样化。所以精良生产不仅是一种生产方式，而且是一种现代制造企业的组织管理方法。可以说，精良生产的核心是"精良"，它已受到世界各国的注视。

四、敏捷制造和虚拟制造

（一）敏捷制造

美国在 1994 年底出版了《21 世纪制造企业战略》报告，它是美国国防部根据国会的要求拟定一个较长时期的制造技术规划而委托里海（Lehigh）大学编定的。报告中提出了既能体现国防部与工业界的各自利益，又能获取共同利益的一种新的制造模式，即敏捷制造，并将它作为制造企业战略，在 2006 年以前通过它夺回美国制造业在世界上的领先地位。

敏捷制造是将柔性生产技术、生产技能和知识的劳动力与企业内部以及企业之间相互合作的灵活管理集成在一起，通过所建立的共同基础结构，对迅速改变或无法预见的用户需求和市场时机做出快速响应，其核心是"敏捷"。

敏捷制造的特点可归纳为如下几点：

1. 能迅速推出全新产品。随着用户需求的变化和产品的改进，用户容易得到欲买的重新组合产品或更新换代产品。

2. 形成信息密集的、生产成本与批量无关的柔性制造系统，即可重新组合、可连续更换的制造系统。

3. 生产高质量的产品，在产品全生命周期内使用户感到满意，不断发展的产品系列具有相当长的寿命，与用户和商界建立长远关系。

4. 建立国内或国际的虚拟企业（公司）或动态联盟，它是靠信息联系的动态组织结构和经营实体，权力是集中与分散相结合的，建有高度交互性的网络，实现企业内和企业间全面的并行工作。通过人、管理、技术三结合，充分调动人的积极性，最大限度地发挥雇员的创造性。以其优化的组织成员、柔性的生产技术和管理、丰富的资源优势，提高新产品投放市场的速度和竞争能力，实现敏捷性。

（二）虚拟制造

虚拟制造技术的本质是以计算机支持的仿真技术为前提，对设计、制造等生产过程进行统一建模，在产品设计阶段，适时地、并行地模拟出产品未来制造全过程及其对产品设计的影响，预测产品性能、产品加工技术、产品的可制造性，从而更有效、更经济、更柔性灵活地组织生产，使工厂和车间的设计和布局更合理、更有效，以达到产品的开发周期和成本的最小化，产品设计质量的最优化，生产效率的最高化。

虚拟制造是敏捷制造的核心，是其发展的关键技术之一。敏捷制造中的虚拟企业在正式运行之前，必须分析这种组合是否最优，能否正常、协调工作，以及对这种组合投产后的效益及风险进行切实有效的评估。实现这种分析和有效评估，就必须把虚拟企业映射为虚拟制造系统，通过运行虚拟制造系统进行实验。

虚拟制造系统是基于虚拟制造技术实现的制造系统，是现实制造系统在虚拟环境下的映射，它不消耗现实资源和能量，所生产的产品是可视的虚拟产品，具有真实产品所必须具有的特征，它是一个数字产品。

随着虚拟制造的发展，又出现了拟实制造，即虚拟现实制造，操作者戴上专门的头盔和手套可在计算机上模拟出现实情况。另外虚拟仪器的出现可代替一些实际仪器的工作。它已经商品化，具有广泛的应用前景。

五、大规模定制制造

在制造业中，客户需求的多样化和竞争的全球化对制造企业提出了更高的要求，如多样化产品品种、更短的交货期、更低的产品成本和更高的产品质量，使企业面临新的挑战，从而产生了大规模定制的生产方式。

大规模定制是一种将企业、用户、供应商和环境集成于一体，形成一个系统。用整体优化的观点，充分利用企业的各种资源，在成组技术、现代设计方法学、先进加工技术、计算机技术、信息技术等的支持下，根据用户的个性化需要，采用大批量生产的方法，以高质量、高效率和低成本提供定制产品和服务。

大规模定制的关键技术是如何解决用户个性需求所造成的产品多样性和生产批量化的矛盾，使用户和企业都能满意，这就要求采用柔性化的制造技术、虚拟制造技术等，如大规模定制的产品的模块化设计、大规模定制的成组制造和大规模定制的管理等。

大规模定制又称大批量定制、批量定制、大规模用户化生产和批量用户化生产等，它是21世纪的主要制造模式之一。

六、企业集群制造

企业集群是指众多生产相同或相似产品的企业在某个地区内聚集的现象。集群制造是指企业集群生产的制造模式，它正在逐渐发展为世界经济的一种重要形式。例如，美国加州硅谷的微电子、生物技术企业集群，意大利北部以米兰为中心的机器制造和皮革加工企业的"第三意大利现象"，我国的珠江三角洲地区的计算机、服装、家具等企业集群和长江三角洲地区的集成电路、轻工产品等企业集群等。

企业集群制造是通过企业集群制造系统来实现的。企业集群制造系统是企业虚拟化和集群化的结果。企业虚拟化使产品的制造过程分解成多个独立的制造子过程，企业集群化使每个制造子过程都聚集了大量的同构企业并形成企业族。企业集群制造系统的结构如图6-19所示。

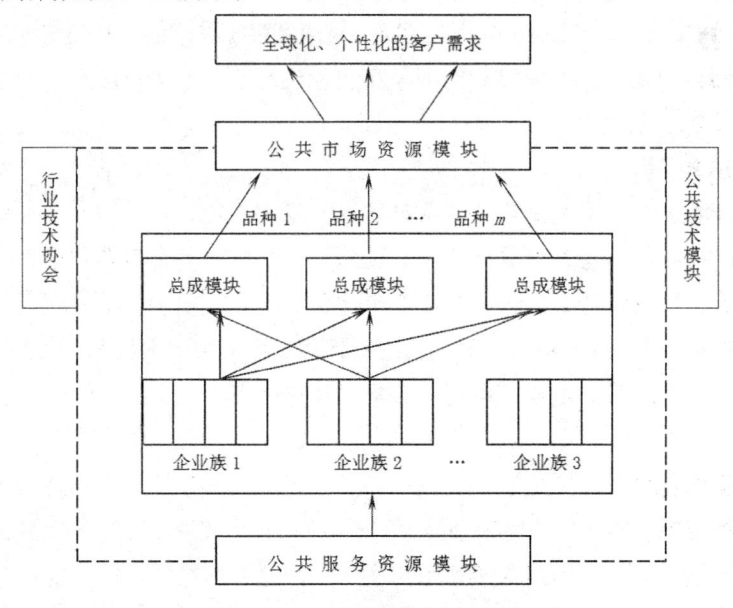

图6-19 企业集群制造系统的结构

企业集群制造与虚拟企业有所不同，其基本思想如下。

1. 制造资源的开放利用。在企业集群制造系统中，产品的每个制造子过程都存在许多同构企业，每个企业的制造资源对所有企业都是开放的。在选择合作伙伴时，各企业形成一种双向多选择的机制，从而降低了专业化分工的资产专用性风险和互相之间的依赖关系。

2. 不断优化的资源环境。制造资源的开发利用有赖于在企业集群制造系统中形成一个不断优化配置的资源环境。由于企业集群制造系统的生产任务是一个动态产品族，各企业为了保持和提高竞争力，都会在技术上不断进步和创新，主动为制造资源的开发利用创造一个不断优化配置的环境。

3. 市场化的运行机制。在企业集群制造系统内，区域性的市场竞争有效地检验了各企业的实力，使企业可供选择的各种信息都得以集中而且公开，形成一种公开竞争的市场化定价、合作伙伴选择、利益分配、合作和信任机制，提高了企业间的交易效率，降低了交易成本。

企业集群制造系统的构建包括同类企业的区域集群和集群内制造资源的模块化整合及其优化等内容。

七、绿色制造

绿色制造是一种综合考虑环境影响和资源利用的现代制造模式，其目标是使产品在从市场需求、设计、制造、包装、运输、使用到报废处理的完整的生命周期中，对环境的负面影响最小，而资源利用率最高。绿色制造的含义很广且十分重要，主要涉及以下三个方面。

（一）环境保护

制造是永恒的，产品的生产会造成环境的污染和破坏，人类的生存环境面临日益增长的产品废弃物危害和资源日益匮乏的局面。要以产品全生命周期来考虑，从市场需求开始，进行设计、制造，不仅要考虑它如何满足使用要求，而且要考虑它生命终结时如何处置，使它对自然界的污染和破坏最小而利用率最大，如工业废液、粉尘的排放，一些产品如电池、印制电路板、计算机等在报废后元件中有害元素的处理。

（二）资源利用

世界上的资源从再生的角度来分类，可分为不可再生资源与可再生资源，如石油、矿产等都是不能再生的，而树木等是可再生的。因此在产品设计时，应尽量选择可再生材料，产品报废后，要考虑资源的回收和再利用问题。为此，机械产品从设计开始，就要考虑拆卸的可能性与经济性，在产品建模时，不仅要考虑加工、装配结构的工艺性，而且要考虑拆卸结构的工艺性，把拆卸作为计算机辅助装配工艺设计的一项重要内容。

（三）清洁生产

在产品生产加工过程中，要减少对自然环境的污染和破坏。如切削、磨削加工中的切削液，电火花加工、电解加工的工作液都会污染环境，为此，出现了干式切削和干式磨削加工，而这两种加工中的切屑、粉尘会对人体造成伤害，需要配置有效的回收装置；热处理废液会造成严重的水污染和腐蚀，对人体有害，应进行处理后才能排放；又如机械加工中的噪声也是一种环境污染，需要控制，不能超标。

为了进行清洁生产，需要研究产品全生命周期设计和并行工程，它能有效地处理与生命周期有关的各因素，其中包括需求、设计和开发、生产、销售、使用、处理和再循环，如图6-20所示。

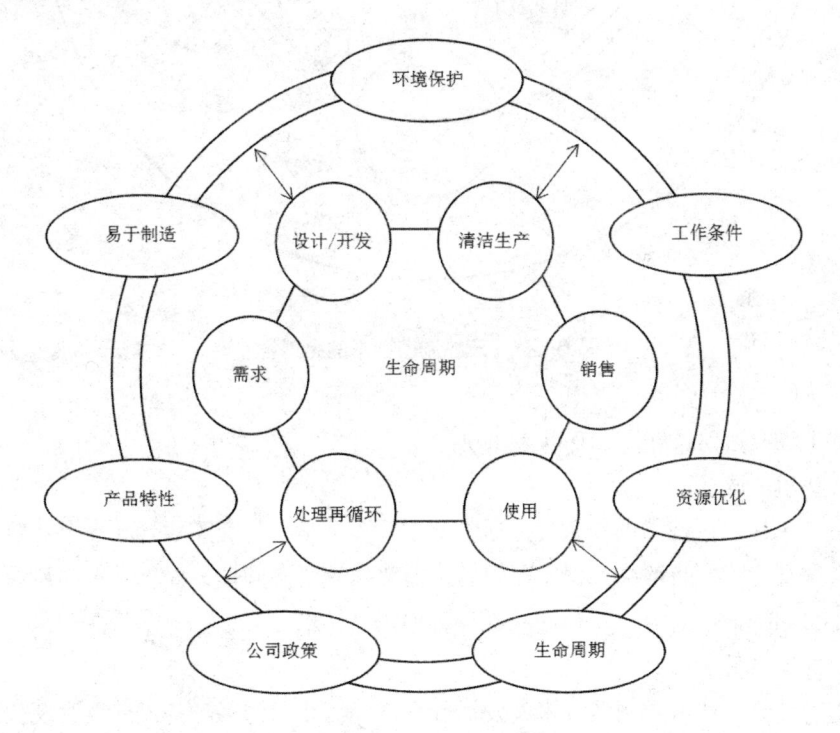

图6-20 产品全生命周期设计

图6-21所示为产品制造技术的全过程，它包括产品技术、生产技术、拆卸技术和再循环技术。

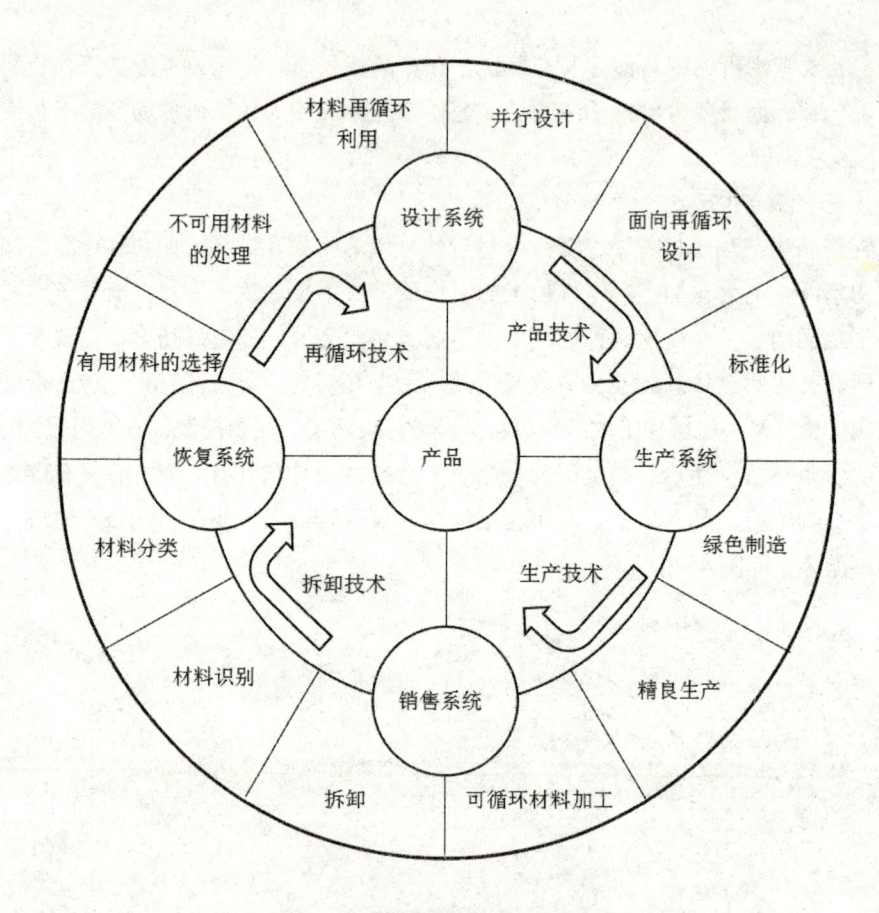

图 6-21 产品制造技术的全过程

除上述制造模式外，还有以下几种：

1. 协同制造

由于现代制造技术的复杂性，通常要涉及多个学科的交叉融合、多个行业和企业的合作支持，才能解决工程实际问题，因此强调了协同性，提出了多学科设计优化（Multi-disciplinary Design Optimization，MDO）技术。

2. 网络化制造

随着计算机技术和网络技术的发展和全球经济化，网络经济发展成为现代经济的主流，传统的制造模式产生了根本变化，逐步形成了网络化制造。网络化制造系统是网络化制造的具体体现，是企业在网络化制造集成平台和软件工具支持下，根据企业的经营业务需求，进行产品的开发、设计、制造、销售、报废处理等工作。

3. 全球化制造

强调全球企业的合作和资源共享，选择最优的合作伙伴，采用最先进的技术，提高产品质量，加快产品的开发速度和上市时间，最大限度地满足用户需求。

第三节　智能制造技术研究

一、智能制造的含义

智能制造是 20 世纪 80 年代发展起来的一门新兴学科，具有很重要的前景，被公认为继柔性化、集成化后，制造技术发展的第三阶段。

关于智能制造的含义，有众多说法，可以认为智能制造是指将专家系统、模糊推理、人工神经网络和遗传基因等人工智能技术应用到系统的控制中，解决多种复杂的决策问题，提高制造系统的水平和实用性。人工智能的作用是要代替熟练工人的技艺，具有学习工程技术人员实践经验和知识的能力，并用以解决生产实际问题，从而将工人、工程技术人员多年累积起来的丰富而又宝贵的实际经验保存下来，并能在生产实际中长期发挥作用。因此，目前正在研究能发挥人的创造能力和具有人的智能（和技能）的制造系统。

在以人为系统的主导者这一总的概念指导下，对智能制造有两种看法和做法，即基于人的智能制造（Human Intelligence-Based Manufacturing，HIM）、基于智能性技能的制造（Intelligent Skill-Based Manufacturing，ISM）和以人为中心的制造（Human Centered Manufacturing，HCM）。

二、智能制造技术的方法

智能制造技术有许多方法，如专家系统、模糊推理、神经网络和遗传算法等。

（一）专家系统

专家系统是当前主要的人工智能技术，它由知识库、推理机、数据库、知识获取设施（工具）和输入/输出接口等组成，如图 6-22 所示。知识库是将领域专家的知识经整理分解为事实与规则并加以存储；推理机是根据知识进行推理和做出决策；数据库是存放已知事实和由推理得到的事实；知识获取设施（工具）是采集领域专家的知识；输入/输出接口是与用户进行联系的窗口。它首先是要采集领域专家的知识，分解为事实与规则，存储于知识库中，通过推理做出决策。要使做出的决策与专家所做的相同，不仅要有正确的推理机，而且要有足够的专家知识。

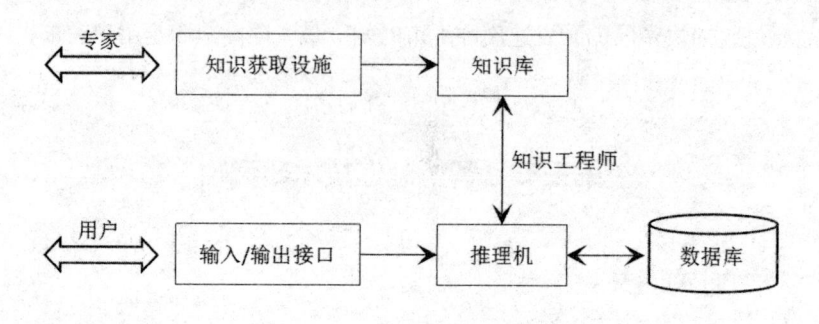

图 6-22　专家系统的组成

专家系统的工作过程如下：
1. 明确所要解决的问题。
2. 提取知识库中相应的事实与规则。
3. 进行推理，做出决策。

设计专家系统的推理机（Inference—Engine）时，应考虑推理方式，因为它会影响推理的效果。推理方式一般有以下四种：

1. 正向推理。它是从初始状态向目标状态的推理，其过程是从一组事实出发，一条条地执行规则，而且不断加入新事实，直至问题的解决。这种方式适用于初始状态明确且目标状态未知的场合。

2. 反向推理。它是从目标状态向初始状态的推理，其过程是从已定的目标出发，通过一组规则，寻找支持目标的各个事实，直至目标被证明为止。这种方式适用于目标状态明确而初始状态不清楚的场合。

3. 混合推理。它是从初始状态和目标状态出发，各自选用合适的规则进行推理，当正向推理和反向推理的结果能够匹配时，则推理结束。这种正、反向混合推理必须明确在规则中哪些是处理事实的，哪些是处理目标的，多用于一些复杂问题的推理中。

4. 模糊推理。这是不精确推理，适用于解决一些不易确定现象或要用经验感知来决策的场合。常用的方法有概率法、可信度法、模糊集法等。

计算机辅助工艺过程设计专家系统常用的知识表达方法有谓词逻辑、框架、语义网络、产生式系统等。其中产生式系统的应用比较广泛，它是由一系列产生式规则来描述，即假如……，则……（If…，then…）。例如，假如孔的直径小于

30mm，则用钻、扩、铰方法加工。

（二）模糊推理

模糊推理又称模糊逻辑，它是依靠模糊集和模糊逻辑模型（多用关系矩阵算法模型）进行多个相关因素的综合考虑，采用关系矩阵算法模型、隶属度函数、加权、约束等方法，处理模糊的、不完全的乃至相互矛盾的信息。它主要解决不确定现象和模糊现象，需要多年经验的感知和判断。

1. 知识的模糊表达

（1）模糊概念和模糊集合。

任何一个概念总有它的内涵和外延。内涵是这一概念的本质属性，外延是指符合这一概念的全体对象，讨论概念外延的范围称为论域。一个精确的概念，其外延实际上就是一个普通集合。

设论域 U 由若干元素 u 组成，普通集合 A 的特征函数为 μ_A，则普通集合 A 的特征函数 μ_A 在 u 处的值 μ_A 称为 u 对 A 的隶属度。当 u 不属于 A 时，隶属度是 0，表示 u 绝对不隶属于 A。其数学表示为：

$$\mu_A : U \to \{0,1\}$$

$$\mu_A(u) = \begin{cases} 1 & u \in A \\ 0 & u \notin A \end{cases}$$

但世界上的许多概念都是模糊的，不能用绝对属于或绝对不属于来描述，因而出现了模糊概念和模糊集合。例如，在生产中的"批量"就是一个模糊概念，大批量生产、成批生产和单件小批生产之间没有明确界限和数字关系，其论域中的元素有产量、产品大小、产品复杂程度等。

设论域 U，其映射 $\mu_{\tilde{A}}$ 确定了 U 的模糊子集，简称模糊集，即模糊集合。$\mu_{\tilde{A}}$ 称为模糊集 $\tilde{A}$ 的隶属函数，$\mu_{\tilde{A}}(u)$ 为元素 u 隶属于 $\tilde{A}$ 的程度，简称 u 对于 $\tilde{A}$ 的隶属度。

知识的模糊表达可由模糊关系来实现。

设 X、Y 为普通集合，称 $X \times Y$ 的模糊集 $\tilde{R}$ 为从 X 到 Y 的模糊关系，$\mu_{\tilde{R}}$ 称为模糊集 $\tilde{R}$ 的隶属函数，$\mu_{\tilde{R}}(x,y)$ 为 (x,y) 隶属于模糊关系 $\tilde{R}$ 的程度。

设 $\tilde{R}$ 为从 X 到 Y 的模糊关系，$\tilde{S}$ 为从 Y 到 Z 的模糊关系，则 $\tilde{R} \circ \tilde{S}$ 是从 X 到 Z 的一个模糊关系，$\mu_{\tilde{R} \circ \tilde{S}}$ 为其隶属函数。$\tilde{R} \circ \tilde{S}$ 称为 $\tilde{R}$ 与 $\tilde{S}$ 的合成，"$\circ$"为算子，如算符"V"为取大运算，"∧"为取小运算，"·"为概率积运算，"+"

为概率和运算,"⊕"为有界和运算,"⊖"为有界差运算等。

(2)知识模糊表达方法。

①产生式规则的模糊关系表达。产生式规则的形式是:规则,"如果—则",即"条件—行动"。先将条件和行动用模糊集表示出来,再根据具体规则中条件与行动的关联程度及特征选择合适的模糊算子,通过模糊算子作相应的计算,便可得到用模糊关系来表达的规则。

例如,如果工件的形状为矩形,厚度≥20mm,长度较长或很长,宽度很宽,无内形面,则用半自动切割方法下料。

在这条规则中,形状为矩形,厚度≥20mm,无内形面和半自动切割都是精确概念,其隶属度不是1就是0,而长度较长或很长,宽度很宽是模糊概念,其隶属度可按前述的模糊综合评判中所述的方法来确定,如可按下式计算:

$$\mu_{长度较长}(l) = \begin{cases} \dfrac{l}{200} & 0 < l \le 200 \\ 1 & 200 < l \le 500 \\ \dfrac{4000-l}{3500} & 500 < l \le 4000 \\ 0 & l > 4000 \end{cases}$$

$$\mu_{长度较长} \begin{cases} 0 & 0 < l \le 500 \\ \dfrac{l-500}{3500} & 500 < l \le 4000 \\ 1 & l > 4000 \end{cases}$$

$$\mu_{长度较长} \begin{cases} 0 & 0 < w \le 100 \\ \dfrac{w-100}{100} & 100 < w \le 200 \\ 1 & w > 200 \end{cases}$$

取模糊算子"∧、∨(取小取大)",该规则可表示的多元模糊关系为:

$$\mu_{下斜方法}(f,t,l,w,i,c) = \mu_{形状}(f) \wedge \mu_{厚}(t) \wedge [\mu_{长度长}(l) \vee \mu_{长度很长}(l)] \wedge \mu_{宽度很宽}(w) \wedge \mu_{内形面}(i) \wedge \mu_{半自动切割}(c)$$

半自动切割的可能性为:

$\mu_{半自动切割} \wedge \mu_{厚}(t) \wedge [\mu_{长度很长}(l) \vee \mu_{长度很长}(l)] \wedge \mu_{宽度很宽}(w) \wedge \mu_{内形面}(i)$

②事实的模糊关系表达。事实的模糊关系表达就是用隶属度。

例如,轴和盘均为回转体类零件,要表达"轴与盘类零件相似"就是一个模糊概念,可以赋予这件事实一定的程度,用模糊关系来描述。

相似(轴类零件,盘类零件)=0.7

2. 模糊推理

目前主要有模糊评判、模糊统计判决、模糊优化等。其中模糊评判的应用比较广泛。模糊评判可分为单因素评判和多因素评判。多因素评判又称为综合评判。

(1)单因素评判

利用一个因素去评价一个事物时,对事物某个方面的评价能获得较好的效果,但也往往会出现违背客观实际的结果。

单因素评价比较简单。例如,要评价某厂生产机床的精度保持性,先给出评价等级,取 W={好,一般,不好},然后邀请了解该机床的各界人士来打分。若评价结果是:30%的人说"好",40%的人说"一般",其余30%的人说"不好",则可用模糊集来表示其评价结果,即

$\tilde{A}$ 精度保持性 =0.3 / 好 +0.4 / 一般 +0.3 / 不好

根据最大隶属原则,该模糊集的隶属度为 0.4,即

$\mu_{\tilde{A}}$ 精度保持性(机床)=0.4

所以该机床的精度保持性为 0.4。

(2)多因素评判。

模糊综合评判就是对多种因素所影响的事物或现象做出总的评价,可分为一级(单级)评判和二级(多级)评判。模糊综合评判的步骤如下:

①确定对象集

$U=(u_1, u_2, \cdots u_m)$ 表示论域 U 有 m 个方案参评备选,即对象集有 m 个对象,或有 m 个元素。例如,某一零件的加工方案有 u_1、u_2、u_3、三种选择,$U=\{u_1, u_2, u_3\}$,$m=3$,现在要评判采用哪种方案最优。

②确定因素集

$V=(v_1, v_2, \cdots, v_n)$

表示影响评判的因素有 n 个。例如,影响机械加工方案选择的因素有工件的装夹次数 v_1、定位面的表面粗糙度 v_2、定位面的相对面积 v_3、夹具的种类(通用还是专用)v_4、夹紧力方向 v_5,共五个,$V=(v_1, v_2, v_3, v_4, v_5), n=5$。

③确定因素评价集

$R_i = (r_{i1}, r_{i,2}, \cdots r_{i,n})$ $i = 1, 2 \cdots m$

表示某个因素对每个对象的评价指数。由于共有 n 个因素，故可列出 n 个评价集。例如 $R_1 = (r_{11}, r_{12}, r_{13}) = (1/2, 1, 1/2)$ 表示因素 1 在三个方案上的评价集，r_{11}、r_{12}、r_{13}，为因素 1 分别在三个方案上的隶属度，式中第一、三方案要装夹两次，故其隶属度为 $1/2$；第二方案只要装夹一次，故其隶属度为 1。可见对第二方案的评价较高。

④构造评判矩阵

$$R = \begin{bmatrix} R_1 \\ R_2 \\ \vdots \\ R_n \end{bmatrix} = \begin{bmatrix} r_{11} & r_{12} & \cdots & r_{1m} \\ r_{21} & r_{22} & \cdots & r_{2m} \\ \vdots & \vdots & \vdots & \vdots \\ r_{n1} & r_{n2} & \cdots & r_{nm} \end{bmatrix} = (r_{ij})_{n \times m}$$

$i = 1、2、L、n$ $j = 1、2、L、m$

式中 R——评价矩阵；

r_{ij}——对象 u_i 在因素 v_j 上的隶属度。

⑤确定权数集

$A = (a_1 \quad a_2 \cdots a_n)$

式中，$a_i \geq 0$，i=1、2、…、n。为便于比较，可进行归一化处理，令 $\sum_{i=1}^{n} a_i = 1$。由于各因素对评价的影响不同，因此要对各因素权衡其相对重要性，可通过专家评估法、层次分析法等得到各因素的权数分配，即权数集。如例中的权数集用层次分析法得出，经归一化后为 $A = (a_1)(a_2, a_3, a_4, a_5) = 0.368, 0.109, 0.109, 0.207, 0.207$，可见第 1 因素的权数最大。

⑥合成运算决策集

$B = A \circ R = (b_1 \quad b_2 \cdots \quad b_m)$

式中，$b_j \geq 0$，j=1、2、…、m，为便于比较，可进行归一化处理，令 $\sum_{j=1}^{n} a_i = 1$。借助于模糊变换原理，进行合成运算，现采用加权平均型算法，并把"⊕"运算蜕化为普通运算，经归一化后得 $B = (b_1, b_2, b_3) = (0.351, 0.329, 0.320)$。

⑦确定最优对象

$b_k = \max b_j$

$j = 1、2 \cdots \quad m$

根据决策集的结果和最大隶属度原则，选择决策集中的最大值为最优方案。由此可知，该零件机械加工的三种方案中，方案一最优，方案二次之，方案三不可取。

3. 模糊逻辑的特点

（1）模糊逻辑的理论基础是模糊数学。模糊逻辑主要解决不确定现象和模糊现象，需要具有多年经验的一种感知判断能力。

（2）模糊逻辑决策过程由模糊化、模糊推理、逆模糊化三部分组成。输入零件信息的精确量通过模糊化转化成模糊量，模糊化是通过隶属度函数完成的，正确确定隶属度是至关重要的；模糊推理是通过产生式规则、模糊综合评判等完成的；逆模糊化采用最大隶属度法（极大平均法）、加权平均法等输出结论的精确量。

（3）模糊推理常和专家系统相结合，构成所谓模糊（推理）决策专家系统。

（4）模糊推理中的关键问题是隶属度的确定，它直接影响推理的结果，是一个值得深入研究的问题。

（三）神经网络

1. 神经网络基本概念

神经网络是研究人脑工作过程，如何从现实世界获取知识和运用知识的一门新兴的多学科交叉的学科。人工神经网络是在神经网络前面冠以"人工"两字，以说明研究这一问题的目的在于寻求新的途径以解决目前计算机不能解决或不善于解决的大量问题。人工神经网络是人脑部分功能的某些抽象、简化的模拟，是用大量神经元（简单计算—处理单元）构成的非线性系统，具有学习、记忆、联想、计算和智能处理功能，能在不同程度和层次上模仿人脑神经系统的信息处理、存储和检索等工作，最终形成神经网络计算机。

人工神经网络主要用于以下三个方面：

（1）信号处理与模式识别。如机械结构部件（装配）工艺智能识别就可通过一定的算法学习工艺人员的分类识别过程等。

（2）知识处理工程或专家系统。如在零件的工艺过程设计中对加工方法的选择和加工工步的排序及其优化等，主要是进行决策。

（3）运动过程控制。如机器人的手、眼协调自适应控制等。

由于在计算机辅助工艺过程设计中，人工神经网络的应用十分广泛，因此形成了智能化的 CAPP 系统。

2. 人工神经网络的结构

人工神经网络是由大量神经元组成的。神经元是一种多输入、单输出的基本单元。从信息处理的观点出发，为神经元构造了多种形式的数学模型，其中有经典的 McCuloch–Pitts 模型。图 6-23 所示为这种模型的结构示意图。

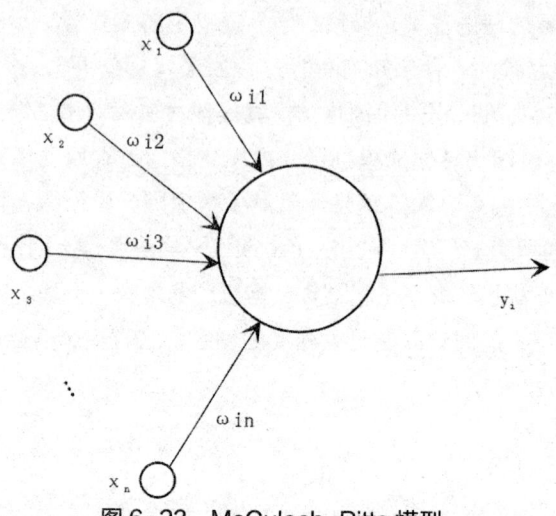

图 6-23 McCuloch-Pitts 模型

该模型的数学表达式为

$$y_i = \text{sgn}(\sum_j \omega_{ij} x_j - \theta_i)$$

式中 y_i——神经元 i 的输出；

x_j——神经元 i 的输入，$j=1,2……n$；

ω_{ij}——神经元 j 对神经元 i 作用的权重；

$\sum_j \omega_{ij} x_j$——对神经元 i 的净输入，它是利用某种运算给出输入信号的总效果，最简单的运算是线性加权求和，即 $\sum_j \omega_{ij} x_j$；

sgn——符号函数，表示神经元的输出是其当前状态的函数；

θ——阈值，当净输入超过阈值时，该神经元输出取值 +1，反之为 –1。

每个神经元的结构和功能比较简单，但把它们连成一定规模的网络而产生的系统行为却非常复杂。人工神经网络是由大量神经元相互连接而成的自适应非线性动态系统，可实现大规模的并行分布处理，如信息处理、知识和信息存储、学习、识别和优化等，具有联想记忆、分类、优化计算（优化决策）等功能。

3. 人工神经网络中的知识表达

知识的表达可分为显式与隐式两类。

在专家系统中，知识多以产生式规则描述出来，直观、可读，易于理解，便于解释推理，这种形式是显式表达。

在人工神经网络中，知识是通过样本学习而获取的，这时是以隐式的方式表达出样本中所蕴含的知识,称为隐式表达。这种表达方式可以表达难以符号化的知识、经验和容易忽略的知识(如常识性知识),甚至尚未发现的知识,从而使人工神经网络具有通过现象(实例)发现本质(规则)的能力。

4. 人工神经网络的学习(训练)

人工神经网络中,知识来自于样本实例,是从用户输入的大量实例中通过自学而得到规律、规则,而不像专家系统那样由程序提供现成的规则。各种学习算法很多,如 Hebb 算法、误差修正法等。Hebb 算法的规则如下:

假定样本序号 s 从 0 至 $m-1$,$x_i^{(s)}$ 和 $x_j^{(s)}$ 分别表示第 s 样本矢量号的第 i 和第 j 个元素,以它们分别作为第 i 和 j 个神经元的输入,第 j 个神经元到第 i 个神经元的连接强度为 ω_{ij} 则有

$$\omega_{ij} = \sum_{s=0}^{m-1} x_i^{(s)} x_i^{(s)} \quad (i \neq j)$$
$$\omega_{ij} = 0 \quad (i = j)$$

将全部 m 个样本的第 i 与第 j 元素作相关运算,求得 ω_{ij} 值。如果两个元素连接强度越大,则 ω_{ij} 值越大。

所谓学习就是改变神经网络中各个神经元之间的权重,而自学强调了根据样本不断地修正各个神经元之间权重的过程,所以是一种自动获取知识的形式。在样本集的支持下进行若干次离线学习,再逐步修正其权重值。

(四)遗传算法

1. 遗传算法的含义

遗传算法是模拟达尔文遗传选择和自然淘汰的生物进化过程的计算模型,它是一种全局优化搜索算法。它从任一初始化的群体出发,通过随机选择、交叉和变异等遗传操作,实现群体内个体结构重组的迭代处理过程,使群体一代一代地得到进化(优化),并逐渐逼近最优解。

生物中遗传物质的主要载体是染色体,基因是控制生物性状遗传物质的结构单位和功率单位,复数个的基因组成染色体。染色体有表现型(指生物个体所表现出来的性状,即参数集、解码结构和候选解)和基因型(指与表现型密切相关的基因结构组成)两种表示模式,两者应能互相转换。在遗传算法中,染色体对应的是数据、数组或位串。

2. 标准遗传算法

标准遗传算法也称简单遗传算法。标准遗传算法是以群体中所有个体为对象进行遗传操作,主要操作有选择、交叉和变异,其核心内容有编码、初始群体生成、

适应度评估检测、遗传操作设计和控制参数设定等。

（1）编码。由于遗传算法不能直接处理解空间的解数据，染色体通常是用一维串结构数据来描述。因此必须通过编码将它们表示成遗传空间的基因型串结构数据，即把搜索空间中的参数或解转换成遗传空间中的染色体或个体。

（2）初始群体的生成。在遗传算法的开始，要为操作准备一个由若干初始解组成的初始群体，也称为初始代或第一代，它的每个个体都是通过随机方法产生的。

（3）适应度评估检测。适应度通常用适应度函数来表示，如 $f(x)=x^2$，它是一个目标函数，用来评估在搜索进化过程中个体或解的优劣。遗传算法在搜索进化过程中一般不需要其他外部信息。

主要操作如下：

（1）选择（或复制）操作。其目的是为了从当前群体中选出优良的个性，使它们有机会作为父代并繁殖子孙。判断个体优良与否的准则就是各自的适应度值，适应度值越高，被选择的机会就越大。

（2）交叉。首先是对配对库中的个体进行随机配对，然后在配对个体中随机设定交叉处，配对个体彼此交换部分信息。交叉是遗传算法中最主要的操作，通过交叉得到新一代个体。新群体中个体适应度的平均值和最大值都会提高，说明新群体是进化了。

（3）变异。它是按位进行的，把某一位的内容变化，在二进制编码中，即将某位由0变为1，或由1变为0，这也是随机进行的。目的是为了挖掘群体中个性的多样性，克服可能得到局部解，应和交叉妥善配合使用。

3. 遗传算法的特点

（1）群体搜索策略实际上是模拟由个体组成的群体的整体学习过程，其中每个个体表示给定问题搜索空间中的一个解点。

（2）全局最优搜索与其他搜索优化方法相比，遗传算法具有以下优点：

①在搜索过程中不易陷入局部最优，能以很大的概率找到全局最优解。②由于遗传算法固有的并行性，适合于大规模并行分布处理。③易于和神经网络、模糊推理等方法相结合，进行综合求解。

三、智能制造的形式

（一）智能机器

智能机器主要是指具有一定智能的数控机床、加工中心、机器人等。其中包括一些智能制造的单元技术，如智能控制、智能监测与诊断、智能信息处理等。

（二）智能制造系统

智能制造系统由智能机器组成。整个系统包含制造过程的智能控制、作业的智能调度与控制、制造质量信息的智能处理系统、智能监测与诊断系统等。当前，智能制造技术的研究主要有智能制造系统的构建技术、与生产有关的信息与通信技术、生产加工技术，以及与生产有关的人的因素等。

第四节 微机械及微细加工技术概述

一、微机械

（一）微机械的含义

微机电系统（Micro Electromechanical System，MEMS）也称微机械，是于20世纪末兴起、于21世纪初快速发展的高科技前沿领域。MEMS是利用集成电路（Integrated Circuit，IC）制造技术和微加工技术，把电路、微结构、微传感器、微执行器等制造在一块芯片上的微型集成系统。MEMS一般是尺寸在微米到毫米量级的集成系统，它是机械技术和电子技术在纳米级水平上相融合的产物，已被列为21世纪的关键技术之首，在汽车、生物医学工程、航天航空、精密仪器、移动通信等方面都有极大的发展潜力。

微机械在美国称为微型机电系统（Micro Electromechanical System，MEMS），在日本称为微机器（Micromachine），在欧洲则称为微系统（Microsystem）。按外形尺寸，微机械可划分为1~10mm的微小型机械、1~1mm的微机械，以及1nm~1μm的纳米机械。

如图6-24所示，典型的MEMS集成了微机械结构、传感器、执行器和控制电路，可以实现测量、信息处理和执行功能，构成了一个智能系统。

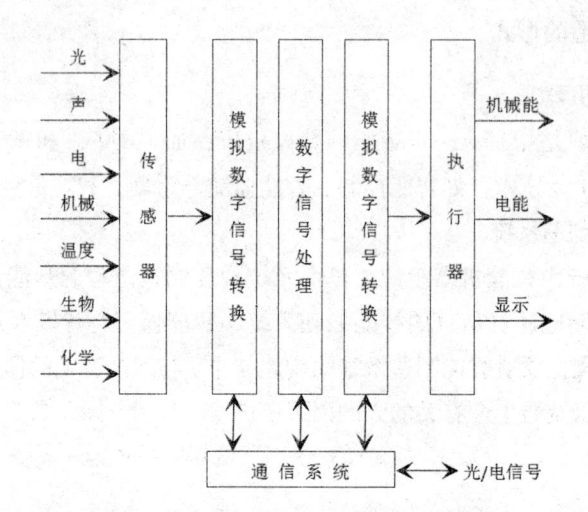

图6-24 典型MEMS系统的功能组成

微机械的用途广泛，例如，可将微加速度计缝合到人的心肌中，从而对心肌运动加速度进行高精度、高灵敏度的测量；也可以配置在丸药中，吞服进入人体后监控丸药在肠道内的运动速度和方向的变化；用于汽车安全气囊控制的微型加速度传感器系统具有测量、信号处理、输出电信号驱动安全气囊等功能；微米级智能化的静电式微电机可以进入血管，对血管堵塞起清通作用，从而实现直接治疗脑血管病、肝脏血管堵塞等相关疾病。美国斯坦福大学研究所研制的微型温度传感器能注射到肿瘤内部，通过增高体温法治疗癌症。

（二）微机械的特点

1.微型化。MEMS系统体积小、质量轻、耗能低、惯性小、谐振频率高、响应时间短。例如，用MEMS技术制造的微电动机，直径仅为100μm左右，而原子力显微镜探针、单分子操作器件等尺寸仅在微米甚至更小的量级。

2.适于批量生产。MEMS采用类似集成电路（IC）的生产工艺和加工过程，微加工工艺可在一片硅片上同时制造成百上千个微型机电装置或完整的MEMS。

3.集成化。MEMS可以把不同功能、不同敏感方向或制动方向的多个传感器或执行器集成于一体，或形成微传感器阵列、微执行器阵列，甚至把多种功能的器件集成在一起，形成复杂的微系统。

4.多功能和智能化。许多微机械集传感器、执行器和电子控制电路等为一体，特别是应用智能材料和智能结构后，更有利于实现微机械的多功能化和智能化。

5.能耗低、灵敏度高、工作效率高。完成相同的工作，微机械所消耗的能量仅

第六章　现代机械加工工艺技术以及技术革新研究

为传统机械的十几或几十分之一，却能以传统机械数十倍以上的速度运行。

二、微细加工技术

（一）微细加工的概念

微细加工（Microfabrication）是指制造微小尺寸（尺度）零件的生产加工技术。微细加工是为微传感器、微执行器和微电子机械系统制作微机械部件和结构的加工技术。它起源于半导体制造工艺，原来指加工尺度约在微米级范围的加工方式。在微机械研究领域中，它是微米级、亚微米级乃至纳米级微细加工的通称。

目前，微机械微细加工常用的有光刻制版、高能束刻蚀、LIGA、准LIGA等方法。

（二）MEMS的主要制造技术

1. 硅微细加工技术

硅微细加工技术主要是指以硅材料为基础制作各种微机械零部件。硅微细加工技术基于集成电路（IC）加工技术，它将传统的集成电路加工技术由二维的平面加工技术发展为三维的立体加工技术，可以实现有一定厚度的微结构的加工制作，能与电路集成。

（1）体微机械加工。

体微机械加工是针对整块材料除去一部分衬底的加工工艺。如图6-25所示，单晶硅基片通过刻蚀去除部分基体或衬底材料，即在晶片内部腐蚀深坑、洞穴以及槽等，从而得到所需元件的体构型。

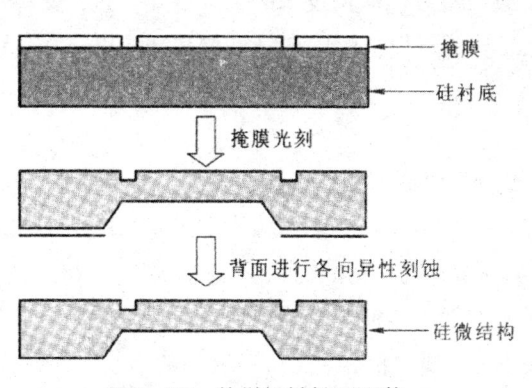

图6-25　体微机械加工工艺

体微机械加工技术主要是通过光刻和化学刻蚀等在硅基体上得到一些坑、凸台、带平面的孔洞等微结构，它们成为建造悬臂梁、膜片、沟槽和其他结构单元的基础，利用这些结构单元可以研制出压力或加速度传感器等微型装置。

光刻是一种图形复制技术，是利用光源选择性照射光刻胶层使其化学性质发生改变，然后显影去除相应的光刻胶得到所需图形的过程。光刻得到的图形一般作为后续工艺的掩膜，进一步对光刻暴露的位置进行选择性刻蚀、注入或者沉积等，如图 6-26 所示。

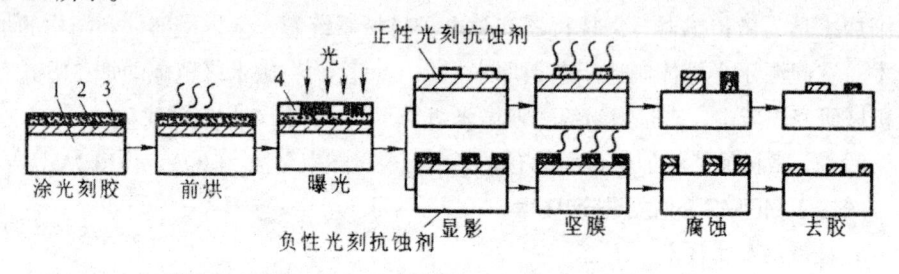

图 6-26　半导体光刻的主要工艺过程示意图

（2）表面微机械加工。

20 世纪 80 年代，美国 U.C.Berkeley 发明了表面牺牲层工艺，并采用该工艺制备了可动的微型静电动机。牺牲层技术是在硅基板上，用化学气相沉积方法形成所需求的微型部件，在部件周围的空隙中添入分离层材料（如 SiO_2），最后溶解或刻蚀去除分离层，使微型部件与基板分离。也可以制造与基板略为连接的微机械，如微静电动机、微齿轮、曲轴和振动传感器的微桥接片等。

牺牲层技术是表面微机械加工技术的一种重要工艺，又称为分离层技术。为获得更复杂的三维微结构，可以连续添加牺牲层和结构层，并分别采用恰当的光刻和刻蚀技术。

2. LIGA 技术

LIGA 是德文的平版印刷术（Lithographie）、电铸成形（Galvanoformung）和注塑（模塑，Abformung）的缩写，有时简称为射线光刻微加工技术，它是由德国卡尔斯鲁厄（Karlsmhe）原子能研究所于 1982 年为制造喷嘴而开发成功的。LIGA 技术是应用 X 射线进行曝光并辅以电铸成形的一种崭新的微机械加工方法，可用于加工直径 5μm；厚 300μm 的镍质构件。

LIGA 技术加工原理，主要包括以下几个工艺过程：

（1）同步辐射 X 射线深层光刻。对衬底上的 X 射线光刻胶（厚度从几微米到几厘米）曝光得到三维光刻胶结构。

（2）电铸成形。电铸成形是根据电镀原理，在胎模上沉积金属以形成零件的方法。胎模为阴极，要电铸的金属作阳极。电镀金属填充光刻胶铸模；去掉光刻胶得到与光刻胶结构互补的三维金属结构。

（3）注塑。三维金属结构既可以作为需要的结构使用，也可作为精密铸塑料的模具使用，从而得到与光刻胶结构具有完全相同的结构。

3. 准LIGA技术

1993年Allen提出用光敏聚亚酰胺实现准LIGA工艺。它是利用常规的紫外光光刻设备和掩膜制作高深宽比金属结构的方法。由于紫外光光刻深度的限制，要实现较厚的结构须实行重复涂胶法。其工艺过程与LIGA工艺基本相同，主要过程为：①紫外光光刻；②电铸或化学镀成形及制模；③塑铸。

准LIGA工艺是LIGA工艺的简易版，其投资较少，适于批量生产，能制作多种材料的具有较大厚度和高宽比的微结构，目前加工精度达到微米级，能满足微机械制作中的许多需要，并能较好地与半导体工艺结合。因此，对该方法的研究较LIGA技术更加广泛。

4. 特种超精密微机械加工技术

特种超精密微机械加工技术包括能束（电子束、离子束、激光束）加工技术、电化学加工技术、微细电火花（Micro Electrical Discharge Machining，EDM）加工技术、超声加工技术、光成形（三维快速成形）加工技术、扫描隧道显微镜（Scanning Tunneling Microscope，STM）加工技术以及各种复合加工技术。其特点是可以加工复杂的三维结构，但其加工效率、加工重复性和加工尺寸的可控性有待提高。

第五节 人工神经元网络在切削加工技术中的应用及实践

一、人工神经元网络简介

人工神经网络（Artificial Neural Network，ANN）亦称为神经网络（Neuron Network，NN）、人工神经系统（Artifical Neuron System，ANS）等，是由大量处理单元（神经元，neurons）互连而成的网络，是对人脑的抽象、简化和模拟，反映人脑的基本特性。一个典型的人工神经元模型如图6-27所示。

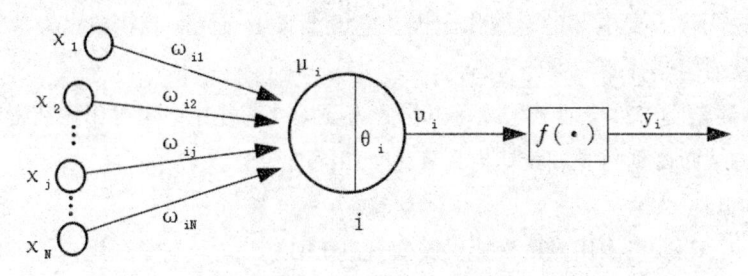

图 6-27　人工神经元模型

其中，$x_j(j=1,2\cdots,N)$ 为神经元 i 的输入信号；ω_{ij} 为突触强度或连接权；u_i 是由输入信号线性组合后的输出，是神经元 i 的净输入；θ_i 为神经元的阈值或称为偏差，用 b_i 表示；v_i 为经偏差调整后的值，也称为神经元的局部感应区，则：

$$u_i = \sum \omega_{ij} x_j$$

$$v_i = u_i + b_i$$

$$y_i = f\left(\sum \omega_{ij} x_j + b_i\right)$$

式中：$f(\cdot)$——激励函数；

y_i——神经元 i 的输出。

人工神经网络源于对脑神经的模拟，具有很强的适应于复杂环境和多目标控制要求的自学学习能力，并具有以任意精度逼近任意非线性连续函数的特性，为优化设计、模式识别、自动控制、机器人、图像处理、信号处理以及人工智能等领域研究的不确定性、非线性问题以及提高智能化水平提供了一条新途径。

二、人工神经元网络在切削加工技术中的应用情况

人工神经网络模型具有类似人脑的许多功能，如自组织、自学习和联想记忆功能，并具有分布性、并行性和高度容错性等特性。通过样本训练，可以自动获取知识，能从试验数据中自动总结出规律。因此，基于神经网络进行的系统建模可以弥补回归模型的不足，而且理论上已经证明三层神经网络可以以任意精度逼近任何连续函数，模型能够以其良好的映射逼近能力、逼近真实的变化过程，使得模型的预报结果更接近于实际情况。

在日本 FANUC 公司开发的 FANUC TAPE CUT-WP 系统中，将模糊技术与专家系统相结合，以隶属函数来表示选定的加工规准所能达到的各加工指标。台湾的学者利用误差反向传播多层前馈式网络，即 BP（back-propagation）型神经网络采用模

第六章 现代机械加工工艺技术以及技术革新研究

拟退火算法,分析了线切割加工结果与加工参数之间的关系,有效地解决了线切割加工参数优化问题。日本的学者利用神经网络识别放电电压波形,有效地提高了加工状态的稳定性。三菱电机公司的研究者利用遗传算法对型腔电火花加工中的多段加工条件的自动生成进行了初步探讨。

国内的研究有:将人工神经网络应用于箱体类零件的计算机辅助工艺设计(Computer Aided Process Planning,CAPP)系统中,简化了零件的特征识别和分类;利用神经网络的自学习和分布式信息处理能力来获取装夹定位知识,模拟有经验工艺人员的形象思维,进行并行推理,从而产生可行的工件定位基准方案;提出一种新的耦合神经网络的实例与知识混合推理策略;采用专家系统与人工神经网络相结合实现电火花加工智能化CAPP系统;采用自适应神经模糊推理系统改进算法应用在机械加工参数优化中,实现机械加工参数的优化,提高工艺系统的自适应能力和工作效率;证明将共轭梯度法用于自适应神经模糊推理系统(Adaptive Network-based Fuzzy Inference System,ANFIS)训练算法的改进,提高了工艺系统的自适应能力和工作效率;用BP神经网络对切削表面粗糙度进行了人工神经网络预测,结果表明,经设计的BP神经网络训练1183次,其最大误差不超过5%;人工神经网络与正交试验相结合,能大大节省预测时间和费用,效果很好;在基于专家知识融入的模糊神经元网络结构及在镗削颤振判别中的应用研究中,利用模糊集理论,将专家知识转化为神经元网络可直接处理的模糊if-then规则,将之应用于镗削加工中颤振的判别,取得了良好的效果等。

但是,人工神经网络(ANN)的性能在很大程度上受所选择训练样本的限制,样本的好坏直接决定系统性能的优劣。而且ANN的知识表达和处理都是隐性的,用户只能看到输入和输出,不能了解中间的推理过程。因此,对切削加工状态监控及工艺设计来说,ANN只能模拟一些具有直接对应因果关系的简单决策活动。

神经网络的自学习能力和逼近非线性连续函数解决不确定性、非线性问题的特性,同样适用于逆向工程领域的模型重建和模型修复问题。目前,神经网络技术应用于逆向工程中主要表现在散乱点云(Point Clouds)的曲面重建和点云模型部分磨损或损坏处的数据补缺。

三、人工神经元网络在切削加工中的应用举例

采用BP型人工神经网络对切削表面粗糙度进行仿真。首先建立网络训练样本,然后依次进行输入与输出层设计、隐层数及隐层单元数设计、权值和阈值的初始化、学习率的选取等设定,最后要进行神经网络的预测与验证。用训练好的神经网络模

型对 C3602 铅黄铜的切削工艺过程进行仿真，建立切削工艺参数和表面粗糙度 Ra 的静态模型。仿真结果为：在刀具角度一定的情况下，工件表面粗糙度随着切削深度的增加而变大，表面粗糙度随着工件硬度的提高而逐渐减小。

第六节　数值模拟在切削加工技术中的应用及实践

一、数值模拟的作用

在现代自然科学与工程技术中，基本规律的精确表达形式大都采用微分方程，但用当代数学解析方法能对其求解的方程仅限于常系数、线性、规则区域等少数情况，对绝大多数的变系数、非线性、不规则几何等复杂问题，数学解析的方法几乎无能为力。若把微分方程进行离散化和借助于计算机对离散方程求解，则复杂问题就比较容易得到解决，这就是数值模拟的方法，对解决非线性方程和其他复杂问题几乎没有不可逾越的障碍。

微分方程的离散化主要有有限差分方法与有限元方法两大类。以变分原理为理论基础，数字计算机为工具的有限元法（Finite Element Method，FEM）在工程领域中的应用十分广泛，几乎所有的弹塑性结构静力学和动力学问题都可以用它求得满意的数值结果。

有限元法的基本概念是将结构离散化，用有限个容易分析的单元来表示，单元之间通过有限个节点相互连接，然后根据变形协调条件综合求解。由于单元的数目是有限的，节点的数目也是有限的，所以称为有限元法。

有限元分析软件比较多，目前国际上通用的大型软件是 ANSYS10.0。在通用的有限元软件中不仅包含了多种条件下的有限元分析程序，而且能实现前处理、仿真以及后处理等过程。前处理过程包括建立模型、网格划分、确定材料性质以及边界条件等。仿真过程是对前处理过程中所设定的模型进行模拟。后处理过程包括观察仿真过程、处理仿真结果和输出仿真数据等。利用有限元软件进行仿真的过程如图 6-28 所示。

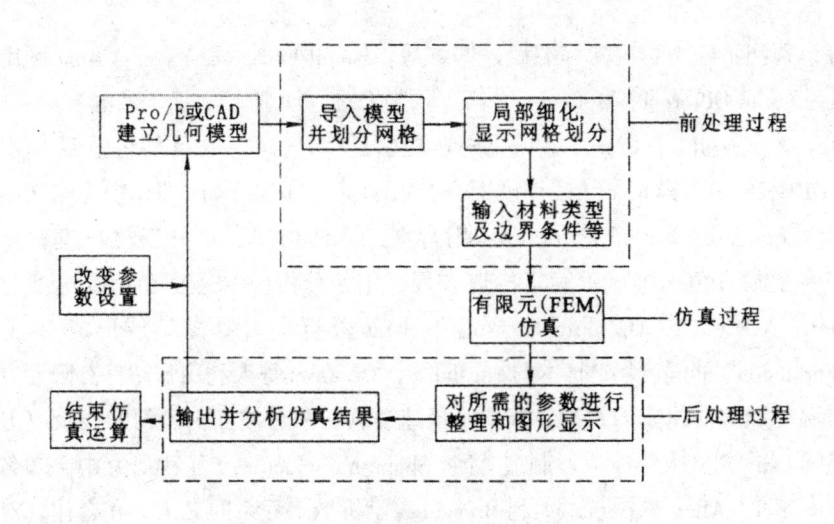

图6-28　有限元法仿真过程图

二、数值模拟在切削加工技术中的应用

金属切削过程是工件和刀具相互作用的过程，这个过程是一个复杂的工艺过程，不仅涉及弹性力学、塑性力学、断裂力学，还涉及热力学、摩擦学等，其加工表面质量受到刀具形状、切削流动、温度分布和刀具磨损等因素影响。

许多企业由于缺乏合理的切削参数选择方案及合理的刀具选择方法，在生产中还主要依靠以往的经验或进行大量的试错法（Trial-and-error Method）来选择参数，具有很大的盲目性，耗费了大量的时间和材料。这些生产实际经验是不充分的和缺乏理论定量关系的，并不能真正满足切削加工的要求，更不能满足不断出现的新的难加工材料（如模具钢、不锈钢、钛合金、镍基合金、纤维增强的合成树脂等）的切削加工要求，从而制约了切削加工技术在更广范围制造领域的应用效果。

自20世纪70年代有限元方法应用于切削工艺的模拟起，金属机械加工的有限元模拟技术取得了长足的进步。金属切削加工的有限元模拟考虑了材料属性、刀具的几何条件、切削用量等因素，通过对金属切削加工过程进行物理仿真，可以研究刀具、切削以及工件的温度场分布。对于预测切削过程中切削的形成，计算切削力、应变、应变率的分布，工件的表面质量等，有限元方法有着特别重要的意义。有限元方法的研究成本低，周期短，为企业提高生产效益提供了有效的手段。

国外在数值模拟方面的研究工作比较广泛。1973年美国Illinois大学的B. E. Klamecki最先系统地研究了金属切削加工中切削（chip）形成的原理；1982年，Usui和Shirakashi为了建立稳态的正交切削模型，第一次提出刀面角、切削几何形状和流线等，预测了应力、应变和温度这些参数；Ismail Lazoglu，Yusuf Altinla 利用有限差分法（Finite Difference Method）分析、预报刀具—切削 接触面上的温度场；E.G. Ng，D.K. Aspinwall，D.Brazil，J.Monaghan 提出了单刃切削有限元解析模型，使用 FE 软件 FORGE2（R）模拟了切削淬硬钢[ANSI H13（52HRc）]时的切削力和切削温度分布；S.Lei，Y.C.Shin，F.P.Incroper 用有限元方法构建了一种新材料模型（1020 碳钢），根据直角切削试验确定构造方程，用于分析应变速度和切削温度分布；A.K.Tieu，X.D.Fang，D.Zhang 基于试验用 FE 分析了刀具黏结层形成（Adhering Layer Formation）的温度场；日本的 Sasahara 和 Obikawa 等人利用弹塑性有限元方法，忽略了温度和应变速率的效果，模拟了低速连续切削时被加工表面的残余应力和应变；美国 Ohio 州立大学净成形制造（Net Shape Manufacture）工程研究中心知名的数值模拟专家 T. Allan 教授与意大利 Brescia 大学机械工程系的 E. Cerett 合作，对切削工艺进行了大量的有限元模拟研究；T.Kitagawa，A.Kubo，K.Maekawa 先进行了高速车削铬镍铁合金钢 718 和高速铣削 Ti-6Al-6V-2Sn 时的切削温度及刀具磨损的试验，然后进行了切削温度的数值建模；G.E.Derrico 建立了车削过程"速度—温度"的简化参数模型，用分段线性系统的传递函数方法分析了瞬时切削温度和稳态切削温度对刀具磨损的影响，并进行了试验验证，等等。

国内在数值模拟方面的研究也做了大量的工作，例如，有的学者研究了铝合金高速铣削过程中存在的临界切削速度关键数据及切削温度随切削速度的变化规律；有的学者研究了正交切削区应力、应变场的数值模拟，模拟了切削过程中切削区应力、应变场的变化过程，通过对切削区应力和应变场变化过程的动态模拟，为刀具破损、磨损和已加工表面质量等切削机理方面的研究提供了参考数据；有的学者建立了正交连续成屑的切削模型；有些学者针对难加工材料，对铣削加工中的刀具温度场进行了计算和试验，使用有限差分的方法对铣削加工区的三维非稳定温度场进行了计算，并对其边值条件的确定、差分格式的选用以及解的稳定性等问题进行了讨论；有的学者提出了简化的端面铣削刀片二维温度场模型，并对之进行了有限元分析与计算，等等。

综上所述，经过多年的发展，数值模拟在机械加工技术中的应用以及切削加工模型的建立等方面的研究已经取得了较大的进展，但是，许多理论问题和实际应用问题仍然有待进一步解决，主要表现在：①对常规切削建模研究较多，但对高速切削研究较少；②直角二维切削模拟仿真较多，三维模拟仿真较少；③研究静态模型较多，动态较少；④切削温度场的理论研究仍处于一维、二维研究阶段，求解三维数值传热方程较困难；⑤在切削形成的有限元模拟研究中，对切削分离准则、刀屑

第六章 现代机械加工工艺技术以及技术革新研究

接触摩擦、锯齿状切削的形成等相关技术还不完善；⑥加工过程仿真还很不成熟，涉及的技术及软件还有待于完善。

三、切削加工有限元模拟举例

用有限元法对正交切削区应力进行数值模拟。刀具材料为硬质合金，几何参数为：前角5°、后角6°、刃口钝圆半径0.05mm；工件材料为45钢；切削速度为1000m/min，切削层厚度为0.5mm。

切削区的应力场模拟结果如图6-29所示。结果表明，在切削的起始阶段，工件变形的最大等效应力在刀尖处；随着切削的进行，最大等效应力的面积逐渐扩大；当其突破剪切带后，刀尖处切削的等效应力反而减小，且减小区域逐渐斜向上扩展至整个剪切带。这些现象证明材料在应力突破最大等效应力后表现出不稳定性，随着工件材料进一步变形，产生大量的热使材料出现回复现象，这时材料所能承受的应力急剧下降。而在不同的切削阶段，最大等效应力虽然出现的位置和面积不断变化，但大小始终不变。这表明材料进入屈服状态后，等效应力是一定值，验证了Mises屈服准则。

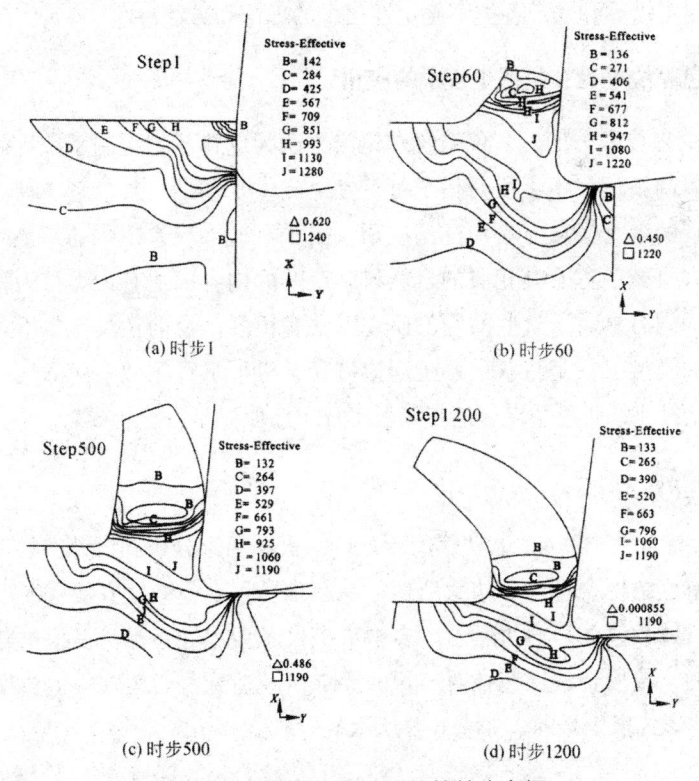

(a) 时步1

(b) 时步60

(c) 时步500

(d) 时步1200

图6-29 各切削阶段的等效应力场

第七节　灰色系统理论在机械中的应用

一、灰色系统理论简介

灰色系统理论是我国著名学者邓聚龙教授于 1982 年创立的一门新兴的横断学科，它以"部分信息已知，部分信息未知"的"小样本""贫信息"不确定性系统为研究对象，主要通过对"部分"已知信息的生成和开发，提取有价值的信息，实现对系统运行行为的正确认识和有效控制。"贫信息"不确定性系统的普遍存在，决定了这一新理论具有十分广阔的发展前景。

20 世纪后半叶，在系统科学和系统工程领域，各种不确定性系统理论和方法的不断涌现形成一大景观，如模糊数学、灰色系统理论、粗糙集理论 (Rough Sets Theory) 和未确知数学等，都是不确定性系统研究的重要成果。这些成果从不同角度、不同侧面论述了描述和处理各类不确定性信息的理论和方法。

二、灰色系统理论在机械工程中的应用

在机械工程技术方面，灰色系统理论与方法为创建新型控制系统提出了新的设计思想，为研制新型技术手段开拓了可行性，提供了基础。灰色系统理论的方方面面在机械工程的各个领域有着广泛的应用。由于机械工程系统中的灰色问题，所涉及的不仅仅有机械工程及其相关的自然科学范畴的内容，还有人类行为科学和心理特征等方面的内容，对于这些问题的研究方法有很多，目前还没有也不可能有一个或一些统一的模型，只是将灰色系统理论贯穿于机械工程领域中而形成一套科学的理论与方法。目前，灰色系统理论在机械工程中已取得了一定的成果。

三、实　例

例如：设计一台 1000kN 电动螺旋压力机，根据专家分析和设计实践选用制造成本、机器总重、结构合理性、功率消耗、制造难易程度、维修方便程度以及可靠性为指标集，具体数值如表 6-1 所示。表中带星号者为定性指标，是根据若干专家意见统计得出的，结构合理性包括对布置的要求以及造型是否美观等。方案是根据驱动及电机结构形式来编号的，如表 6-2 所示。

第六章 现代机械加工工艺技术以及技术革新研究

表 6-1

指　标	方案编号			
	1	2	3	4
制造成本	1.00	0.90	1.20	1.10
机器总重	1.00	0.80	1.20	1.10
结构合理性 *	0.80	0.85	0.60	0.65
消耗功率	1.00	1.20	0.95	1.15
制造难易程度	0.40	0.80	0.20	0.60
维修方便性 *	0.20	0.80	0.60	0.70
可靠性 *	0.70	0.80	0.65	0.90

表 6-2

方案编号	1	2	3	4
驱动形式	飞轮——主螺杆作螺旋运动		飞轮——主螺杆作螺旋运动	
电机结构	双属笼	实心铁磁体	双属笼	实心铁磁体

对于表 6-1 的指标，制造成本、机器总重、消耗功率越小越好，而结构合理性、制造难易程度、维修方便性、可靠性指标越大越好。

于是最优参考数据列 x_0 为：

$$x_0 = (0.90, 0.80, 0.85, 0.95, 0.80, 0.90)$$

比较数据为：

$$x_1 = (1.00, 1.00, 0.80, 1.00, 0.40, 0.20, 0.70)$$
$$x_2 = (0.90, 0.80, 0.85, 1.20, 0.80, 0.80, 0.80)$$
$$x_3 = (1.20, 1.20, 0.60, 0.95, 0.20, 0.60, 0.65)$$
$$x_4 = (1.10, 1.10, 0.65, 1.15, 0.60, 0.70, 0.90)$$

根据：

$$\zeta_i(k) = \gamma(x_0(k), x_i(k))$$
$$= \frac{\min\limits_{i \in m} \min\limits_{k \in n} |x_0(k) - x_i(k)| + \xi \cdot \max\limits_{i \in m} \max\limits_{k \in n} |x_0(k) - x_i(k)|}{|x_0(k) - x_i(k)| + \xi \cdot \max\limits_{i \in m} \max\limits_{k \in n} |x_0(k) - x_i(k)|}$$

容易计算出两级最小差为 0，两级最大差为 0.60，因此，关联系数为：

$$\xi_i(k) = \frac{0.30}{|x_0(k) - x_i(k)| + 0.30}$$

于是得到关联系数矩阵为：

$$B = \begin{pmatrix} 0.75 & 0.60 & 0.86 & 0.86 & 0.43 & 0.33 & 0.60 \\ 1.00 & 1.00 & 1.00 & 0.55 & 1.00 & 1.00 & 0.75 \\ 0.50 & 0.43 & 0.43 & 1.00 & 0.33 & 0.60 & 0.55 \\ 0.60 & 0.50 & 0.50 & 0.60 & 0.60 & 0.75 & 1.00 \end{pmatrix}^T$$

如果决策者比较侧重于机器的制造成本、制造难易程度、机器的总重，而其他指标比较次要时，则可取权重集 β 为：

$$\beta = (0.40, 0.10, 0.05, 0.05, 0.30, 0.05, 0.05)$$

代入

$$\gamma_i = \gamma(x_0, x_i) = \sum_{k=1}^{n} \beta_k \cdot \gamma[x_0(k), x_i(k)]$$

即 $A_i = \sum_{k=1}^{7} \beta_k B_{ik}$，评判结果为 $A_i = \sum_{k=1}^{7} \beta_k B_{ik}$

此时方案的优劣次序为：方案 2 → 方案 1 → 方案 4 → 方案 3，其中方案 2 为最佳方案。

第七章
现代机械加工方法研究

社会需求的日益多样化促使机械制造业也不断发展进步，柔性化、集成化、绿色化和智能化构成了现代机械制造的核心要素。本章对现代机械加工方法进行了研究。

第一节 机械加工中改进表层金属力学物理性能的方法研究

由于受到切削力和切削热的作用，表面金属层的力学物理性能会产生很大的变化，最主要的变化是表层金属显微硬度的变化、金属组织的变化和在表层金属中产生残余应力。

一、加工表面层的冷作硬化

（一）概　述

机械加工过程中产生的塑性变形会使晶格扭曲、畸变。晶粒间产生滑移，晶粒被拉长，这些都会使表层金属的硬度增加，称为冷作硬化（或称为强化）。表层金属冷作硬化会增大金属变形的阻力，减少金属的塑性，金属的物理性质（如密度、导电性、导热性等）也会发生变化。金属冷作硬化的结果使金属处于高能位不稳定状态，只要一有条件，金属的冷硬结构就会本能地向比较稳定的结构转化，这些现象统称为弱化。机械加工过程中产生的切削热有助于使金属在塑性变形中产生的冷硬现象得到恢复。由于金属在机械加工过程中同时受到力因素和热因素的作用，机械加工后表层金属的最终性质取决于强化和弱化两个过程的综合。

评定冷作硬化的指标有以下三项：

1. 表层金属的显微硬度 HV；
2. 硬化层深度 $h(\mu m)$；
3. 硬化程度 N，有：

$$N = \frac{HV - HV_0}{HV_0} \times 100\%$$

中：HV_0——工件内部金属原来的硬度。

（二）影响切削加工表面冷作硬化的因素

1. 切削用量的影响

切削用量中以进给量和切削速度对切削加工表面冷硬程度的影响最大。图 7-1 给出了在切削 45 钢时，进给量和切削速度对冷作硬化的影响。加大进给量，表层金属的显微硬度将随之增加，这是因为随着进给量的增大，切削力也增大，表层金属的塑性变形加剧，冷硬程度增大。但是，这种情况只是在进给量比较大时才是正确的；如果进给量很小，比如切削厚度小于 0.05mm 时，若继续减小进给量，则表层金属的冷硬程度不仅不会减小，反而会增大。

增大切削速度，刀具与工件的作用时间减少，使塑性变形的扩展深度减小，因而冷硬层深度减小；但增大切削速度，切削热在工件表面层上的作用时间也缩短了，将使冷硬程度增加。在图 7-1 及图 7-2 所示的加工条件下，增大切削速度都出现了冷硬程度随之增大的情况。但在某些加工条件下，切削速度对冷硬的影响规律却与此相反。例如，车削 Q235A 钢，在切削速度为 14m/min 时，冷硬层深度达到 100/min；而当切削速度提高到 208m/min 时，冷硬层深度只有 38μm，冷硬程度显著降低。切削速度对冷硬程度的影响是力因素和热因素综合作用的结果。

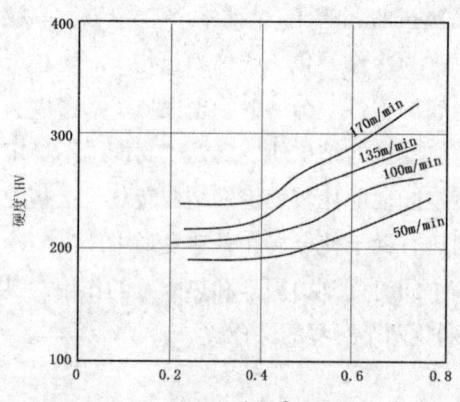

图 7-1 进给量对冷硬的影响

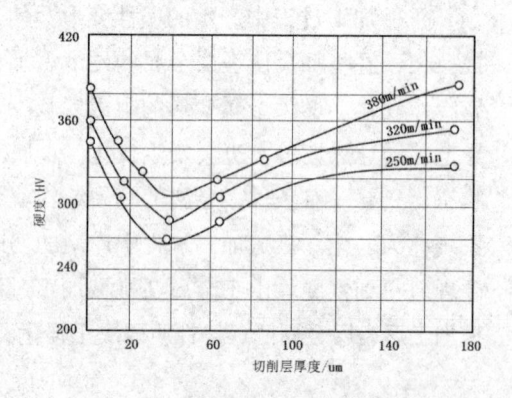

图 7-2 切削层厚度对冷硬的影响

背吃刀量对表层金属冷作硬化的影响不大。

2. 刀具几何形状的影响

切削刃钝圆半径的大小对切削形成的过程有决定性影响。试验证明，已加工表面的显微硬度随着切削刃钝圆半径的加大而明显地增大。这是因为切削刃钝圆半径增大，径向切削分力也将随之加大，表层金属的塑性变形程度加剧，导致冷硬增大。

前角在 ±20° 范围内变化时，对表层金属的冷硬没有显著影响。

刀具磨损对表层金属的冷硬影响很大。图 7-3 所示为苏联学者所做试验而得的结果。刀具后刀面磨损宽度 VB 从 0 增大到 0.2mm，表层金属的显微硬度由 220HV 增大到 340HV。这是由于磨损宽度加大之后，刀具后刀面与被加工工件的摩擦加剧，塑性变形增大，导致表面冷硬增大；但磨损宽度继续加大，摩擦热将急剧增大，弱化趋势明显增大，表层金属的显微硬度逐渐下降，直至稳定在某一水平上。

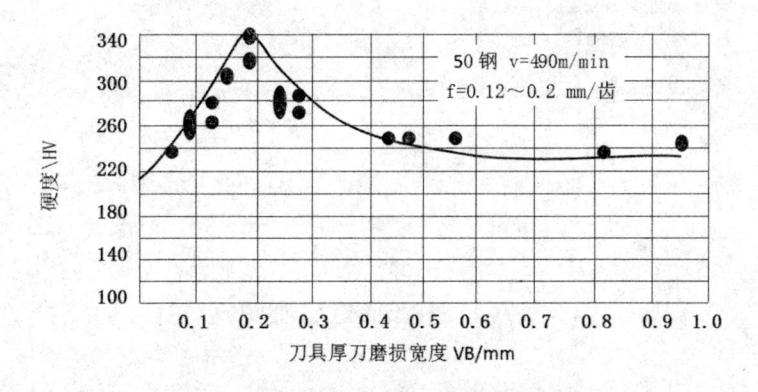

图 7-3 刀具后刀面磨损宽度对冷硬的影响

刀具后角及 α_0，主、副偏角 κr、κ_r'，以及刀尖圆弧半径 r_ε 等对表层金属的冷硬影响不大。

3. 加工材料性能的影响

工件材料的塑性越大，冷硬倾向越大，冷硬程度也越严重。碳钢中含碳量越大，强度越高，其塑性就越小，因而冷硬程度就越小。有色合金金属的熔点低，容易弱化，冷作硬化现象比钢材轻得多。

（三）影响磨削加工表面冷作硬化的因素

1. 工件材料性能的影响

分析工件材料对磨削表面冷作硬化的影响，可以从材料的塑性和导热性两个方面考虑，磨削高碳工具钢 T8，加工表面冷硬程度平均可达 60%~65%，个别可达

100%。而磨削纯铁时,加工表面冷硬程度可达75%~80%,有时可达140%~150%,其原因是纯铁的塑性好,磨削时塑性变形大,强化倾向大。此外,纯铁的导热性比高碳工具钢高,热量不容易集中于表面层,弱化倾向小。

2. 磨削用量的影响

加大背吃刀量,磨削力随之增大,磨削过程的塑性变形加剧,表面冷硬倾向增大。图7-4所示为磨削高碳工具钢T8的试验曲线。

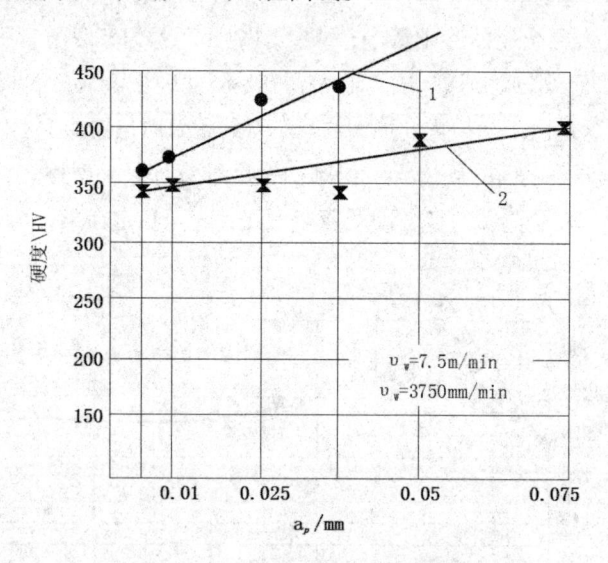

图7-4 磨削深度对冷硬的影响

加大纵向进给速度,每颗磨粒的切削厚度随之增大,磨削力加大,冷硬增大。但提高纵向进给速度,有时又会使磨削区产生较大的热量而使冷硬减弱。加工表面的冷硬状况要综合考虑上面两种因素的作用。提高工件转速会缩短砂轮对工件的作用时间,使软化倾向减弱,因而表面层的冷硬增大。

提高磨削速度,每颗磨粒切除的切削厚度变小,减弱了塑性变形程度;磨削区的温度增高,弱化倾向增大。一般来说,高速磨削时加工表面的冷硬程度总比普通磨削时低,图7-4的试验结果就说明了这个问题。

3. 砂轮粒度的影响

砂轮粒度越大,每颗磨粒的载荷越小,冷硬程度也越小。

表7-1列出了用各种机械加工方法(采用一般切削用量)加工钢件时,加工表面冷硬层深度和冷硬程度的部分数据。

表 7-1 用各种机械加工方法加工钢件的表面层冷作硬化情况

加工方法	材料	硬化层深度 $h/\mu m$		硬化程度 N / %	
		平均值	最大值	平均值	最大值
车削		30~50	200	20~50	100
精细车削		20~60		40~80	120
端铣	低碳钢	40~100	200	40~60	100
圆周铣		40~80	110	20~40	80

（四）冷作硬化的测量方法

冷作硬化的测量主要是指表面层的显微硬度 HV 和硬化层深度 h 的测量。硬化程度 N 可由表面层的显微硬度 HV 和工件内部金属原来的显微硬度 HV_0 通过式 $N=\dfrac{HV-HV_0}{HV_0}\times100\%$ 计算求得。表面层显微硬度 HV 的常用测定方法是用显微硬度计来测量。它的测量原理与维氏硬度计相同，都是采用顶角为 136° 的金刚石压头在试件表面上打印痕，然后根据印痕的大小决定硬度值。所不同的只是显微硬度计所用的载荷很小，一般都只在 2N 以内（维氏硬度计的载荷为 50~1200N），印痕极小。

加工表面冷硬层很薄时，可在斜截面上测量显微硬度。对于平面试件，可按图 7-5a）磨出斜面，然后逐点测量其显微硬度，并将测量结果绘制成如图 7-5b）所示图形。采用斜截面测量法不仅可以测量显微硬度，还能较为准确地测出硬化层深度元。由图 7-5a）可知

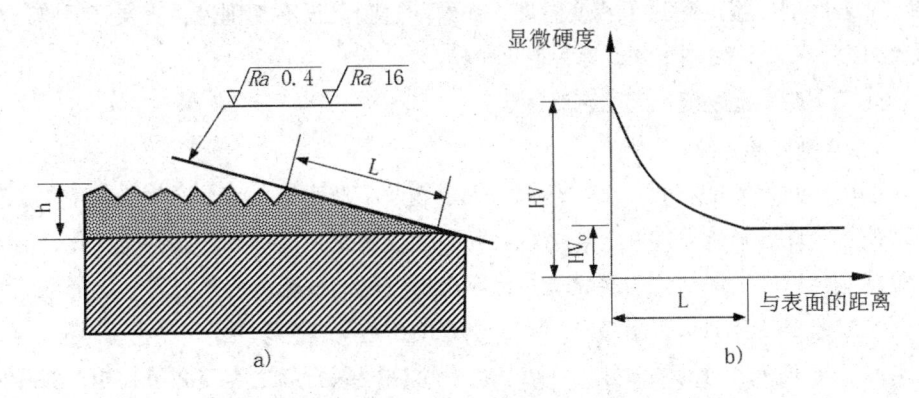

$$h = l\sin\alpha + Rz$$

图 7-5 在斜截面上测量显微硬度

二、表面金属的金相组织变化

（一）机械加工工件表面金相组织的变化

机械加工过程中，在工件的加工区及其邻近的区域，温度会急剧升高，当温度升高到超过工件材料金相组织变化的临界点时，就会发生金相组织变化。对于一般的切削加工方法倒不至于严重到如此程度。但磨削加工时不仅磨削比压特别大，而且磨削速度也特别高，切除单位体积金属的功率消耗远大于其他加工方法，而加工所消耗能量的绝大部分都要转化为热，且热的大部分（约80%）将传给被加工表面，使工件表面具有很高的温度。对于已淬火的钢件，很高的磨削温度往往会使表层金属的金相组织产生变化，使表层金属硬度下降，并使工件表面呈现氧化膜颜色，这种现象称为磨削烧伤。磨削加工是一种典型的容易产生加工表面金相组织变化的加工方法，在磨削加工中若出现磨削烧伤现象将会严重影响零件的使用性能。

磨削淬火钢时，在工件表面形成的瞬时高温将使表层金属产生以下三种金相组织变化：

1. 若磨削区温度未超过淬火钢的相变温度（碳钢的相变温度为720℃），但已超过马氏体的转变温度（中碳钢为300℃），工件表层金属的马氏体将转化为硬度较低的回火组织（索氏体或托氏体），称为回火烧伤。

2. 若磨削区温度超过了相变温度，再加上冷却液的急冷作用，表层金属会出现二次淬火马氏体组织，硬度比原来的回火马氏体高；在它的下层，因冷却较慢，出现了硬度比原来的回火马氏体低的回火组织（索氏体或托氏体），称为淬火烧伤。

3. 若磨削区温度超过了相变温度，而磨削过程又没有切削液，表层金属将产生退火组织，硬度将急剧下降，称为退火烧伤。

（二）减小磨削烧伤的工艺途径

1. 正确选择砂轮

磨削导热性差的材料（如耐热钢、轴承钢及不锈钢等）容易产生烧伤现象，应特别注意合理选择砂轮的硬度、结合剂和组织。硬度太高的砂轮，砂轮钝化之后不易脱落，容易产生烧伤。为避免烧伤，应选择较软的砂轮。选择具有一定弹性的结合剂（如橡胶结合剂、树脂结合剂），也有助于避免烧伤现象的产生。此外，为了减少砂轮与工件之间的摩擦热，在砂轮的孔隙内浸入石蜡之类的润滑物质，对降低磨削区的温度、防止工件烧伤也有一定效果。

2. 合理选择磨削用量

以平磨为例，分析磨削用量对烧伤的影响。磨削背吃刀量 a_p 对磨削温度影响极大，试验曲线如图 7-6 所示。从减轻烧伤的角度考虑，a_p 取值不宜过大。增大横向进给量 f_t 对减轻烧伤有好处。图 7-7 给出了横向进给量 f_t 对磨削温度分布影响的试验结果。为了减轻烧伤，宜选用较大的 f_t。

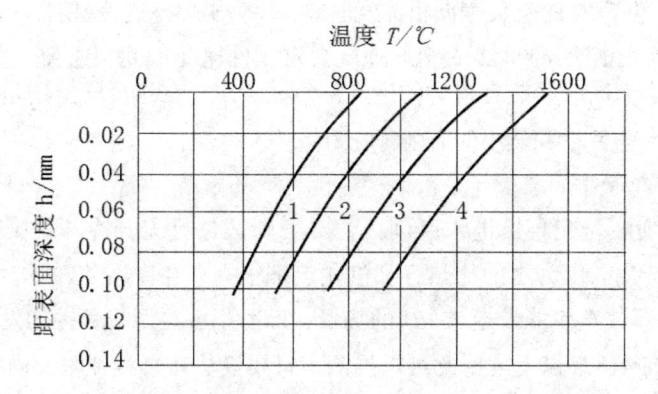

图 7-6　磨削背吃刀量 a_p 对磨削温度分布的影响

试验条件：$v_s = 35m/s, v_w = 0.5m/\min, f_t = 12mm/行程$
（1）$a_p = 0.01mm$；（2）$a_p = 0.02mm$；（3）$a_p = 0.04mm$；（4）$a_p = 0.06mm$

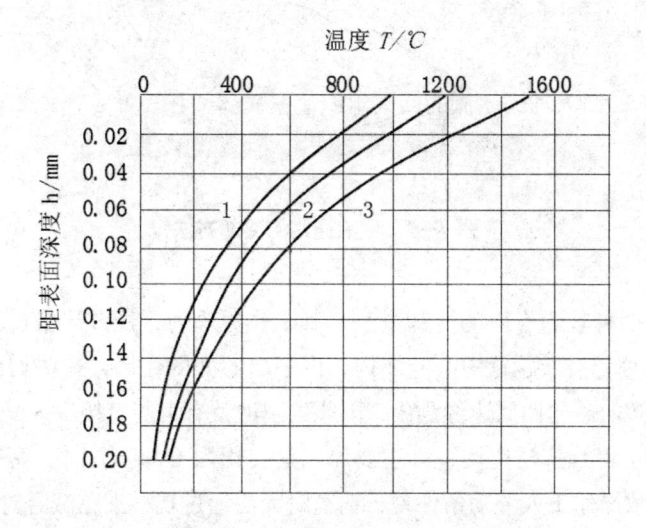

图 7-7　横向进给量 f_t 对磨削温度分布的影响

试验条件：$v_s = 35m/s, v_w = 1m/\min$，$a_p = 0.02mm$

（1）f_t =24mm／单行程；（2）f_t =12mm／单行程；（3）f_t =6mm／单行程

增大工件的回转速度v_w，磨削表面的温度会升高，但其增长速度与磨削背吃刀量a_p影响相比小得多且v_w越大，热量越不容易传入工件内层，具有减小烧伤层深度的作用。但增大工件速度v_w会使表面粗糙度值增大，为了弥补这一缺陷，可以相应提高砂轮速度v_s。实践证明，同时提高砂轮速度v_s和工件速度v_w可以避免产生烧伤。

从减轻烧伤而同时又能有较高的生产率角度考虑，在选择磨削用量时，应选用较大的工件回转速度v_w和较小的磨削背吃刀量a_p。

3. 改善冷却条件

磨削时切削液若能直接进入磨削区，对磨削区进行充分冷却，则能有效地防止烧伤现象的产生。因为水的比热容和汽化热都很高，在室温条件下，1mL水变成100℃以上的水蒸气至少能带走2512J的热量；而磨削区热源每秒钟的发热量在一般磨削用量下都在4187J以下。据此可以推测，只要设法在每秒钟时间内有2mL的冷却水进入磨削区，将有相当可观的热量被带走，就可以避免产生烧伤。然而，目前通用的冷却方法（见图7-8）效果很差，实际上没有多少磨削液能够真正进入磨削区。因此，应采取切实可行的措施，改善冷却条件，防止烧伤现象产生。

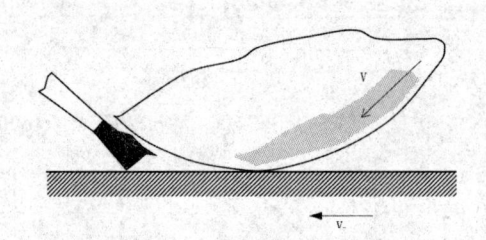

图7-8 目前通用的冷却方法

内冷却是一种较为有效的冷却方法。其工作原理为，经过严格过滤的切削液通过中空主轴法兰套引入砂轮中心腔3内，由于离心力的作用，这些切削液就会通过砂轮内部的孔隙向砂轮四周边缘洒出，因此切削液就有可能直接进入磨削区。目前，内冷却装置尚未得到广泛应用，其主要原因是使用内冷却装置时，磨床附近会产生大量水雾，导致操作工人劳动条件差，精磨时无法通过观察火花试磨对刀。

在砂轮的圆周上开一些横槽，能使砂轮将切削液带入磨削区，对防止工件烧伤十分有效。目前常用的开槽砂轮有均匀等距开槽和在90°之内变距开槽两种形式。采用开槽砂轮能将切削液直接带入磨削区，可有效改善冷却条件。此外，在砂轮上开槽还能起到风扇作用，也可改善磨削过程的散热条件。

三、表层金属的残余应力

在机械加工过程中,当表层金属组织发生形状变化、体积变化或金相组织变化时,将在表层金属与其基体间产生相互平衡的残余应力。

(一)表层金属产生残余应力的原因

机械加工时在加工表面的金属层内有塑性变形产生,使表层金属的比容增大。由于塑性变形只在表层产生,而表层金属的比容增大和体积膨胀将不可避免地要受到与它相连的里层金属的阻碍,这样就在表层金属产生了压缩残余应力,里层金属中产生拉伸残余应力。当刀具从被加工表面上切除金属时,表层金属的纤维被拉长,刀具后刀面与已加工表面的摩擦又加大了这种拉伸作用;刀具切离之后,拉伸弹性变形将逐渐恢复,而拉伸塑性变形则不能回复,表层金属的拉伸塑性变形受到与它相连的里层未发生塑性变形金属的阻碍,因此就在表层金属中产生了压缩残余应力,里层金属中产生拉伸残余应力。

在机械加工中,切削区会产生大量的切削热,工件表面的温度往往很高。例如,在外圆磨削时,表层金属的平均温度达 300~400 ℃,而瞬时磨削温度则可高达 800~1200 ℃。不同的金相组织具有不同的密度($\rho_{马氏体}=7.75t/m^3$, $\rho_{奥氏体}=7.96/m^3$, $\rho_{铁素体}=7.88/m^3$, $\rho_{珠光体}=7.78/m^3$),也就具有不同的比容。如果在机械加工中表层金属产生金相组织的变化,它的比容也将随之发生变化,而表层金属的比容变化必然会受到与之相连的基体金属的阻碍,因此就会有残余应力产生。如果金相组织的变化引起表层金属的比容增大,则表层金属将产生压缩残余应力,而里层金属产生拉伸残余应力;如果金相组织的变化引起表层金属的比容减小,则表层金属产生拉伸残余应力,而里层金属产生压缩残余应力。在磨削淬火钢时,因磨削热有可能使表层金属产生回火烧伤,工件表层金属组织将由马氏体转变为接近珠光体的托氏体或索氏体,表层金属密度从 $7.75t/m^3$ 增至 $7.78t/m^3$,比容减小。表层金属由于相变而产生的收缩受到基体金属的阻碍,因而在表层金属产生拉伸残余应力,里层金属则产生与之相平衡的压缩残余应力。如果磨削时表层金属的温度超过相变温度,而且冷却又很充分,表层金属将因急冷形成淬火马氏体,密度减小,比容增大,这样,表面金属将产生压缩残余应力,而里层金属则产生拉伸残余应力。

(二)影响表层金属残余应力的工艺因素

1. 切削速度和被加工材料的影响

用正前角车刀加工 45 钢的切削试验结果表明,在所有切削速度下,工件表层金属均产生拉伸残余应力，这说明切削热在切削过程中起主导作用。在同样的切削条件下加工 18CrNiMoA 钢时，表面残余应力状态就有很大变化。车削 18CrNiMoA 钢工件的残余应力分布图，在采用正前角车刀以较低的切削速度（6~20m/min）车削 18CrNiMoA 钢时，工件表面产生拉伸残余应力；但随着切削速度的增大，拉伸应力值逐渐减小，在切削速度为 200~250m/min 时表层呈现压缩残余应力；高速车削（500~850m/min）18CrNiMoA 时，表层产生压缩残余应力。这说明在低速车削时，切削热的作用起主导作用，表层产生拉伸残余应力；随着切削速度的提高，表层温度逐渐提高至淬火温度，表层金属产生局部淬火，金属的比容开始增大，金相组织变化因素开始起作用，致使拉伸残余应力的数值逐渐减小；当高速切削时，表面金属的淬火进行得较充分，比容增大，金相组织变化起主导作用，因而在表层金属中产生了压缩残余应力。

2. 前角的影响

前角对表层金属残余应力的影响极大，车刀前角对残余应力影响的试验曲线。以 150m/min 的切削速度车削 45 钢，前角由正值变为负值或继续增大负前角，拉伸残余应力的数值减小。以 750m/min 的切削速度车削 45 钢，前角的变化将引起残余应力性质的变化，刀具负前角很大（γ_0 =-30° 和 γ_0 =-50°）时，表层金属发生淬火反应，产生压缩残余应力。

车削容易发生淬火反应的 18CrNiMoA 钢时，在 150m/min 的切削速度下，用前角 γ_0 =-30° 的车刀切削，就能使表层产生压缩残余应力；而当切削速度加大到 750m/min 时，用负前角车刀加工都会使表层产生压缩残余应力；只有在采用较大的正前角车刀加工时，才会产生拉伸残余应力。前角的变化不仅影响残余应力的数值和符号，而且在很大程度上影响残余应力的扩展深度。

此外，切削刃钝圆半径、刀具磨损状态等都对表层金属残余应力的性质及分布有影响。

（三）影响磨削残余应力的工艺因素

磨削加工中，塑性变形严重且热量大，工件表面温度高，热因素和塑性变形对磨削表面残余应力的影响都很大。在一般磨削过程中，若热因素起主导作用，工件表面将产生拉伸残余应力，若塑性变形起主导作用，工件表面将产生压缩残余应力；当工件表面温度超过相变温度且又冷却充分时，工件表面出现淬火烧伤，此时金相组织变化因素起主要作用，工件表面将产生压缩残余应力。在精细磨削时，塑性变形起主导作用，工件表层金属产生压缩残余应力。

1. 磨削用量的影响

磨削背吃刀量a_p对表面层残余应力的性质、数值有很大影响。图7-9所示为磨削工业铁时，磨削背吃刀量对残余应力的影响。当磨削背吃刀量很小（如a_p=0.005mm）时，塑性变形起主要作用，因此磨削表层形成压缩残余应力。继续加大磨削背吃刀量，塑性变形加剧，磨削热随之增大，热因素的作用逐渐占据主导地位，在表层产生拉伸残余应力。随着磨削背吃刀量的增大，拉伸残余应力的数值将逐渐增大。当a_p>0.025mm时，尽管磨削温度很高，但因工业铁的含碳量极低，不可能出现淬火现象，此时塑性变形因素逐渐起主导作用，表层金属的拉伸残余应力数值逐渐减小；当a_p取值很大时，表层金属呈现压缩残余应力状态。

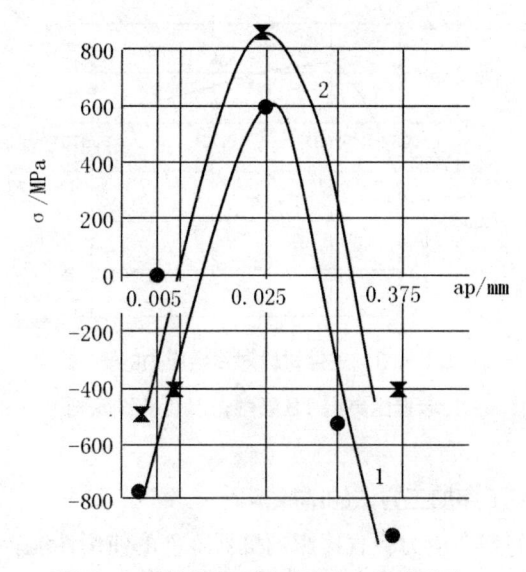

图7-9 磨削背吃刀量对残余应力的影响

2. 普通磨削、高速磨削

提高砂轮速度，磨削区温度增高，而每颗磨粒所切除的金属厚度减小，此时热因素的作用增大，塑性变形因素的影响减小，因此提高砂轮速度将使表层金属产生拉伸残余应力的倾向增大。图7-9中，给出了高速磨削（曲线2）和普通磨削（曲线1）的试验结果对比。

增大工件的回转速度和进给速度，将使砂轮与工件热作用的时间缩短，热因素的影响逐渐减小，塑性变形因素的影响逐渐加大。这样，表层金属中产生拉伸残余应力的趋势逐渐减小，而产生压缩残余应力的趋势逐渐增大。

3. 工件材料对残余应力的影响

一般来说，工件材料的强度越高，导热性越差，塑性越低，在磨削时表面金属产生拉伸残余应力的倾向就越大。碳素工具钢 T8 比工业铁强度高，材料的变形阻力大，磨削时发热量也大，且 T8 的导热性比工业铁差，磨削热容易集中在表面金属层，再加上 T8 的塑性低于工业铁。

因此在磨削时，热因素的作用比磨削工业铁时明显，表层金属产生拉伸残余应力的倾向比工业铁的大，如图 7-10 所示。

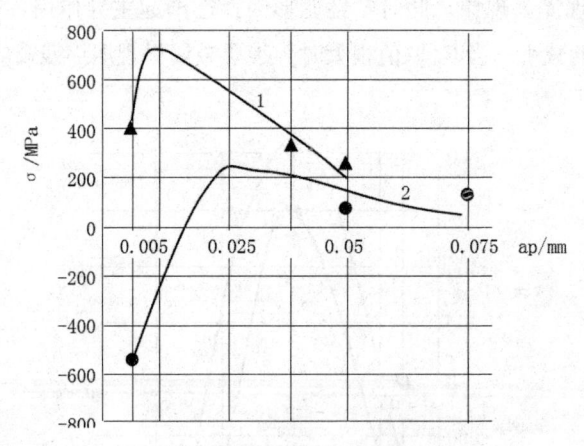

图 7-10 工件材料对残余应力的影响
1. 碳素工具钢 T8 磨削；2. 工业铁磨削

（四）工件最终工序加工方法的选择

工件表层金属的残余应力将直接影响机器零件的使用性能。一般来说，工件表面残余应力的数值及性质主要取决于工件最终工序的加工方法。如何选择工件最终工序的加工方法，需要考虑该零件的具体工作条件及可能产生的破坏形式。

在交变载荷的作用下，零件表面存在的局部微观裂纹将由于拉应力的作用扩大，最终导致零件断裂。从提高零件抵抗疲劳破坏的角度考虑，最终工序应选择能在加工表面（尤其是应力集中区）产生压缩残余应力的加工方法。

各种加工方法在工件表面上残留的内应力情况见表 7-2，此表可供选择最终工序加工方法参考。

表7-2 各种加工方法在工件表面上残留的内应力

加工方法	残余应力情况	残余应力值 σ / MPa	残余应力层深度 h / mm
车削	一般情况下，表面受拉，里层受压；$v_c = 500m/\min$ 时，表面受压，里层受拉	200~800，刀具磨损后达1000	一般情况下，0.05~0.10；当用大负前角（$\gamma_0 = -30°$）车刀，v_c 很大时，h 可达 0.65
磨削	一般情况下，表面受压，里层受拉	200~1000	0.05~0.30
铣削	同车削	600~1500	
碳钢淬硬	表面受压，里层受拉	400~750	
钢珠滚压钢件	表面受压，里层受拉	700~800	
喷丸强化钢件	表面受压，里层受拉	1000~1200	
渗碳淬火	表面受压，里层受拉	1000~1100	
镀铬	表面受拉，里层受压	400	
镀铜	表面受拉，里层受压	200	

四、表面强化工艺

这里所说的表面强化工艺是指通过冷压加工方法使表层金属发生冷态塑性变形，以减小表面粗糙度值，提高表面硬度，并在表面层产生压缩残余应力的表面强化工艺。冷压加工强化工艺是一种既简便又有明显效果的加工方法，应用十分广泛。

1. 喷丸强化

喷丸强化是利用大量快速运动的珠丸打击被加工工件表面，使工件表面产生冷硬层和压缩残余应力，从而显著提高零件的疲劳强度和使用寿命。

珠丸可以是铸铁的，也可以是切成小段的钢丝（使用一段之后自然变成球状）。对于铝质工件，为避免表面残留铁质微粒而引起电解腐蚀，宜采用铝丸或玻璃丸。珠丸的直径一般为0.2~4mm。对于尺寸较小、表面粗糙度值要求较小的工件，应采用直径较小的珠丸。喷丸强化主要用于强化形状复杂或不宜用其他加工方法强化的工件，如板弹簧、螺旋弹簧、连杆、齿轮、焊缝等。

2. 滚压加工

滚压加工是利用经过淬硬和精细研磨过的滚轮或滚珠，在常温状态下对金属表面进行挤压，将表层的凸起部分向下压，凹下部分往上挤，逐渐将前工序留下的波峰压平，从而修正工件表面的微观几何形状。此外，它还能使工件表面金属组织细化，形成压缩残余应力。滚压加工可减小表面粗糙度值，表面硬度一般可提高 10%~40%，表面金属的耐疲劳强度一般可提高 30%~50%。

第二节 机械加工中金属热处理方法研究

一、钢的普通热处理

（一）退　火

退火是将组织偏离平衡状态的钢加热到工艺预定的某一温度，经保温后缓慢冷却下来（一般为随炉冷却），以获得接近 Fe—Fe3C 相图平衡状态组织的热处理工艺。根据钢的成分、退火的目的与要求的不同，退火又可分为完全退火、等温退火、球化退火、均匀化退火、去应力退火和再结晶退火等。

1. 完全退火

将钢件或毛坯加热到 Ac_3 以上 20~30℃，保温一段时间，使钢中组织完全转变成奥氏体后，缓慢冷却（一般为随炉冷却）到 500℃以下出炉，在空气中冷却下来。所谓"完全"是指加热时获得完全的奥氏体组织。

（1）完全退火的目的。

改善热加工造成的粗大、不均匀的组织；中碳以上碳素钢和合金钢降低硬度从而改善其切削加工性能（一般情况下，工件硬度为 170~230HBW 时易于切削加工，高于或低于这个硬度范围时，都会使切削困难）；消除铸件、锻件及焊接件的内应力。

（2）适用范围。

完全退火主要适用于碳的质量分数为 0.25%~0.77%的亚共析成分的碳素钢、合金钢及工程铸件、锻件和热轧型材。过共析钢不宜采用完全退火，因为过共析钢加热至 Ac_{cm} 以上缓慢冷却时，二次渗碳体会以网状沿奥氏体晶界析出，使钢的强度、塑性和冲击韧度显著下降。

2. 等温退火

将钢件或毛坯加热至 Ac_3（或 Ac_1）以上 20~30℃，保温一定时间后，较快地冷却至过冷奥氏体等温转变图"鼻尖"温度附近并保温（珠光体转变区），使奥氏体转变为珠光体后，再缓慢冷却下来，这种热处理方式为等温退火。等温退火的目的与完全退火相同，但是等温退火时的转变容易控制，能获得均匀的预期组织，对于大型制件及合金钢制件较适宜，可大大缩短退火周期。

3. 球化退火

将钢件或毛坯加热到略高于 Ac_1 的温度，经长时间保温，使钢中二次渗碳体自发转变为颗粒状（或称球状）渗碳体，然后以缓慢的速度冷却到室温的工艺方法。

（1）球化退火的目的。

降低硬度，均匀组织，改善切削加工性能，为淬火做准备。

（2）适用范围。

球化退火主要适用于碳素工具钢、合金弹簧钢、滚动轴承钢和合金工具钢等共析钢和过共析钢（碳的质量分数大于0.77%）。

4. 均匀化退火

为减少钢锭、铸件的化学成分和组织的不均匀性，将其加热到略低于固相线温度（钢的熔点以下100~200℃），长时间保温并缓冷，使钢锭等化学成分和组织均匀化。由于均匀化退火加热温度高，因此退火后晶粒粗大，需要再进行一次正常的完全退火或正火去细化晶粒，消除过热缺陷。均匀化退火的目的是消除铸锭或铸件在凝固过程中产生的枝晶偏析及区域偏析，使成分和组织均匀化。

5. 去应力退火与再结晶退火

去应力退火又称低温退火。它是将钢加热到400~500℃（Ac_1 温度以下），保温一段时间，然后缓慢冷却到室温的工艺方法。其目的是为了消除铸件、锻件和焊接件以及冷变形等加工中所产生的内应力。因去应力退火温度低、不改变工件原来的组织，故应用广泛。

再结晶退火主要用于消除冷变形加工（如无冷轧、冷拉、冷冲）产生的畸变组织，消除加工硬化而进行的低温退火。加热温度为再结晶温度（使变形晶粒再次结晶为无变形晶粒的温度）以上150~250℃。再结晶退火可使冷变形后被拉长的晶粒重新形核长大为均匀的等轴晶粒，从而消除加工硬化效果。

（二）正　火

正火是将钢加热到 Ac_3（亚共析钢）和 Ac_{cm}（过共析钢）以上30~50℃，保温一段时间后，在空气中或在强制流动的空气中冷却到室温的工艺方法。正火的目的有以下三点：

1. 作为最终热处理。对强度要求不高的零件，正火可以作为最终热处理。正火可以细化晶粒，使组织均匀化，减少亚共析钢中铁素体含量，使珠光体含量增多并细化，从而提高钢的强度、硬度和韧性。

2. 作为预先热处理。截面较大的结构钢件，在淬火或调质处理（淬火加高温回火）前常进行正火，可以消除魏氏组织和带状组织，并获得细小而均匀的组织。对于碳的质量分数大于 0.77%的碳素钢和合金工具钢中存在的网状渗碳体，正火可减少二次渗碳体量，并使其不形成连续网状，为球化退火做组织准备。

3.改善切削加工性能。正火可改善低碳钢（碳的质量分数低于 0.25%）的切削加工性能。碳的质量分数低于 0.25%的碳素钢，退火后硬度过低，切削加工时容易"粘刀"，表面质量很差，通过正火使硬度提高至 140~190HBW，接近于最佳切削加工硬度，从而改善切削加工性能。

正火比退火冷却速度快，因而正火组织比退火组织细，强度和硬度也比退火组织高。当碳素钢中碳的质量分数小于 0.6%时，正火后组织为铁素体+索氏体；当碳的质量分数大于 0.6%时，正火后组织为索氏体。由于正火的生产周期短，设备利用率高，生产率较高，因此成本较低，在生产中应用广泛。

（三）淬火

淬火是指将钢加热到临界温度以上，保温后以大于临界冷却速度 v_k 的冷速冷却，使奥氏体转变为马氏体的热处理工艺。因此，淬火的目的就是为了获得马氏体，并与适当的回火工艺相配合，以提高钢的力学性能。淬火、回火是钢的最重要的强化方法，也是应用最广泛的热处理工艺之一。作为各种机器零件、工具及模具的最终热处理，淬火是赋予零件最终性能的关键工序。

1.淬火工艺

（1）淬火温度。亚共析钢淬火加热温度为 Ac_3 以上 30~50℃，共析钢、过共析钢淬火加热温度为 Ac_1 以上 30~50℃。钢的淬火温度范围如图 7-11 所示。

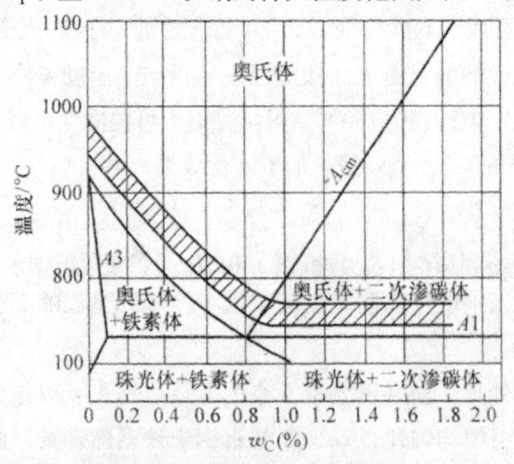

图 7-11　钢的淬火温度范围

亚共析钢在上述淬火温度加热保温是为了获得晶粒细小均匀的奥氏体，淬火后就可获得细小的马氏体组织。若加热温度过高，则引起奥氏体晶粒粗大化，淬火后得到的马氏体组织也粗大,从而使钢的性能严重脆化。若加热温度过低,其为 $Ac_1 \sim Ac_3$,则加热时的组织就为奥氏体 + 铁素体;淬火后,奥氏体可以转变为马氏体,而部分铁素体未转变就淬火转变为残留奥氏体,此时的淬火组织就为马氏体 + 残留奥氏体,残留奥氏体过多,就造成了淬火硬度的不足。

过共析钢在淬火加热到 Ac_1 以上 30~50℃保温就完全奥氏体化了,其组织为奥氏体和部分未溶的细粒状渗碳体颗粒。淬火后,奥氏体转变为马氏体,未溶渗碳体颗粒被保留下来。由于渗碳体硬度高,因此它不但不会降低淬火钢的硬度,而且可以提高它的耐磨性;若加热温度过高,甚至在 Ac_{cm} 以上,则渗碳体溶入奥氏体中的数量增大,使奥氏体的含碳量增加,这不仅使未溶渗碳体颗粒减少,而且使淬火后残留奥氏体增多,降低钢的硬度与耐磨性。同时,加热温度过高,会引起奥氏体晶粒粗大,使淬火后的组织为粗大的片状马氏体,使显微裂纹增多,钢的脆性大为增加。粗大的片状马氏体,还使淬火内应力增加,极易引起工件的淬火变形和开裂。因此,加热温度过高是不适宜的。

过共析钢的正常淬火组织为隐晶(即细小片状)马氏体的基体上均匀分布着细小颗粒状渗碳体以及少量残留奥氏体,这种组织具有较高的强度和耐磨性,同时又具有一定的韧性,符合高碳工具钢零件的使用要求。

(2)淬火保温时间。加热后一定要有保温时间,其主要目的是使晶体生长均匀化。影响均匀的因素比较多,它与加热的方法、工件尺寸大小、形态分布等有关。

(3)淬火冷却方式。冷却是淬火的关键步骤。冷却的要点是介质的冷却速度大于 $v_{临}$,即要避开等温转变图的"鼻尖"。一般根据淬火的材料选择冷却介质。选择冷却介质的原则是:冷却速度尽量接近 $v_{临}$。接近 $v_{临}$ 就是尽量放慢冷却速度,最大化地放慢冷却速度,就是让晶体的转变速度降低,避免淬火变形与开裂。碳素钢淬火用水冷却,合金钢淬火用油冷却,水冷的速度高于油冷,合金钢等温转变图"鼻尖"的位置靠右,所以合金钢淬火采用油冷却。目前有很多种淬火冷却介质,目的都是为了接近 $v_{临}$。淬火材料不同时,冷却介质也不同。淬火油与机油、锭子油的根本区别是闪点高,不易着火。

2. 淬火方法

淬火方法的选择,主要以获得马氏体和减少内应力、工件的变形和开裂为依据。常用的淬火方法有单介质淬火、双介质淬火、分级淬火和等温淬火。图 7-12 所示为不同淬火方法示意图。

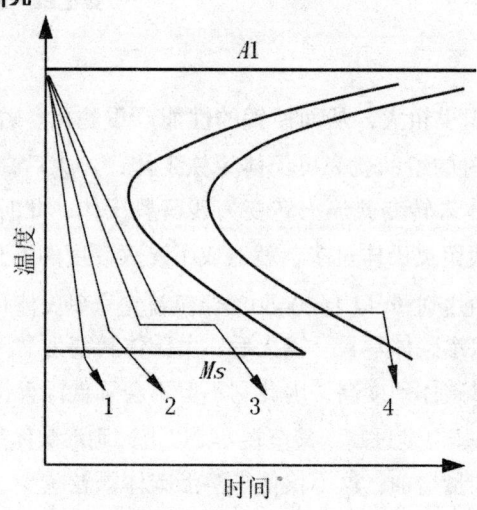

图 7-12 不同淬火方法示意图
1. 单介质淬火；2. 双介质淬火；3. 分级淬火；4. 等温淬火

（1）单介质淬火。工件在一种介质中冷却，如水淬、油淬。优点是操作简单，易于实现机械化，应用广泛。缺点是只是一种冷却速度。

（2）双介质淬火。工件先在较强冷却能力介质中冷却到300℃左右，再在一种冷却能力较弱的介质中冷却，如先水淬后油淬，可有效减少马氏体转变的内应力，减小工件变形开裂的倾向，可用于形状复杂、截面不均匀的工件淬火。双介质淬火的缺点是难以掌握双介质转换的时刻，转换过早容易淬不硬，转换过迟又容易淬裂。为了克服这一缺点，发展了分级淬火法。

（3）分级淬火。工件在低温盐浴或碱浴炉中淬火，盐浴或碱浴的温度在 Ms 点附近，工件在这一温度停留 2~5min，然后取出空冷，这种冷却方式称为分级淬火。分级冷却的目的是使工件内外温度较为均匀，同时进行马氏体转变，可以大大减小淬火应力，防止变形开裂。分级温度以前都定在略高于 Ms 点，工件内外温度均匀以后进入马氏体区。现在改进为在略低于 Ms 点的温度分级。实践表明，在 Ms 点以下分级的效果更好。例如，高碳钢模具在160℃的碱浴中分级淬火，既能淬硬，变形又小，所以应用很广泛。

（4）等温淬火。工件在等温盐浴中淬火，盐浴温度在贝氏体区的下部（稍高于 Ms），工件等温停留较长时间，直到贝氏体转变结束，取出空冷。等温淬火用于中碳以上的钢，目的是为了获得下贝氏体，以提高强度、硬度、韧性和耐磨性。低碳钢一般不采用等温淬火。

（四）回　火

将淬火后的零件加热到低于Ac_1的某一温度并保温，然后冷却到室温的热处理工艺称为回火。回火是紧接淬火的一道热处理工艺，大多数淬火钢都要进行回火。回火的目的是稳定工件组织和尺寸，减小或消除淬火应力，提高钢的塑性和韧性，获得工件所需的力学性能，以满足不同工件的性能要求。钢在淬火后，得到的马氏体和残留奥氏体组织是不稳定的，存在着自发地向稳定组织转变的倾向。回火加热可减小这种倾向。根据转变发生的过程和形成的组织，回火可分为四个阶段。

第一阶段（200℃以下）：马氏体分解。

第二阶段（200~300℃）：残留奥氏体分解。

第三阶段（250~400℃）：碳化物的转变。

第四阶段（400℃以上）：渗碳体的聚集长大与相的再结晶。

制定钢的回火工艺时，应根据钢的化学成分、工件的性能要求以及工件淬火后的组织和硬度来正确选择回火温度、保温时间、回火后的冷却方式等，以保证工件回火后能获得所需性能。决定工件回火后的组织和性能最重要的因素是回火温度，生产中根据工件所要求的力学性能、所用的回火温度的高低，分为低温回火、中温回火和高温回火。

1. 低温回火

低温回火温度范围一般为150~250℃。低温回火后得到的组织是隐晶马氏体+细粒状碳化物，称回火马氏体。亚共析钢低温回火后组织为回火马氏体；过共析钢低温回火后组织为回火马氏体+碳化物+残留奥氏体。低温回火的目的是在保持高硬度（58~64HRC）、强度和耐磨性的情况下，适当提高淬火钢的韧性，同时显著降低钢的淬火应力和脆性。在生产中，低温回火大量应用于工具、量具、滚动轴承、渗碳工件、表面淬火工件等。

2. 中温回火

中温回火温度一般为350~500℃，回火组织是在铁素体基体上大量弥散分布着细粒状渗碳体，即回火屈氏体组织。回火屈氏体组织中的铁素体还保留着马氏体的形态。中温回火后工件的内应力基本消除，具有高的弹性极限和屈服强度、较高的强度和硬度（35~45HRC）、良好的塑性和韧性。中温回火主要用于各种弹簧零件及热锻模具。

3. 高温回火

高温回火温度为500~650℃，通常将"淬火+高温回火"的工艺方法称为调质处理。高温回火的组织为回火索氏体和铁素体。回火索氏体中的铁素体为发生再结晶的多边形铁素体。高温回火后钢具有强度、塑性和韧性都较好的综合力学性能，硬度为

25~35HRC，广泛应用于中碳结构钢和低合金结构钢制造的各种受力比较复杂的重要结构零件，如发动机曲轴、连杆、连杆螺栓、汽车半轴、机床齿轮及主轴等。也可作为某些精密工件（如量具、模具等）的预备热处理。钢在不同温度下回火后硬度随回火温度的变化如图 7-13 所示，钢的力学性能与回火温度的关系如图 7-14 所示。

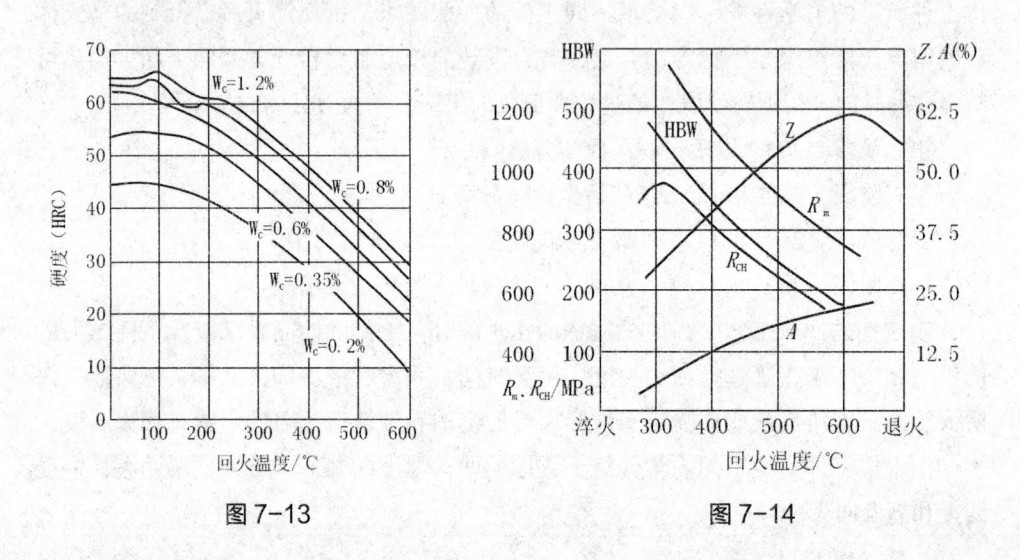

图 7-13

图 7-14

钢在回火时会产生回火脆性现象，即在 250~400℃ 和 450~650℃ 两个温度区间回火后，钢的冲击韧度较回火前有明显的下降，这种脆化现象称为回火脆性。根据脆化现象产生的机理和温度区间，回火脆性可分为两类：①第一类回火脆性。钢在 250~350℃ 范围内回火时出现的脆性称为第一类回火脆性。因为这种回火脆性产生后无法消除，所以也称为不可逆回火脆性。为了防止第一类回火脆性的产生，通常的办法是避免在脆化温度范围内回火。②第二类回火脆性。有些合金钢尤其是含 Cr、Ni、Mn 等元素的合金钢，在 450~650℃ 高温回火后缓冷时使冲击韧度下降的现象称为第二类回火脆性，有时也称可逆回火脆性。这种脆性可采用回火后快冷消除。

二、钢的表面热处理

对钢的表面快速加热、冷却，将表层淬火成马氏体，心部组织不变的热处理工艺称为表面热处理。常用的表面热处理方法有感应淬火和火焰淬火。

（一）感应淬火热处理

1. 基本原理

感应淬火是利用电磁感应原理，将工件置于用铜管制成的感应圈中，向感应圈中通交流电时，在它的内部和周围将产生一个与电流频率相同的交变磁场，若把工件置于磁场中，则在工件（导体）内部产生感应电流，电阻的作用工件就会被加热。由于交流电的"趋肤效应"，靠近工件表面电流密度最大，而工件心部电流几乎为零。几秒钟内工件表面温度就可以达到 800~1000℃，而心部仍接近室温。当表层温度升高至淬火温度时，立即喷液冷却使工件表面淬火。

电流透入工件表层的深度主要与电流频率有关，频率越高，透入层深度越小。对于碳素钢，淬硬层深度与电流频率存在如下关系：

$$\delta = \frac{500}{\sqrt{f}}$$

式中 δ ——淬硬层深度（mm）；

f ——电流频率（Hz）。

可见，电流频率越大，淬硬层深度越薄。因此，通过改变交流电的频率，可以得到不同厚度的淬硬层。生产中一般根据工件尺寸大小及所需淬硬层的深度来选用感应加热的频率，见表 7-3。

表 7-3 电流频率与淬硬层深度的关系

电流频率	淬硬层深度 / mm	应用
高频 200~300kHz	0.5~2	中小型零件，如小模数齿轮、中小直径轴类零件
中频 2500~8000Hz	2~5	大模数齿轮、大直径轴类零件
工频 50Hz	10~15	轧辊、火车车轮等大件

2. 感应加热的特点

（1）由于感应加热极快，过热度大，使钢的临界点升高，故感应淬火温度（工件表面温度）高于一般淬火温度。

（2）由于感应加热快，奥氏体晶粒不易长大，淬火后获得非常细小的隐晶马氏体组织，使工件表层硬度比普通淬火高 2~3HRC，耐磨性也有较大提高。

（3）表面淬火后，淬硬层中马氏体的体积比原始组织大，因此表层存在很大的残余压应力，能显著提高零件的抗弯曲、抗疲劳强度。小尺寸零件可提高 2~3 倍，大尺寸零件可提高 20%~30%。

（4）由于感应加热速度大、时间短，故淬火后无氧化、脱碳现象，且工件变形也很小。感应淬火后，为了减小淬火应力和降低脆性，须进行 170~200℃ 的低温回火，尺寸较大的工件也可利用淬火后的工件余热进行自回火。

（二）火焰淬火热处理

火焰淬火是一种利用乙炔—氧气或煤气—氧气混合气体的燃烧火焰，将工件表面迅速加热到淬火温度，随后以浸水和喷水方式进行激冷，使工件表层转变为马氏体，而心部组织不变的工艺方法。图 7-15 所示为火焰淬火热处理示意图。

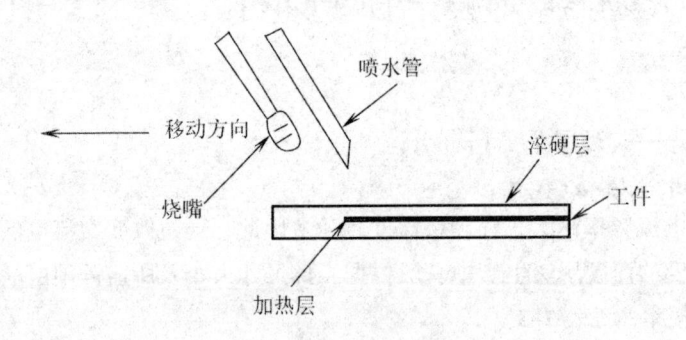

图 7-15　火焰淬火热处理示意图

火焰淬火的优点是：设备简单、成本低、工件大小不受限制。缺点是：淬火硬度和淬透性深度不易控制，常取决于操作工人的技术水平和熟练程度；生产率低，只适合单件和小批量生产。

第三节　现代机械加工中的特种技术和方法

一、特种加工技术

（一）特种加工的领域

特种加工是相对于常规加工而言的。由于早在第二次世界大战后期就发明了电火花加工，因而出现了电加工的名称，之后又出现了电解加工、超声波加工、激光加工等方法，因此提出了特种加工的名称，在欧美称之为非传统性加工。特种加工的概念应该是相对的,其内容将随着加工技术的发展而变化。

（二）特种加工方法的种类

特种加工方法的种类很多,根据加工机理和所采用的能源,可以分为以下六类。

1. 力学加工。应用机械能来进行加工,如超声波加工、喷射加工、喷水加工等。

2. 电物理加工。利用电能转换为热能、机械能或光能等进行加工,如电火花成形加工、电火花线切割加工、电子束加工、离子束加工等。

3. 电化学加工。利用电能转换为化学能进行加工,如电解加工、电镀、刷镀、镀膜和电铸加工等。

4. 激光加工。利用激光光能转化为热能进行加工,如激光束加工。

5. 化学加工。利用化学能或光能转换为化学能来进行加工,如化学铣削和化学刻蚀（即光刻加工）等。

6. 复合加工。将机械加工和特种加工叠加在一起就形成了复合加工,如电解磨削、超声电解磨削等。最多有四种加工方法叠加在一起的复合加工,如超声电火花电解磨削等。

（三）特种加工的特点及应用范围

1. 特种加工不是依靠刀具和磨料来进行切削和磨削,而是利用电能、光能、声能、热能和化学能来去除金属和非金属材料,因此工件和工具之间并无明显的切削力,只有微小的作用力,在机理上与传统加工有很大不同。

2. 特种加工的内容包括去除和结合等加工。去除加工即分离加工,如电火花成形加工等是从工件上去除一部分材料。结合加工又可分为附着加工、注入加工和结合加工。附着加工是使工件被加工表面覆盖一层材料,如镀膜等；注入加工是将某些元素离子注入到工件表层,以改变工件表层的材料结构,达到所要求的物理力学性能,如离子束注入、化学镀、氧化等；结合加工是使两个工件或两种材料结合在一起,如激光焊接、化学粘接等。因此在加工概念的范围上又有了很大的扩展。

3. 在特种加工中,工具的硬度和强度可以低于工件的硬度和强度,因为它不是靠机械力来切削,同时工具的损耗很小,甚至无损耗,如激光加工、电子束加工、离子束加工等,故适于加工脆性材料、高硬材料、精密微细零件、薄壁零件、弹性零件等易变形的零件。

4. 加工中的能量易于转换和控制。工件一次装夹可实现粗、精加工,有利于保证加工质量,提高生产率。

二、特种加工方法

（一）电火花加工

1. 电火花加工的基本原理

电火花加工是利用工具电极与工件电极之间脉冲性的火花放电，产生瞬时高温将金属蚀除。这种加工又称为放电加工、电蚀加工、电脉冲加工。

图7-16所示为电火花加工原理图。图中采用正极性接法，即工件接阳极，工具接阴极，由直流脉冲电源提供直流脉冲。工作时，工具电极和工件电极均浸泡在工作液中，工具电极缓缓下降与工件电极保持一定的放电间隙。电火花加工是电力、热力、磁力和流体力等综合作用的过程，一般可以分成四个连续的加工阶段。

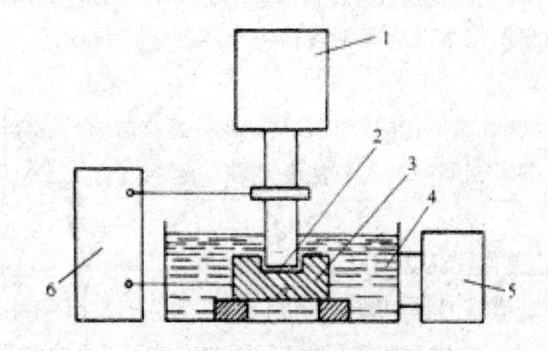

图7-16 电火花加工原理图

1.进给系统；2.工具电极；3.工件电极；4.工作液；5.工作液泵站；6.直流脉冲电源

（1）介质电离、击穿、形成放电通道。

（2）火花放电产生熔化、气化、热膨胀。

（3）抛出蚀除物。

（4）间隙介质消电离。

由于电火花加工是脉冲放电，其加工表面由无数个脉冲放电小凹坑所组成，工具的轮廓和截面形状就在工件上形成。

2. 电火花加工的基本工艺影响电火花加工的因素有下列三项

（1）极性效应。单位时间蚀除工件金属材料的体积或重量，称之为蚀除量或蚀除速度。由于正负极性的接法不同而蚀除量不一样，称之为极性效应。将工件接阳极称之为正极性加工，将工件接阴极称之为负极性加工。

在脉冲放电的初期，由于电子质量轻、惯性小，很快就能获得高速度而轰击阳极，因此阳极的蚀除量大于阴极。随着放电时间的增加，离子获得较高的速度，由于离子的质量大，轰击阴极的动能较大，因此阴极的蚀除量大于阳极。控制脉冲宽度就可以控制两极蚀除量的大小。短脉宽时，选正极性加工，适合于精加工；长脉宽时，选负极性加工，适合于粗加工和半精加工。

（2）工作液。工作液应能压缩放电通道的区域，提高放电的能量密度，并能加剧放电时流体动力过程，加速蚀除物的排出。工作液还应加速极间介质的冷却和消电离过程，防止电弧放电。常用的工作液有煤油、去离子水、乳化液等。

（3）电极材料。它必须是导电材料，要求在加工过程中损耗小，稳定，机械加工性好。常用的电极材料有纯铜、石墨、铸铁、钢、黄铜等。蚀除量与工具电极和工件材料的热学性能有关，如熔点、沸点、热导率和比热容等。熔点、沸点越高，热导率越大，则蚀除量越小；比热容越大，耐蚀性越高。

3. 电火花加工的类型

电火花加工的类型主要有电火花成形加工、电火花线切割加工、电火花回转加工、电火花表面强化和电火花刻字等。

（1）电火花成形加工。它主要指穿孔加工、型腔加工等。穿孔加工主要是加工冲模、型孔和小孔（一般为 0.05~2mm）。冲模是指凹模。型腔加工主要是加工型腔模和型腔零件，相当于加工成形盲孔。其加工示意图如图 7-17 所示。

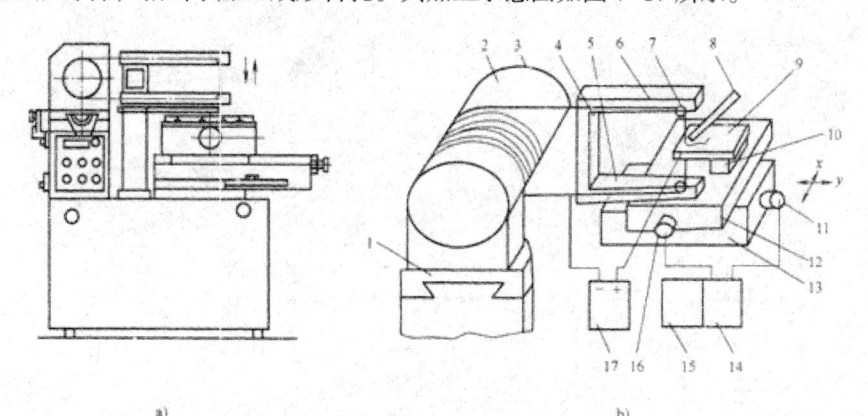

图 7-17 高速走丝电火花线切割机床

a）机床外形　b）机床结构原理图

1. 走丝溜板；2. 卷丝筒；3. 电极丝；4. 丝架；5. 下丝臂；
6. 上丝臂；7. 导丝轮；8. 工作液喷嘴；9. 工件；10. 绝缘垫块；
11、16. 伺服电动机；12. 工作台；13. 溜板；14. 伺服电动机电源；
15. 数控装置；17. 脉冲电源

（2）电火花线切割加工。用连续移动的电极丝（工具）作阴极，工件为阳极，两极通以直流高频脉冲电源。电火花线切割加工机床可以分为两大类，即高速走丝和低速走丝。

高速走丝电火花线切割机床，电极丝3绕在卷丝筒2上，并通过两个导丝轮7形成锯弓状。卷丝筒2装在走丝溜板1上，电动机带动卷丝筒2作周期正、反转，走丝溜板1相应于卷丝筒2的正、反转在卷丝筒2轴上与卷丝筒2一起作往复移动，使电极丝3总能对准丝架4上的导丝轮，并得到周期往复移动。同时丝架可绕两水平轴分别作小角度摆动，其中绕y轴的摆动是通过丝架的摆动而得到，而丝架绕x轴的摆动是通过丝架上、下丝臂在y方向的相对移动得到，这样可以切割各种带斜面的平面二次曲线型体。电极丝多用钼丝，走丝速度一般为2.5~10m/s。电极丝使用一段时间后要更换新丝，以免因损耗断丝而影响工作。

低速走丝电火花线切割机床的结构原理如图7-18所示。它是以成卷筒丝作为电极丝，经旋紧机构和导丝轮、导向装置形成锯弓状，走丝作单方向运动，多用铜丝，为一次性使用，走丝速度一般低于0.2m／min，但其导向、旋紧机构比较复杂。低速走丝电火花线切割机床由于电极丝走丝平稳、无振动、损耗小，因此加工精度高，表面粗糙度值小，同时断丝可自动停机报警，并有气动自动穿丝装置，使用方便，现已成为主流产品和发展方向。

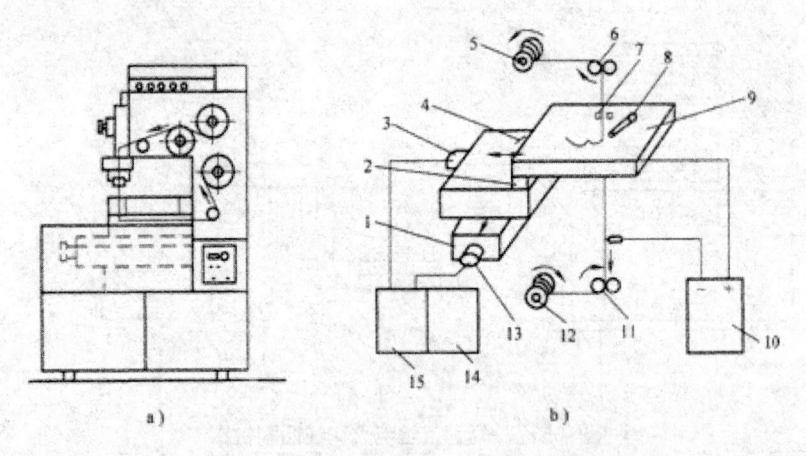

图7-18 低速走丝电火花线切割机床的结构原理图
a）机床外形 b）机床结构原理图
1.溜板；2.绝缘垫块；3、13.伺服电动机；4.工作台；5.放丝卷筒；
6、11.导丝轮和旋紧机构；7.导向装置；8.工作液喷嘴；9.工件；
10.脉冲电源；12.收丝卷筒；14.数控装置；15.伺服电动机电源

目前，电火花线切割机床已经数控化。数控电火花线切割机床具有多维切割、重复切割、丝径补偿、图形缩放、移位、偏转、镜像、显示和加工跟踪、仿真等功能。无论是高速走丝还是低速走丝，电火花线切割机床都具有四坐标数控功能，因此可加工各种锥面、复杂直纹表面。

4. 电火花加工的特点

不论其材料的硬度、脆性、熔点如何，电火花加工可加工任何导电材料，并且现已研究出加工非导体材料和半导体材料。由于加工时工件不受力，适于加工精密、微细、刚性差的工件，如小孔、薄壁、窄槽、复杂型孔、型面、型腔等零件。加工时，加工参数调整方便，可在一次装夹下同时进行粗、精加工。电火花加工机床结构简单，现已几乎全部数控化，实现数控加工。

5. 电火花加工的应用

电火花加工的应用范围非常广泛，是特种加工中应用最为广泛的一种方法。

（1）穿孔加工。可加工型孔、曲线孔（弯孔、螺旋孔）、小孔等。

（2）型腔加工。可加工锻模、压铸模、塑料模、叶片、整体叶轮等零件。

（3）线电极切割。可进行切断、开槽、窄缝、型孔、冲模等加工。

（4）回转共轭加工。将工具电极做成齿轮状和螺纹状，利用回转共轭原理，可分别加工模数相同，而齿数不同的内、外齿轮和相同螺距齿形的内、外螺纹。

（5）电火花回转加工。加工时工具电极回转，类似钻削、铣削和磨削，可提高加工精度。这时工具电极可分别做成圆柱形和圆盘形，称之为电火花钻削、铣削和磨削。

（6）金属表面强化。

（7）打印标记、仿形刻字等。

（二）电解加工

1. 电解加工基本原理

电解加工是在工具和工件之间接上直流电源，工件接阳极，工具接阴极。工具极一般用铜或不锈钢等材料制成。两极间外加直流电压6~24V，极间间隙保持0.1~1mm，在间隙处通以6~60m／s的高速流动电解液，形成极间导电通路，产生电流。加工时工件阳极表面的材料不断溶解，其溶解物被高速流动的电解液及时冲走，工具阴极则不断进给，保持极间间隙，其基本原理是阳极溶解，是电化学反应过程。它包括电解质在水中的电离及其放电反应、电极材料的放电反应和电极间的放电反应。

2. 电解加工的特点

电解加工的一些特点与电火花加工类似，不同之处有以下四点。

（1）加工型面、型腔生产率高，比电火花加工高 5~10 倍。

（2）阴极在加工中损耗极小，但加工精度不及电火花加工，棱角、小圆角（r<0.2mm）很难加工出来。

（3）加工表面质量好，表面无飞边、残余应力和变形层。

（4）加工设备要求防腐蚀、防污染，并应配置废水处理系统。因为电解液大多采用中性电解液（如 NaCl、$NaNO_3$ 等）、酸性电解液（如 HCl、HNO_3、H_2SO_4 等），对机床和环境有腐蚀和污染作用，应进行一些处理。

（三）超声波加工

1. 超声波加工基本原理

超声波加工是利用工具作超声振动，通过工件与工具之间的磨料悬浮液而进行加工，图 7-19 所示为其加工原理图。加工时，工具以一定的力压在工件上，由于工具的超声振动，使悬浮磨粒以很大的速度、加速度和超声频打击工件，工件表面受击处产生破碎、裂纹，脱离而成颗粒，这是磨粒撞击和抛磨作用。磨料悬浮液受工具端部的超声振动作用产生液压冲击和空化现象，促使液体渗入被加工材料的裂纹处，加强了机械破坏作用，液压冲击也使工件表面损坏而蚀除，这是空化作用。

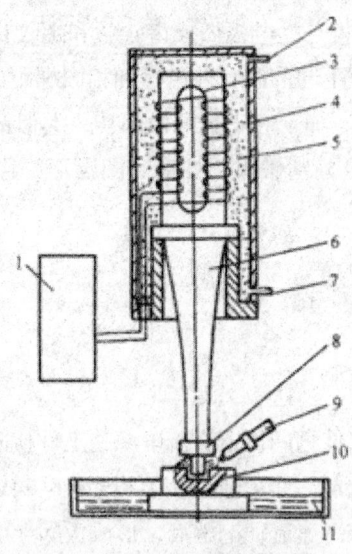

图 7-19　超声波加工原理图

1. 超声波发生器；2. 冷却水入口；3. 换能器；4. 外罩；5. 循环冷却水；
6. 变幅杆；7. 冷却水出口；8. 工具；9. 磨料悬浮液；10. 工件；11. 工作槽

第七章 现代机械加工方法研究

2. 超声波加工的设备

超声波加工的设备主要由超声波发生器、超声频振动系统、磨料悬浮液系统和机床本体等组成。超声波发生器是将 50Hz 的工频交流电转变为具有一定功率的超声频振荡,一般为 16000~25000Hz。超声频振动系统主要由换能器、变幅杆和工具所组成。换能器的作用是把超声频电振荡转换成机械振动,一般用磁致伸缩效应或压电效应来实现。由于振幅太小,要通过变幅杆放大,工具是变幅杆的负载,其形状为欲加工的形状。

3. 超声波加工的特点

(1) 适于加工各种硬脆金属材料和非金属材料,如硬质合金、淬火钢、金刚石、石英、石墨、陶瓷等。

(2) 加工过程受力小、热影响小,可加工薄壁、薄片等易变形零件。

(3) 被加工表面无残余应力,无破坏层,加工精度较高,表面粗糙度值较小。

(4) 可加工各种复杂形状的型孔、型腔和型面,还可进行套料、切割和雕刻。

(5) 生产率较低。

4. 超声波加工的应用

超声波加工的应用范围十分广泛。除一般加工外,还可进行超声波旋转加工。这时用烧结金刚石材料制成的工具绕其本身轴线作高速旋转,因此除超声撞击作用外,尚有工具回转的切削作用。这种加工方法已成功地用于加工小深孔、小槽等,且加工精度大大提高,生产率较高。此外尚有超声波机械复合加工、超声波焊接和涂敷、超声清洗等。

(四) 电子束加工

1. 电子束加工基本原理。在真空条件下,利用电流加热阴极发射电子束,经控制栅极初步聚焦后,由加速阳极加速,并通过电磁透镜聚焦装置进一步聚焦,使能量密度集中在直径为 5~$10\mu m$ 的斑点内。高速而能量密集的电子束冲击到工件上,使被冲击部分的材料温度在几分之一微秒内升高到几千摄氏度以上,这时热量还来不及向周围扩散就可以把局部区域的材料瞬时熔化、气化,甚至蒸发而去除。

2. 电子束加工设备。它主要由电子枪系统、真空系统、控制系统和电源系统等组成。电子枪由电子发射阴极、控制栅极和加速阳极组成,用来发射高速电子流,进行初步聚焦,并使电子加速。真空系统的作用是造成真空工作环境,因为在真空中电子才能高速运动,发射阴极不会在高温下氧化,同时也能防止被加工表面和金属蒸气氧化。控制系统由聚焦装置、偏转装置和工作台位移装置等组成,控制电子束的束径大小和方向,按照加工要求控制工作台在水平面上的两坐标位移。电源系统用于提供稳压电源、各种控制电压和加速电压。

3.电子束加工的应用。电子束可用来在不锈钢、耐热钢、合金钢、陶瓷、玻璃和宝石等材料上打圆孔、异形孔和槽。最小孔径或缝宽可达 0.02~0.03mm。电子束还可用来焊接难熔金属、化学性能活泼的金属，以及碳钢、不锈钢、铝合金、钛合金等。另外，电子束还用于微细加工中的光刻。电子束加工时，高能量的电子会渗入工件材料表层达几微米甚至几十微米，并以热的形式传输到相当大的区域，因此将它作为超精密加工方法时要注意其热影响，但作为特种加工方法是有效的。

（五）离子束加工

1.离子束溅射加工基本原理。在真空条件下，将氩（Ar）、氪（Kr）、氙（Xe）等惰性气体，通过离子源电离形成带有 10keV 数量级动能的惰性气体离子，并形成离子束，在电场中加速，经集束、聚焦后，以其动能射到被加工表面上，对加工表面进行轰击，这种方法称之为"溅射"。由于离子本身质量较大，因此比电子束有更大的能量，当冲击工件材料时，有三种情况，其一是如果能量较大，会从被加工表面分离出原子和分子，这就是离子束溅射去除加工；其二是如果用被加速了的离子从靶材上打出原子或分子，并将它们附着到工件表面上形成镀膜，则为离子束溅射镀膜加工；其三是用数十万电子伏特的高能量离子轰击工件表面，离子将打入工件表层内，其电荷被中和，成为置换原子或晶格间原子留于工件表层内，从而改变了工件表层的材料成分和性能，这就是离子束溅射注入加工。

离子束加工与电子束加工不同。离子束加工时，离子质量比电子质量大千倍甚至万倍，但速度较低，因此主要通过力效应进行加工；而电子束加工时，由于电子质量小，速度高，其动能几乎全部转化为热能，使工件材料局部熔化、气化，因此主要是通过热效应进行加工。

2.离子束加工的设备。由离子源系统、真空系统、控制系统和电源组成。离子源又称为离子枪，其工作原理是将气态原子注入离子室，经高频放电、电弧放电、等离子体放电或电子轰击等方法被电离成等离子体，并在电场作用下使离子从离子源出口孔引出而成为离子束。首先将氩、氪或氙等惰性气体充入低真空（1.3Pa）的离子室中，利用阴极与阳极之间的低气压直流电弧放电，被电离成为等离子体。中间电极的电位一般比阳极低些，两者都由软铁制成，与电磁线圈形成很强的轴向磁场，所以以中间电极为界，在阴极和中间电极、中间电极和阳极之间形成两个等离子体区。前者的等离子体密度较低，后者在非均匀强磁场的压缩下，在阳极小孔附近形成了高密度、强聚焦的等离子体。经过控制电极和引出电极，只将正离子引出，使其呈束状并加速，从阳极小孔进入高真空区（ $1.3 \times 10^{-6} Pa$ ），再通过静电透镜所构成的聚焦装置形成高密度细束离子束，轰击工件表面。工件装夹在工作台上，工作台可作双坐标移动及绕立轴的转动。

3.离子束加工的应用。离子束加工被认为是最有前途的超精密加工和微细加工方法，其应用范围很广，可根据加工要求选择离子束直径和功率密度。如做去除加工时，离子束直径较小而功率密度较大；做注入加工时，离子束直径较大而功率密度较小。离子束去除加工可用于非球面透镜的成形、金刚石刀具和压头的刃磨、集成电路芯片图形的曝光和刻蚀。离子束镀膜加工是一种干式镀，比蒸镀有较高的附着力，效率也高。离子束注入加工可用于半导体材料掺杂、高速钢或硬质合金刀具材料切削刃表面的改性等。

（六）激光加工

1.激光加工基本原理。激光是一种通过受激辐射而得到的放大的光。原子由原子核和电子组成。电子绕核转动，具有动能；电子又被核吸引，而具有势能。两种能量总称为原子的内能。原子因内能大小而有低能级、高能级之分。高能级的原子不稳定，总是力图回到低能级去，称之为跃迁；原子从低能级到高能级的过程，称为激发。在原子集团中，低能级的原子占多数。氦、氖、氩原子，钕离子和二氧化碳分子等在外来能量的激发下，有可能使处于高能级的原子数大于低能级的原子数，这种状态称为粒子数的反转。这时，在外来光子的刺激下，导致原子跃迁，将能量差以光的形式辐射出来，产生原子发光，此称为受激辐射发光。这些光子通过共振腔的作用产生共振，受激辐射越来越强，光束密度不断放大，形成了激光。由于激光是以受激辐射为主的，故具有不同于普通光的以下基本特性：

（1）强度高、亮度大。

（2）单色性好，波长和频率确定。

（3）相干性好，相干长度长。

（4）方向性好，发散角可达 0.1mrad，光束可聚集到 0.001mm。

当能量密度极高的激光束照射到加工表面上时，光能被加工表面吸收，转换成热能，使照射斑点的局部区域温度迅速升高、熔化、气化而形成小坑。由于热扩散，使斑点周围的金属熔化，小坑中的金属蒸气迅速膨胀，产生微型爆炸，将熔融物高速喷出，并产生一个方向性很强的反冲击波，这样就在被加工表面上打出一个上大下小的孔。因此激光加工的机理是热效应。

2.激光加工的设备。它主要有激光器、电源、光学系统和机械系统等。激光器的作用是把电能转变为光能，产生所需要的激光束。激光器分为固体激光器、气体激光器、液体激光器和半导体激光器等。固体激光器由工作物质、光泵、玻璃套管、滤光液、冷却水、聚光器及谐振腔等组成。

常用的工作物质有红宝石、钕玻璃和掺钕钇铝石榴石（YAG）等。光泵是使工作物质产生粒子数反转，目前多用氙灯作光泵。因它发出的光波中有紫外线成分，对钕玻璃等有害，会降低激光器的效率，故用滤光液和玻璃套管来吸收。聚光器的作用是把氙灯发出的光能聚集在工作物质上。谐振腔又称为光学谐振腔，其结构是在工作物质的两端各加一块相互平行的反射镜，其中一块做成全反射，另一块做成部分反射。受激光在输出轴方向上多次往复反射，正确设计反射率和谐振腔长度，就可得到光学谐振，从部分反射镜一端输出单色性和方向性很好的激光。气体激光器有氦—氖激光器和二氧化碳激光器等。

电源为激光器提供所需能量，有连续和脉冲两种。光学系统的作用是把激光聚焦在加工工件上，它由聚集系统、观察瞄准系统和显示系统组成。机械系统是整个激光加工设备的总成。先进的激光加工设备已采用数控系统。

3. 激光加工的特点和应用。激光加工是一种非常有前途的精密加工方法。①加工精度高。激光束斑直径可达 $1\mu m$ 以下，可进行微细加工，它又是非接触方式，力、热变形小。②加工材料范围广。激光加工可加工陶瓷、玻璃、宝石、金刚石、硬质合金、石英等各种金属和非金属材料，特别是难加工材料。③加工性能好。工件可放置在加工设备外进行加工，可透过透明材料加工，不需要真空。可进行打孔、切割、微调、表面改性、焊接等多种加工。④加工速度快、效率高。⑤价格比较昂贵。

第四节　快速原型制造和成形制造方法

一、快速原型制造和成形制造原理

零件是一个三维空间实体，它可由在某个坐标方向上的若干个"面"叠加而成。因此，利用离散/堆积成型概念，可以将一个三维实体分解为若干个二维实体制造出来，再经堆积而构成三维实体，这就是快速成形（零件）制造的基本原理，是一种分层制造方法。快速原型制造是指先制造出一个原型，其材料一般为纸、塑料等，不能直接用来制造产品，需要用其他材料如金属等翻制出模具，再用所翻制的模具制造产品，因此称为原型制造。现在快速原型制造经过近20年的发展，已可以直接制造可用的模具，因此称为快速成形制造。

二、快速原型制造和成形制造方法

快速原型制造和成形制造的具体方法很多，有分层实体制造、光固化立体造型、选择性激光烧结、熔融沉积成形、喷射印刷成形、滴粒印刷成形等。

（一）分层实体制造

图 7-20 所示为分层实体制造示意图。根据零件分层几何信息，用数控激光器在铺上的一层箔材上切出本层轮廓，并将该层非零件图样部分切成小块，以便以后去除；再铺上一层箔材，用加热滚碾压，以固化黏结剂，使新铺上的一层箔材牢固地黏结在成形体上，再切割新层轮廓，如此反复直至加工完毕。所用的箔材通常为一种特殊的纸，也可用金属箔等。

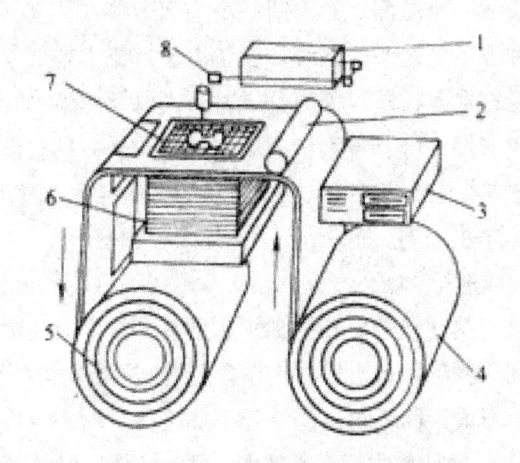

图 7-20 分层实体制造示意图

1.激光器；2.热压辊；3.计算机；4.供纸卷；5.收纸卷；
6.块体；7.层框和碎小纸块；8.透镜系统

（二）光固化立体造型

光固化立体造型（Stereo Lithography，SL）又称为激光立体光刻（Laser Photolithography，LP）、立体印制（Stereo Lithography Apparatus，SLA）。液槽中盛有紫外激光固化液态树脂，开始成形时，工作台台面在液面下一层高度，聚焦的紫外激光光束在液面上按该层图样进行扫描，被照射的地方就会被固化，未被照射的地方仍然是液态树脂。然后升降台带动工作台下降一层高度，第二层上布满了液态树脂，再按第二层图样进行扫描，新固化的一层被牢固地粘接在前一层上，如此重复直至零件成形完毕。

(三) 选择性激光烧结

选择性激光烧结又称激光熔结（Laser Fusion，LF）。先在工作台上铺一层一定厚度的金属粉末，用水平辊碾压，使其具有很好的密实度和平整度，将激光束聚焦在层面图样，按所需层面图样进行数控扫描，即可进行激光烧结而形成层面图样；再在其上铺上一层金属粉末，进行另一层激光烧结，如此叠加形成一个粉末烧结零件。此种方法可以直接形成可用模具。

(四) 熔融沉积成形

熔融沉积成形又称熔融挤压成形（Melted Extrusion Modeling，MEM）。将丝状热熔性材料通过一个熔化器加热，由一个喷头挤压出丝，按层面图样要求沉积出一个层面，然后如法生成下一个层面，并与前一个层面熔接在一起，这样层层扫描堆成一个三维零件。这种方法无需激光系统，设备简单，成本较低。其热熔性材料也比较广泛，如工业用蜡、尼龙、塑料等高分子材料，以及低熔点合金等，特别适合于大型、薄壁、薄壳成形件，可节省大量的填充过程，是一种有潜力、有希望的原型制造方法。它的关键技术是要控制好从喷头挤出的熔丝温度，使其处于半流动状态，既可形成层面，又能与前一层层面熔结。当然还须控制层厚。

(五) 喷射印制成形

喷射印制成形是将热熔成形材料（如工程塑料）熔融后由喷头喷出，扫描形成层面，经逐层堆积而形成零件。也可以在工作台上铺上一层均匀的密实的可黏结粉末，由喷头喷射黏结剂而形成层面，再逐层叠加形成零件。喷头可以是单个，也可以是多个（可多达96个）。这种方法不采用激光，成本较低，但精度不够高。

(六) 滴粒印制成形

滴粒印制成形是将热熔成形材料（如金属等）熔融后由喷头滴出，控制滴粒大小和温度，扫描形成层面，经逐层堆积而形成零件。其特点是可以制作金属零件，但成形设备要求较高。

快速成形制造由于零件需要分层，计算工作量很大，因此它与计算机技术关系密切，同时与 CAD / CAM、数控、激光和材料等学科有关。现在的快速成形制造发展很快，可以制造由多种材料构成的零件和不同密度同一材料构成的零件，在生物工程、人体器官、骨骼等制造中应用前景广阔，成效突出。

第五节　高速加工和超高速加工方法

一、高速加工和超高速加工的概念

高速加工和超高速加工通常包括切削和磨削。

高速切削的概念来自德国的 Carl J.Salomon 博士。他在 1924 —1931 年间，通过大量的铣削实验发现，切削温度会随着切削速度的不断增加而升高，当达到一个峰值后，却随切削速度的增加而下降，该峰值速度称为临界切削速度。在临界切削速度的两边，形成一个不适宜切削区，称之为"死谷"或"热沟"。当切削速度超过不适宜切削区，继续提高切削速度，则切削温度下降，成为适宜切削区，即高速切削区，这时的切削即为高速切削。图 7-21 所示为 Salomon 的切削温度与切削速度的关系曲线。从图中可以看出，不同加工材料的切削温度与切削速度的关系曲线有差别，但大体相似。

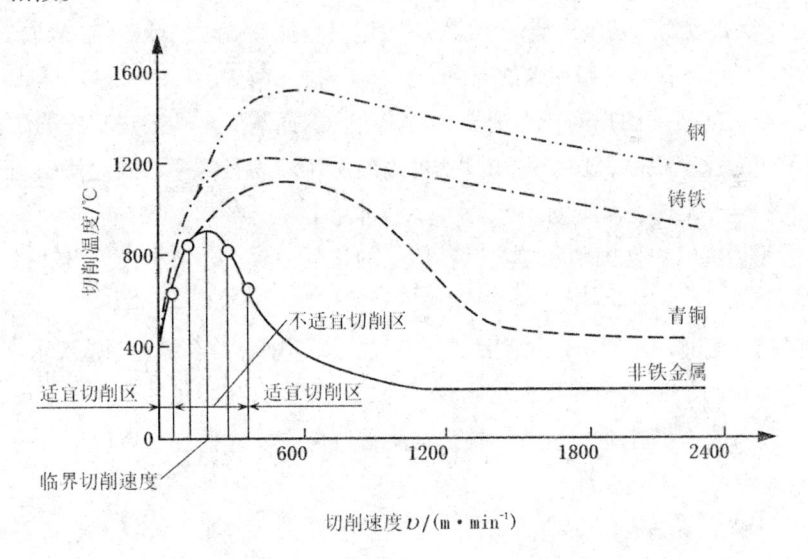

图 7-21　Salomon 切削温度与切削速度的关系曲线

高速切削加工的切削速度值应该是多少，由于影响因素较多，如切削方法、被加工材料和刀具材料等，因此很难用数值说清楚。1978 年国际生产工程学会的切削委员会提出线速度为 500~7000m / min 的切削加工为高速切削加工，这可以作为一条重要的参考。当前实验研究的高速切削速度已达到 45000m/min，但在实际生产中所用的要低得多。高速磨削由于超硬磨料的出现得到了很大发展。通常认为，砂轮的线速度高于 90~150m/s 时即为高速磨削。当前高速磨削速度的实验研究已达到 500m/s，甚至更高。超高速加工是高速加工的进一步发展，其切削速度更高。目前高速加工和超高速加工之间没有明确的界限，两者之间只是一个相对的概念。

二、高速加工的特点及应用

1. 随着切削速度的提高，单位时间内的材料切除量增加，切削加工时间减少，提高了加工效率，降低了加工成本。

2. 随着切削速度的提高，切削力减小，切削热也随之减少，从而有利于减少工件的受力变形、受热变形和减小内应力，提高加工精度和表面质量。同时可用于加工刚性较差的零件和薄壁零件。

3. 由于高速切削时切削力减小和切削热减少，可用来加工难加工材料和淬硬材料，如淬硬钢等，扩大了加工范畴，可部分替代磨削加工和电火花加工等。

4. 在高速磨削时，在单位时间内参加磨削的磨粒数大大增加，单个磨粒的切削厚度很小，从而改变了切削形成的形式，对硬脆材料能实现延性域磨削，表面质量好，对高塑性材料也可获得良好的磨削效果。

5. 随着切削速度的提高，切削力随之减小，因而减少了切削过程中的激振源。同时由于切削速度很高，切削振动频率可远离机床的固有频率，因此使切削振动大大降低，有利于改善表面质量。

6. 高速切削时，切削刃和单个磨粒所受的切削力减小，可提高刀具和砂轮等的使用寿命。

7. 高速切削时，可以不加切削液，是一种干式切削，符合绿色制造要求。

8. 高速切削加工的条件要求是比较严格的，需要有高质量的高速加工设备和工艺装备。设备要有安全防护装置，整个加工系统应有实时监控，以保证人身安全和设备的安全运行。

由于高速加工具有明显的优越性，在航空、航天、汽车、模具等制造行业中已推广使用，并取得了显著的技术经济效果。

三、高速加工的机理

高速切削加工时，在切削力、切削热、切削形成和刀具磨损、破损等方面均与传统切削有所不同。

在切削加工的开始阶段，切削力和切削温度会随着切削速度的提高而逐渐增加，在峰值附近，被加工材料的表层不断软化而形成了黏滞状态，严重影响了切削性，这就是"热沟"区。这时切削力最大，切削温度最高，切削效果最差。切削速度继续提高时，切削变得很薄，摩擦因数减小，剪切角增大，同时在工件、刀具和切削中，传入切削的切削热比例越来越大，从而被切削带走的切削热也越来越大。这些原因致使切削力减小，切削温度降低，切削热减少，这就是高速切削时产生峰值切削速度的原因。实验证明，在高速切削范围，尽可能提高切削速度是有利的。在高速范围内，由于切削速度比较高，在其他加工参数不变的情况下，切削很薄，对铝合金、低碳钢、合金钢等低硬度材料，易于形成连续带状切削；而对于淬火钢、钛合金等高硬度材料，则由于应变速度加大，使被加工材料的脆性增加，易于形成锯齿状切削。随着切削速度的增加，甚至出现单元切削。

在高速切削时，由于切削速度很高，切削在极短的时间内形成，应变速度大，应变率很高，对工件表面层的深度影响减少，因此表面弹性、塑性变形层变薄，所形成的硬化层减小，表层残余应力减小。高速磨削时，在砂轮速度提高而其他加工参数不变的情况下，单位时间内磨削区的磨粒数增加，单个磨粒切下的切削变薄，从而使单个磨粒的磨削力变小，使得总磨削力必然减小。同时，由于磨削速度很高，磨屑在极短的时间内形成，应变率很高，对工件表面层的影响减少，因此表面硬化层、弹性、塑性变形层变薄，残余应力减小，磨削犁沟隆起高度变小，犁沟和滑擦距离变小。由于磨削热降低，不易产生表面磨削烧伤。

四、高速加工的体系结构和相关技术

进行高速切削和磨削并非一件易事。图 7-22 所示为高速加工的体系结构和相关技术，可见其系统比较复杂，涉及的技术面较宽。

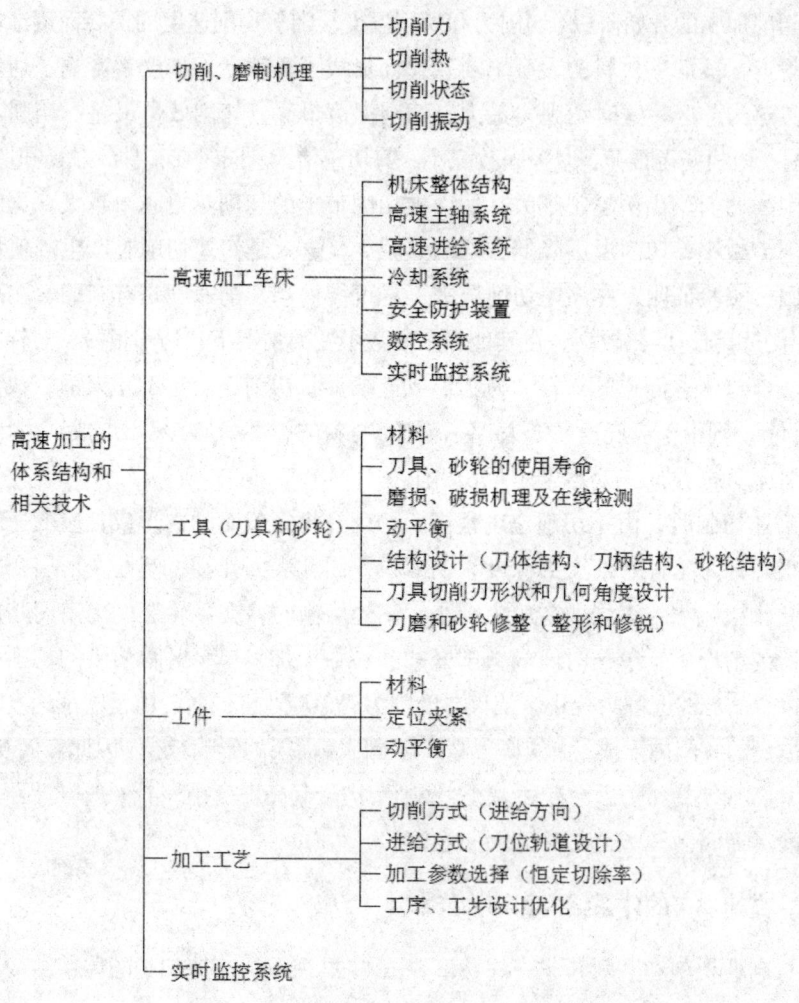

```
                              ┌─ 切削力
              ┌─ 切削、磨削机理 ─┼─ 切削热
              │                 ├─ 切削状态
              │                 └─ 切削振动
              │
              │                 ┌─ 机床整体结构
              │                 ├─ 高速主轴系统
              │                 ├─ 高速进给系统
              ├─ 高速加工车床 ───┼─ 冷却系统
              │                 ├─ 安全防护装置
              │                 ├─ 数控系统
              │                 └─ 实时监控系统
              │
高速加工的      │                  ┌─ 材料
体系结构和  ───┤                  ├─ 刀具、砂轮的使用寿命
相关技术       │                  ├─ 磨损、破损机理及在线检测
              ├─ 工具(刀具和砂轮)─┼─ 动平衡
              │                  ├─ 结构设计（刀体结构、刀柄结构、砂轮结构）
              │                  ├─ 刀具切削刃形状和几何角度设计
              │                  └─ 刀磨和砂轮修整（整形和修锐）
              │
              │          ┌─ 材料
              ├─ 工件 ───┼─ 定位夹紧
              │          └─ 动平衡
              │
              │              ┌─ 切削方式（进给方向）
              ├─ 加工工艺 ───┼─ 进给方式（刀位轨道设计）
              │              ├─ 加工参数选择（恒定切除率）
              │              └─ 工序、工步设计优化
              │
              └─ 实时监控系统
```

图 7-22 高速加工的体系结构和相关技术

  高速加工时要有高速加工机床，如高速车床、高速铣床和高速加工中心等。机床要有高速主轴系统和高速进给系统，具有高刚度和抗振性，并有可靠的安全防护装置。刀具材料通常采用金刚石、立方氮化硼、陶瓷等，也可用硬质合金涂层刀具、细粒度硬质合金刀具。对于高速铣刀要进行动平衡。高速砂轮的磨料多用金刚石、立方氮化硼等。砂轮要有良好的抗裂性、高的动平衡精度、良好的导热性和阻尼特性。高速加工时，高速回转的工件需要严格的动平衡，整个加工系统应有实时监控系统，以保证正常运行和人身安全。在加工工艺方面，如切削方式应尽量采用顺铣加工，进给方式应尽量减少刀具的急速换向，以及尽量保持恒定的去除率等。

第八章
新型刀具材料以及现代机械加工设备研究

随着经济社会的发展，新型刀具材料及现代机械加工设备也在不断发展和更新。作为机械加工的必不可少的设备，新型刀具材料的出现具有重要意义，本章对新型刀具材料及现代机械加工设备进行了研究。

第一节 刀具材料的发展趋势研究

研究表明，刀具费用占制造成本的 2.5%~4%，但它却直接影响占制造成本 20% 的机床费用和 38% 的人工费用，因此，进给速度和切削速度每提高 15%~20%，可降低制造成本 10%~15%。这说明使用好刀具虽然会增加制造成本，但效率提高则会使机床费用和人工费用有更大的降低，使制造总成本降低。

随着高强度钢、高温合金、喷涂材料等难加工金属材料以及非金属材料与复合材料的应用日趋增多，现代刀具已不再局限于目前广泛使用的高速钢刀具和硬质合金刀具。伴随着切削刀具材料制造技术的日益成熟，市场竞争异常激烈，刀具行业的兼并或联合、机床制造业与切削刀具制造业的跨行业联合等，需极大地提高开发新产品和开拓新市场的能力。在这些因素的影响下，促进了切削刀具材料的高速发展。硬质合金刀具的应用范围继续扩大，碳氮化钛基硬质合金（金属陶瓷）、超细颗粒硬质合金、梯度结构硬质合金及硬质合金与高速钢两种粉末复合的材料等将代替相当一部分高速钢刀具，包括钻头、立铣刀、丝锥等简单通用刀具和齿轮滚刀、拉刀等精密复杂刀具，使这一类刀具的切削速度有很大的提高。硬质合金将在刀具材料中占主导地位，覆盖大部分常规的加工领域，其中硬质合金涂层材料在切削刀具材料的发展中一直处于主导地位。陶瓷刀具、金刚石与立方氮化硼等超硬材料刀具、涂层刀具、复合材料刀具已成为今后的发展趋势，新型刀具材料的应用预示着切削效率将提高到一个新水平。金刚石和立方氮化硼等超硬刀具材料的高速发展为广泛采用新型硬韧材料和新型加工工艺提供了广阔的应用前景。

第二节　高速钢以及硬质合金刀具材料的发展

一、高速钢刀具材料的发展

近年来高速钢钢种发展很快，尤其以提高切削效率为目的而发展起来的高性能高速钢。国外高性能高速钢的使用比例已超过 20%~30%，为了节约稀缺金属钨，与传统的 W18Cr4V 对应的高速钢已基本淘汰，代之以含钴高速钢和高钒钢。国内高性能高速钢的使用仅占高速钢使用总量的 3%~5%。粉末冶金高速钢是用粉末冶金技术使高速钢内的各种高硬度材料分布更加均匀，从而使其力学性能得到很大提高，用其制作的刀具的耐用度比一般高速钢刀具提高 3~5 倍。高速钢（High Speed Steel，HSS）的发展方向为：①发展各种少钨的通用型高速钢；②扩大使用各种无钴、少钴的高性能高速钢；③推广使用粉末冶金高速钢（High Speed Steel Produced by Power Metallurgy，PM HSS）和涂层高速钢。例如，用 ERASTEEL 公司生产的 ASP2030 PMHSS 钢加 TiN 涂层制造的插齿刀插削 12Cr2Ni 钢制齿轮时，刀具寿命比普通熔炼高速钢 W6Mo5Cr4V2（M2）提高 3~4 倍。武汉大学研制出一种 C3N4/TiN 薄膜，膜的硬度接近超硬材料，将其涂覆在高速钢钻头上可使钻头寿命大为提高。

二、硬质合金刀具材料的发展

硬质合金刀具材料的发展主要体现在：细晶粒和超细晶粒材料的开发；涂层技术的发展。

（一）细晶粒和超细晶粒硬质合金材料的开发

细晶粒（1~0.5μm）和超细晶粒（<0.5μm）硬质合金材料，由于硬质相和黏结相高度分散，增加了黏结面积，提高了黏结强度，因此整体硬质合金刀具的开发使硬质合金的抗弯强度大为提高，可替代高速钢用于整体制造小规格钻头、立铣刀、丝锥等通用刀具，其切削速度和刀具寿命远超过高速钢。

目前，美国 DOW 化学公司采用改进的工艺技术，已能生产三种亚微米级（细晶

粒为 $0.8\mu m$，超细晶粒为 $0.4\mu m$，极细颗粒为 $0.2\mu m$）WC 粉末。各种级别的粉末通过加入 0.2%~0.6% 的 VC 进行传统烧结，可有效地抑制硬质合金烧结时的晶粒长大，制作的合金可用来制作刀具。

目前细晶硬质合金正被大量用于制作印制电路板钻头（最小直径为 1.5mm）、立铣刀和圆盘切断刀等精密刀具，使这些刀具的加工精度大为提高，刀具寿命也普遍提高。

我国在开发梯度结构硬质合金和超细晶粒硬质合金方面已取得长足进步，并可实际应用于高速切削和干切削等加工场合。

（二）涂层技术的发展

硬质合金涂层材料在切削刀具材料的发展中一直处于领先地位，现已发展到几十种，在涂层的化学稳定性、红硬性以及与基体的黏附性等方面取得了新的突破。涂层材料主要有 TiC、TiN、TiCN、Al_2O_3 及其复合材料。涂层刀具已经成为现代刀具的标志，在刀具中的比例已超过 50%。

1. 中低温 CVD 涂层

中温化学气相沉积（Medium Temperature Chemical Vapour Deposition）涂层与化学气相沉积（Chemical Vapour Deposition）涂层的区别是 TiCN 层的结构不同。MTCVD 法可得到较厚的细晶纤维状结构，而且消除在涂层过程中所产生的裂纹，在不降低刀具耐磨性或抗月牙洼磨损性能的前提下提高涂层的韧性和光洁度，从而改善了刀具在断续切削条件下的抗崩刃性能。

在韧性基体上进行中温 TiCN（厚膜）+a-$Al2O_3$+TiN 涂层的复合涂层刀具，具有较强的抗侧面磨损性能，其切削速度达 300m/min 以上，已成功地用于铣削铸铁和不锈钢，具有代表性的牌号有山特维克公司的 GC3032 和 GC4030、肯纳金属公司的 KC992M、三菱综合材料公司的 UE6005 和 UE6035 等。

2. 物理气相沉积（Physical Vapour Deposition）涂层

用 PVD 法现已能涂碳氮化钛、铝钛氮化合物以及各种难熔金属的碳化物和氮化物。采用磁控阴极溅射法可以使沉积速度提高到 3~10txm/h。日本住友公司的 ZX 超晶格涂层层数可达 2000 层，每层厚度仅为 $1\mu m$。ZX 涂层为 TiN 与 AlN 的交互涂层，其硬度接近 CBN 烧结体的硬度。该涂层有很高的耐磨性、抗氧化性和抗脱落性，其寿命是 TiCN 和 TiAlN 涂层的 2~3 倍。

最新的 TiAlN 涂层又进一步发展成 TiAl（CN）超复合涂层，如三菱综合材料公司的 AP20M 和 AP10H 牌号、瓦尔特公司的 WXK15、WXM15 和 WXM25 等牌号。

3. CVD+PVD 混合涂层

随着机床主轴转速的不断提高，促进了新一代 CVD-TiCN+PVD-TiN 混合涂层硬质合金材料的发展。CVD-TiCN 涂层具有较高的耐磨性，而 PVD-TiN 具有压缩残余应力，这种刀具车削钛合金的速度比传统刀具可提高 2 倍。

第三节　金属陶瓷以及陶瓷刀具材料的发展

一、金属陶瓷刀具材料的发展

金属陶瓷的发展方向是超细晶粒化和对其进行表面涂层。超细晶粒金属陶瓷可以提高切削速度，也可用来制造小尺寸刀具。以纳米 TiN 质量分数为 2%~15%改性的 TiC 或 Ti（CN）金属陶瓷刀具硬度高、耐磨性好，其热稳定性、导热性、耐蚀性、抗氧化性及高温硬度、高温强度等都有明显优势。

具有代表性的涂层金属陶瓷牌号有山特维克公司的 CT1525 和依斯卡公司的 IC570 等。这些金属陶瓷材料的特点是基体黏结相含量高，韧性好，切削更可靠、锋利，适合于各类合金钢、不锈钢和延性铁的高速精加工和半精加工，其加工效率和加工精度均有显著提高。

日本研制的 TiB2+Ti（CN）+M02SiB2 金属陶瓷，其抗弯强度高达 1300N/mm^2，硬度高达 2300HV，比超细硬质合金的硬度还高，是新一代金属陶瓷的代表。

日本三菱综合材料公司开发了 NX1010 牌号的细晶金属陶瓷，晶粒度约为 0.8，其抗弯强度和硬度均有所提高，主要用于高速钢的精加工。

我国在开发 Ti（C，N）基硬质合金（金属陶瓷）也取得了很大的进展，并可实际应用于高速切削和干切削等加工场合。

二、陶瓷刀具材料的发展

为避免陶瓷刀具与工件材料产生化学反应，对韧性较好的陶瓷刀具进行涂层，能极大地提高其使用寿命，拓宽其应用范围。对氮化硅陶瓷进行一层或多层（TiC、Al_2O_3 和 TiN 等及其复合材料）化学涂层，可进一步改善其加工性能，极大地提高刀具抗侧面磨损性能。具有代表性的涂层氮化硅陶瓷牌号有山特维克公司的 CC1690、住友公司的 NS260C 和三菱综合材料公司的 XE9 等。

对 Al_2O_3-SiC 陶瓷进行涂层的牌号有三菱综合材料公司的 XD805（物理沉积 Ti

化合物涂层）、Cerasiv 公司的 SC7015（化学沉积 TiCN 涂层）等。

一些国产的 SiC 晶须增强陶瓷刀片和复合氮化硅陶瓷刀片的性能已超过国外同类刀片的性能。如获国家发明二等奖的新型复合氮化硅刀片 FD02 和 FD03，切削对比试验表明其切削寿命为 Al_2O_3-TiC（AT6）复合陶瓷刀具的 6.38 倍，为进口 Al_2O_3-ZrO_2 增强陶瓷刀具的 8.2 倍，为 K10（YG6）硬质合金刀具的 78.3 倍。

第四节　超硬刀具材料的发展研究

金刚石涂层硬质合金刀具是涂层技术发展的一项重大突破。首次应用这一新工具材料的是瑞典山特维克可乐满公司，其 CD1810 牌号采用精心设计的梯度烧结硬质合金作为基体，进行新型的等离子体活化化学气相沉积（Plasma Assisted Chemical Vapour Deposition）金刚石涂层，解决了涂层与基体黏结力较差的问题。

目前开发的不定形金刚石膜具有较低的摩擦系数、较高的硬度和热化学稳定性，与 CVD 涂层的金刚石膜的性能相当，是用于铣削和钻削非铁材料（如石墨、锻压铝、模铸铝和碳复合材料）最经济实用的涂层。其价格比化学气相沉积金刚石涂层低 10~20 倍，且能对多种牌号和复杂形状的硬质合金基体进行涂层，并具有较好的膜—基体结合性。其难点是要在三维切削刀具上沉积出厚度大于 $2\mu m$ 的不定形金刚石膜，同时要求保持较高的硬度和较强的黏结力，目前正寻求突破难点的方法。

通过对立方氮化硼（Cubic Boron Nitride，CBN）晶粒大小和黏结剂性能的改进，整体 CBN 烧结刀片的性能达到了聚晶立方氮化硼（Polycrystalline Cubic Boron Nitride，PCBN）刀片的性能。日本住友公司的 BNX10 牌号是目前市场上销售的 CBN 烧结体中耐磨性最好的品种，适合于硬度大于 60HRC 的淬硬钢的高速连续切削加工，切削速度可达 200m／min。CBN 多角复合刀片的问世是超硬材料开发的一大进步。现在将 CBN 切削刃直接复合到合金基体的指定部位上，提高了刀片的利用率，降低了加工成本。

近年来，我国在超硬刀具材料方面已开发出了包括 CVD 金刚石薄膜在内的涂层刀具和厚膜金刚石刀片、聚晶人造金刚石（Polycrystalline Cubic Diamond，PCD）、聚晶立方氮化硼（PCBN）等各种新型刀具材料，并可实际应用于高速切削和干切削等加工场合。

第五节 现代机械加工设备概览

一、组合机床与自动线

组合机床在向数控、高精密制造技术和成套工艺装备方向发展，由过去的"刚性"机床结构向"柔性"化方向发展，成为刚柔兼备的自动化装备。

二、超精密加工设备

现在，美国超精密机床的水平最高，不仅有不少工厂生产中小型超精密机床，而且由于国防和尖端技术的需要，研究开发了大型超精密机床，其代表是劳伦斯·利弗摩尔国家实验室（Lawrenc Livermore National Laboratory，LLNL）研制成功的DTM-3和LODTM大型金刚石超精密车床。

LODTM采用空气轴承主轴和高压液体静压主轴，刚度高，动态性能好。机床采用立式结构后，可以提高机床的精度，采用面积较大的推力轴承，提高机床的轴向刚度，并保证主轴有较高的回转精度。为提高机床运动位置测量系统的测量精度，采用7路高分辨率双频激光测量系统。使用He-Ne双频激光测量器，分辨率为0.625nm。使用4路激光检测横梁上溜板的运动，使用3路激光检测刀架上下运动位置，通过计算机运算精确测定刀尖的位置。机床使用在线测量和误差补偿以提高加工精度。为减少热变形的影响，机床各发热部件用大量恒温水冷却，水温控制在20 ± 0.0005℃。为避免机床受水泵振动的影响，恒温冷却水使用水泵打入储水罐，靠重力流到机床需要冷却的部位。

三、极端制造装备

极端制造是指在极端条件或环境下，制造极端尺寸（特大或特小尺寸）或极高功能的器件和功能系统，重点研究微纳机电系统、微纳制造、超精密制造、巨系统制造和强场制造相关的设计、制造工艺及检测技术。

（一）微工厂制造

以生物芯片制造为例。纳米技术和微纳系统是21世纪高技术的制高点，而微机械制造则是其基础。半导体设备作为一种重要的极端微细加工设备，是整个半导体产业链的基础与核心。

（二）巨系统制造和强场制造

巨系统制造是指用于制造大型或超大型装备、零部件的制造系统。以大型金属构件成形制造能力为例，美、俄、法等国建造了一批4.5~7.5万吨的巨型水压机。2013年4月10日，由我国自主设计研制的世界最大锻液压机在四川德阳中国第二重型机械集团投入试生产，从而迅速提高了大型飞机制造能力及洲际运载能力。欧美等工业发达国家使用大型盾构机进行施工的城市隧道已占90%以上；我国大型盾构机发展迅速，已可以生产成套大型盾构机，目前在隧道、地铁等地下工程得到广泛使用。我国振华港机生产的大型集装箱起重机作为集装箱船与码头之间的主要装卸设备在世界许多国家和地区都得到了广泛使用，市场占有量达到70%以上，发展迅猛。

四、特种加工装备

特种加工是相对传统的切削加工而言，是指除了车、铣、刨、钻、磨等传统的切削加工之外的一些新的加工方法，包括电火花加工、电解加工、超声波加工、水射流加工、激光加工、电子束加工、离子束加工方法及装备。特种加工及其装备解决了传统加工方法不能加工的高硬度、高强度、高韧性、高脆性及磁性材料的问题，提高了加工质量、效率，降低了制造成本，推动了机械加工技术水平不断提高。

第六节　现代机械加工设备的发展趋势研究

一、当代对机床制造业的需求

当今世界，制造业作为一个国家国民经济的装备部门，其技术水平往往被用于衡量一个国家创造财富和为科学技术发展提供先进手段的能力。而作为制造业的重要组成部分——机床工业，正越来越受到各国的重视。

目前世界范围内，特别是一些先进的机床制造国家，其机床行业的发展目标与趋势是向高速化、高精度化、复合化、高科技含量化以及环保化等方向发展，以适应需求。

高速化体现了高效率。近年来许多厂商把精力放在提高主轴的转速、各运动轴的快速移动以及刀具的快速更换上。超精密机床是实现超精密切削的首要条件，因此各国都投入了大量人力、物力研制超精密切削用机床。

复合化是近几年国外机床发展的模式。它将多种动力头集中在一台机床上，在工件一次装夹中就可以完成多种工序的加工，从而提高了工件的加工精度和效率。

二、世界机床强国的发展概况

美国于 1952 年首先研制出世界上第一台 NC 机床，高性能数控机床曾一直领先。但由于美国政府曾经偏重基础科研，忽视应用技术，在 20 世纪 80 年代一度放松对机床工业的引导，致使数控机床产量增长缓慢，于 1982 年被后进的日本超过。但从 20 世纪 90 年代起，美国及时地纠正了偏差，数控机床产量又开始逐渐上升。超精密机床目前水平最高的是美国，其代表作是 DTM-3 型大型超精密车床和大型光学金刚石车床 LODTM。

德国特别重视数控机床主机及配套件的先进实用，其机、电、液、气、光、刀具、测量、数控系统以及各种功能部件，在质量、性能上均居世界前列。大型、重型、精密数控机床更为世界机床界所称道。如西门子公司的数控系统和 Heiden-hain 公司的精密光栅，均世界闻名。

英国著名的 LK 公司是生产测量机的厂家。他们最先在三坐标测量机中采用花岗岩替代金属件，最先采用气浮导轨，最早装备触发式测量夹。在他们的最新产品 CF-90 系列大型悬臂卧式三坐标测量机中，采用了空间材料和技术，广泛地应用于大型模具、汽车、宇航、军工等部门。该机的最大特点是：可在 0~40℃条件下测量，保证测量精度，重复定位精度为 5~9。

日本政府对机床工业发展非常重视，颁布"机振法""机电法""机信法"等法规。日本在重视人才及机床零部件配套上学习德国，在质量管理及数控机床技术上学习美国，虽然起步较美、德两国晚，但通过先仿后创，在占领了大部分中档机床市场后加强科研，向高性能数控机床发展，已成为世界数控机床生产出口大国。日本 FANUC 公司有针对性地发展市场所需各种低、中、高档数控系统，在技术上领先，在产量上居世界第一，对加速日本和世界数控机床的发展起到了重要的促进作用。

三、我国机床制造业发展概况

新中国成立前，我国没有独立的机械制造业，更谈不上机床制造业。新中国成立后，我国机床工业发展的速度是相当迅速的，用不到 50 年的时间就走完了外国 150 余年的路程。我国在 20 世纪 60 年代起开始发展精密机床，到目前为止，我国的精密机床已具有相当规模，精度质量上也已达到一定水平。

改革开放以后，我国已能从生产小型仪表机床到重型机床的各种类型机床，也能生产各种精密、高效、高度自动化的机床和自动线，并已具有生产成套设备、装

第八章 新型刀具材料以及现代机械加工设备研究

备现代化工厂的能力。机床产品除了满足国内市场需求外，还进入了国际市场。

随着国产机床自主创新能力的增强，一大批有代表性的高档、重型数控机床相继诞生，例如，齐重的数控曲轴加工机床、武重的七轴五联动车铣加工中心、齐二机的超重型落地镗床等。2007年10月，世界首台XNZ2430新型大型龙门式五轴联动混联机床在齐二机问世，该机床是齐二机承担的国家"863"计划重大数控装备关键技术研制项目，是替代进口的高端产品，为我国国防工业发展提供了强大技术支撑和装备保障。

今后我国重点发展的高级数控机床范围有：高速、精密数控车床，车削中心类及四轴以上联动的复合加工机床；高速、高精度数控铣镗床，高速、高精度立卧式加工中心；重型、超重型数控机床类；数控磨床类；数控电加工机床类；数控金属成形机床类（锻压设备）；数控专用机床及生产线等。

参考文献

[1] 张敏良. 机械制造工艺 [M]. 北京：清华大学出版社，2016.

[2] 蒋森春. 机械加工基础入门 [M]. 北京：机械工业出版社，2016.

[3] 陈宏钧. 机械加工工艺方案设计及案例 [M]. 北京：机械工业出版社，2016.

[4] 肖敏. 数控技术在机械加工中的应用与发展前景 [J]. 知音励志，2016（10）.

[5] 王先逵. 机械制造工艺学（第3版）[M]. 北京：机械工业出版社，2017.

[6] 金玲. 机械加工工艺系统分析 [J]. 科协论坛（下半月），2012（08）.

[7] 罗常毅. 浅析机械加工工艺流程与经济效益的关系 [J]. 矿业安全与环保，2005（S1）.

[8] 张红梅. 机械制造中数控技术的有效应用探讨 [J] 科技展望，2017（24）.

[9] 胡宗政. 数控原理与数控系统 [M]. 大连：大连理工出版社，2014.

[10] 李善术. 数控机床及其应用 [M]. 北京：机械工业出版社，2012.

[11] 田锡天. 数控加工技术基础 [M]. 北京：国防工业出版社，2012.

[12] 杨叔子. 机械加工工艺师手册（第2版）[M]. 北京：机械工业出版社，2010.

[13] 王光斗，王春福. 机床夹具设计手册（第3版）[M]. 上海：上海科学技术出版社，2011.

[14] 中国机械工程学会. 中国机械工程技术路线图 [M]. 北京：中国科学技术出版社，2011.

[15] 国家自然科学基金委员会工材部. 机械工程学科发展战略报告 [M]. 北京：科学出版社，2010.

[16] 郑修本. 机械制造工艺学（第3版）[M]. 北京：机械工业出版社，2011.

[17] 任正义. 机械制造工艺基础 [M]. 北京：高等教育出版社，2010.

[18] 蔡瑾. 计算机辅助夹具设计技术回顾与发展趋势综述 [J]. 机械设计，2010（2）.

[19] 陈旭东. 机床夹具设计 [M]. 北京：清华大学出版社，2010.

[20] 覃聪. 谈机械加工工艺和技术 [J]. 现代工业经济和信息化，2018（01）.

[21] 赵强. 机械加工工艺的技术误差问题及对策分析 [J]. 轻工科技，2016（02）.

[22] 陈宏钧. 实用机械加工工艺手册 [M]. 北京：机械工业出版社，2016.

[23] 陈为国，陈昊. 数控车床加工编程与操作图解 [M]. 北京：机械工业出版社，2017.

[24] 机械工程师手册编委会. 机械工程师手册（第3版）[M]. 北京：机械工业出版社，2007.

[25] 尹成湖. 机械切削加工常用基础知识手册 [M]. 北京：科学出版社，2016.

[26] 王启平. 机械制造工艺（第5版）[M]. 哈尔滨：哈尔滨工业大学出版社，2005.

[27] 王先逵. 计算机辅助制造 [M]. 北京：清华大学出版社，2008.

[28] 甘永立. 几何量公差与检测（第8版）[M]. 上海：上海科学技术出版社，2008.

[29] 陆剑中，孙家宁. 金属切削原理与刀具 [M]. 北京：机械工业出版社，2005.

[30] 袁哲俊，王先逵. 精密和超精密加工技术 [M]. 北京：机械工业出版社，2007.

[31] 王隆太，吉卫喜. 制造系统工程 [M]. 北京：机械工业出版社，2008.

[32] 王先逵，张平宽. 机械制造工程学基础 [M]. 北京：机械工业出版社，2008.

[33] 王先逵. 机械加工工艺手册（第2版）[M]. 北京：机械工业出版社，2007.

[34] 顾新建，祁国宁，谭健荣. 现代制造系统工程导论 [M]. 杭州：浙江大学出版社，2007.

[35] 何雪明，吴晓光，常兴. 数控技术 [M]. 武汉：华中科技大学出版社，2006.

[36] 刘晋春，赵家齐，赵万生. 特种加工 [M]. 北京：机械工业出版社，2004.

[37] 杨海成，祁国宁. 制造业信息化技术的发展趋势 [J]. 中国机械工程，2004（19）.

[38] 艾兴. 高速切削加工技术 [M]. 北京：国防工业出版社，2004.

[39] 王先逵. 论制造的永恒性（上）[J]. 航空制造技术，2004（2）.

[40] 王先逵. 论制造的永恒性（下）[J]. 航空制造技术，2004（3）.